Hartmut Pietsch

Tecnología de los Gases Combustibles

Hartmut Pietsch

Tecnología de los Gases Combustibles

Aplicaciones prácticas

Editorial Académica Española

PRESENTACIÓN

Autor:

Prof. Dr.-Ing. Hartmut Pietsch dictaba las asignaturas de *tecnologías de los gases* en la Universidad de Ciencias Aplicadas Múnich. Este libro está basado en las notas de clases en Múnich, así como las cátedras durante los años 1997, 1999 y 2004 en Santiago de Chile. El autor es además coautor junto a Günter Cerbe del libro *"Grundlagen der Gastechnik / Conocimientos básicos de la Tecnología de Gas"*, obra básica y de gran importancia en la enseñanza de esta materia en Alemania y Europa.

Una gran ayuda ha sido el colega Dr. Alejandro Pérez Ponce que ha sido Profesor catedrático en la Universidad de La Serena en Chile antes de llegar a Baviera, Alemania. Desde 2012 dicta la asignatura Termodinámica en la Universidad de Múnich en la Facultad de Ciencias Aplicadas y se desempeña, además, como Investigador en el centro de energía geotérmica (GeoZentrum Nordbayern) de la Universidad Friedrich-Alexander en Erlangen-Nürnberg.
Le agradezco muy cordialmente por el apoyo en la aventura de publicar este libro de materias técnicas en castellano.

Prof. Dr.-Ing. Hartmut Pietsch

Múnich, 2024

Tecnología de los Gases Combustibles

Índice de materias

Nomenclatura

Símbolos:	Definición	Dimensión
A	Area, Superficie	m^2
A_{min}	Demanda de aire mínima estequiométrica	m^3_{Aire} / m^3_{comb}
A_{real}	Demanda de aire real de la combustión	m^3_{Aire} / m^3_{comb}
A_1, A_2	Factores de la *fórmula de Siegert*	(-)
B	Factor de la *fórmula de Siegert*	(-)
C_p, c_p	Capacidad calorífica específica a presión constante	kJ/kg K
C_{pn}, c_{pn}	Capacidad calorífica específica normalizada	kJ/kg K
c_v	Capacidad calorífica específica a volumen constante	kJ/kg K
COP	Coeficiente de rendimiento	(-)
COP_R	Coeficiente de rendimiento de un refrigerador	(-)
COP_{BC}	Coeficiente de rendimiento de un refrigerador	(-)
D	Diámetro	m
d	Densidad relativa	(-)
f	Coeficiente de rozamiento	(-)
	Factor de adaptación	(-)
F_c	Factor de conversión	(-)
f_{sim}	Factor de simultaneidad	(-)
g	Aceleración de gravedad	m/s^2
H	Entalpía absoluta	kJ
h	Entalpía específica	kJ/kg
hrs	Número de horas en funcionamiento	
i	Número de sustancias en un sistema	(-)
K	Factor de compresibilidad	(-)
k	Rugosidad física de una tubería	(-)
L	Longitud	m
M	Masa molecular	kg/kmol
m	Masa	kg
m´	flujo de masa	kg/s

n	Numero de toberas, aparatos	(-)
n	Coeficiente politrópico	(-)
P	Potencia	kW
P_{mec}	Potencia mecánica de un motor	kW
P_{cal}	Potencia calorífica de un sistema	kW
P_{el}	Potencia eléctrica de un motor / alternador	kW
P_{comb}	Potencia de una combustión / un quemador	kW
p	presión total $\quad$ 1 bar = 10^3 mbar = 10^5 Pa	bar
p_m	presión media	bar
p_{atm}	presión atmosférica	bar
p_e	sobrepresión, presión excesiva	bar
p_p	Presión parcial del vapor de agua	bar
p_s	Presión del vapor saturado	bar
p_n	Presión normalizada	bar
PC	Poder calorífico	kWh/m³, MJ/m³
PCI	Poder calorífico inferior	kWh/m³, MJ/m³
PCS	Poder calorífico superior	kWh/m³, MJ/m³
Q	Calor	kJ
Q´	Transferencia de calor, potencia calorífica	kW
q	Calor específico	kJ/kg
q	Pérdidas caloríficas específicas	(-)
R	Constante individual de gases	kJ/kg K
R_m	Constante universal de los gases	kJ/kmol K
Re	Cifra de Reynolds	(-)
q_{cond}	entalpía del condensado de agua	kJ/kg
S	Entropía	kJ/K
s	Entropía específica	kJ/kg K
T	Temperatura absoluta	K
T_n	Temperatura absoluta normalizada	K
t	Temperatura	°C
t_{hum}	Temperatura de los humos	°C
t_{aire}	Temperatura del aire	°C
T_R , t_R	Temperatura de rocío	K , °C
t_n	Temperatura normalizada	°C
$t_{rocío}$	Temperatura de la condensación del vapor de agua	°C

V	Volumen	m^3
V´	Flujo, caudal volumétrico	m^3/s
V_n	Volumen normalizado	m_n^3
V_{geom}	Volumen de un sistema de abastecimiento	m^3
$V_{n,dep}$	Volumen normalizado de un depósito de gas	m_n^3
$V_{n,útil}$	Volumen normalizado útil de un depósito de gas	m_n^3
V	Velocidad	m/s
v	Volumen específica	m^3/kg
W	Trabajo volumétrico	kJ
w	Trabajo volumétrico específico	kJ/kg
W_t	Trabajo técnico	kJ
w_t	Trabajo técnico específico	kJ/kg
x	Fracción volumétrico, molar	(-)
y	Fracción de masa	(-)
Z	Factor de gases reales	(-)
z	nivel de altura	(m)
α	Eficiencia de descarga	(-)
ρ	densidad	kg/m^3
ε	Relación de energías generadas	(-)
k	Cuociente isentrópico, relación c_p / c_v	(-)
η	Rendimiento, eficiencia	(-)
η_{adm}	Rendimiento de admisión	(-)
η_{cald}	Rendimiento de un calentador, una caldera	(-)
η_{comb}	Rendimiento de la combustión	(-)
η_{ef}	Rendimiento efectiva, total	(-)
η_{gen}	Rendimiento de un alternador, generador	(-)
η_{int}	Rendimiento interior de una máquina termodinámica	(-)
η_{mec}	Rendimiento mecánico	(-)
η_{term}	Eficiencia de conversión térmica	(-)
η	Viscosidad dinámica	kg/ms
λ	Relación del aire de combustión	(-)
μ_{JT}	Coeficiente de Joule – Thomson	K/bar
φ	Humedad relativa	(-)

1. Conceptos básicos

1.1 Situación del uso energético

Durante milenios el hombre ha utilizado la madera como principal fuente de energía. Con el comienzo de la era industrial, en el siglo XIX, el uso del carbón, y más tarde, del petróleo y el gas natural se establecieron como fuentes de energía primaria.

Durante esta época, las máquinas de vapor fueron el motor del progreso, con la llegada de la electricidad, éstas fueron sustituidas gradualmente, ya que la aplicación sencilla y limpia de esta energía resultaba más fácil de utilizar para los consumidores. Todas estas fuentes de energía fósiles, que la naturaleza ha almacenado en millones de años, tienen el gran inconveniente de que su vida útil es limitada. Además, debido al uso indiscriminado, estas fuentes se agotarán en pocos siglos. Así que no sólo debemos pensar en los distintos tipos de fuentes de energía, sino también en cómo utilizarlas racionalmente y evaluar el impacto de su uso en el medio ambiente.

Fuentes de Energía

Podemos clasificar las fuentes de energía en dos tipos principales: energía fósil o no renovable y energía renovable. En los siguientes diagramas muestran esta división y los principales procesos de conversión de energía primaria en energía utilizable o secundaria:

Figura 1.1: Energías primarias y su transformación - Energías no renovables

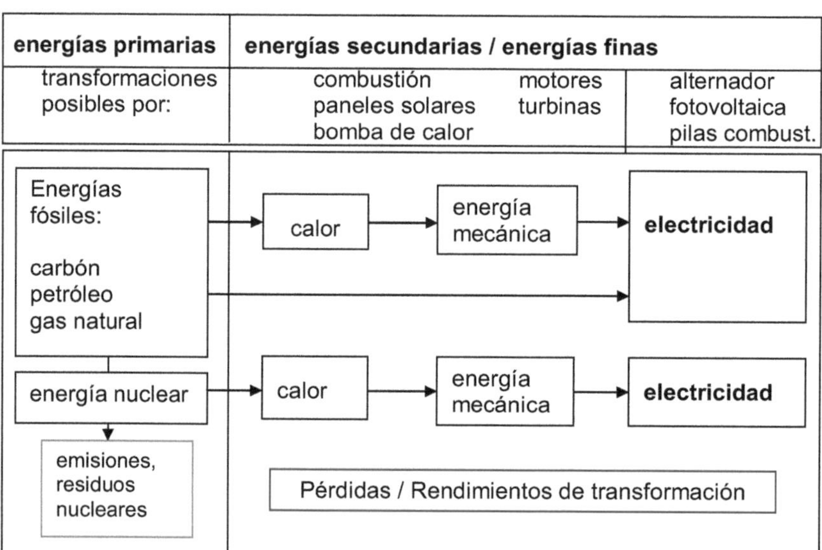

El uso de las energías convencionales ha causado problemas medioambientales y seguirá haciéndolo en el futuro, amenazando la existencia humana.

Afortunadamente, el uso de energías renovables está en constantemente desarrollo para minimizar el impacto ambiental asociado a los procesos humanos. En la Figura 1.2 se muestra una selección de estas energías y su conversión.

Figura 1.2: energías primarias y su transformación - Energías renovables

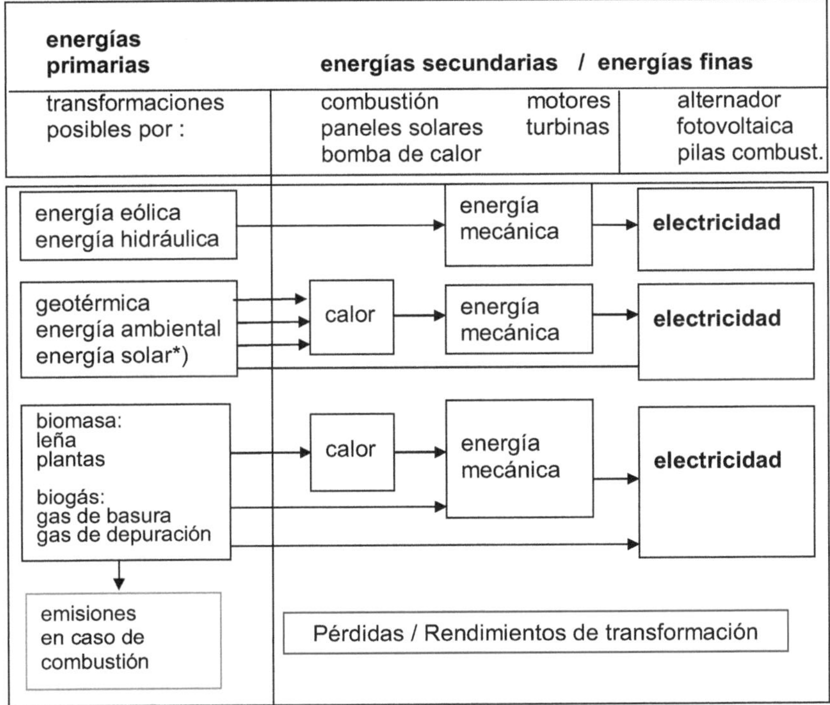

Aspectos del uso energético

La mayoría de las energías primarias tienen que transformarse antes de uso final. Generalmente, estas transformaciones dan lugar a emisiones nocivas para el medio ambiente, como:

CO_2, CO, sulfuro, C_xH_y, hollín, vapor, partículas cancerígenas y venenos.

Por este motivo, es necesaria una evaluación responsable para determinar qué tipo de energía produce el menor daño.

Es obvio que las energías que no requieren de procesos de combustión para su uso final son las más baratas, pero no siempre es posible producirlas y generarlas de forma conveniente, ya sea por la disponibilidad geográfica y/o abundancia del recurso energético.

Aplicaciones:
En general, la naturaleza de la demanda energética es similar en todo el mundo. Las diferencias se derivan de las distintas regiones climáticas, el nivel de desarrollo del país y las características particulares del modo de vida de la población. Entre estas necesidades podemos mencionar:

- **Calor:** es necesario para cocinar y calentarse, así como para los procesos industriales de calefacción. La energía térmica se puede obtenerse de combustibles fósiles con emisiones nocivas o de la **energía solar** sin residuos. Las condiciones geográficas y de aplicación limitan el uso.
- Las **fuerzas mecánicas del** viento y del agua se han utilizado como energía directa durante miles de años, se emplean en centrales modernas para generar electricidad.
- Convertir el calor en **electricidad** requiere generadores eléctricos que transforman calor a partir de **energía fósil, nuclear o solar.** Estas conversiones no solo producen residuos y emisiones nocivas, sino que además tienen una baja eficiencia.
- La generación directa por la **fotovoltaica** es útil en aplicaciones especiales, pero no la puede sustituir la generación tradicional.
- La energía directa de electricidad mediante **energía fotovoltaica** es útil para aplicaciones especiales, pero no puede sustituir a la generación convencional de electricidad.
- La energía eléctrica se considera la más universal y limpia en su aplicación, ya que puede convertirse en todos los demás tipos de energía. La conversión inversa, en la que se genera calor a partir de electricidad es la peor y sólo debe utilizarse en casos justificados.

1.2   El uso de las energías fósiles

Emisiones de metano:
Las investigaciones han demostrado, que en los países occidentales las emisiones de metano varían entre el 0,2 % y 1 % del volumen del gas natural usado. Entre los distintos tipos de combustibles, la utilización de gas natural genera emisiones de CH_4 que sólo representan el 6% de las emisiones totales. Al otro lado, la prospección y el uso de petróleo sigue estando asociadas a elevadas emisiones de CH_4.

Emisión de óxidos de nitrógeno:
La generación de óxidos de nitrógeno depende del tipo de quemador y de las condiciones de la combustión (véase cap. 4.3).

Procedentes del combustible y los gases refrigerantes:
Las emisiones de hidrocarburos con cloro y flúor se pueden evitar utilizando gases combustibles menos nocivos como gas natural, propano, amoníaco y hidrógeno.

Emisión de dióxido de carbono:

La generación de dióxido de carbono depende únicamente del tipo de combustible y del consumo Figura 1.3). Gracias a las *convenciones mundiales sobre el medio ambiente,* los países industrializados han fijado unos niveles de emisión que, si se aplican bien, pueden conducir a reducciones significativas en un futuro próximo.

Las consecuencias: - Ahorrar y cambiar los procesos para evitar emisiones
        - Utilizar un mínimo de energía con el máximo de eficacia
        - Fomentar el uso de energías primarias
        - evitar pérdidas en la conversión de energía

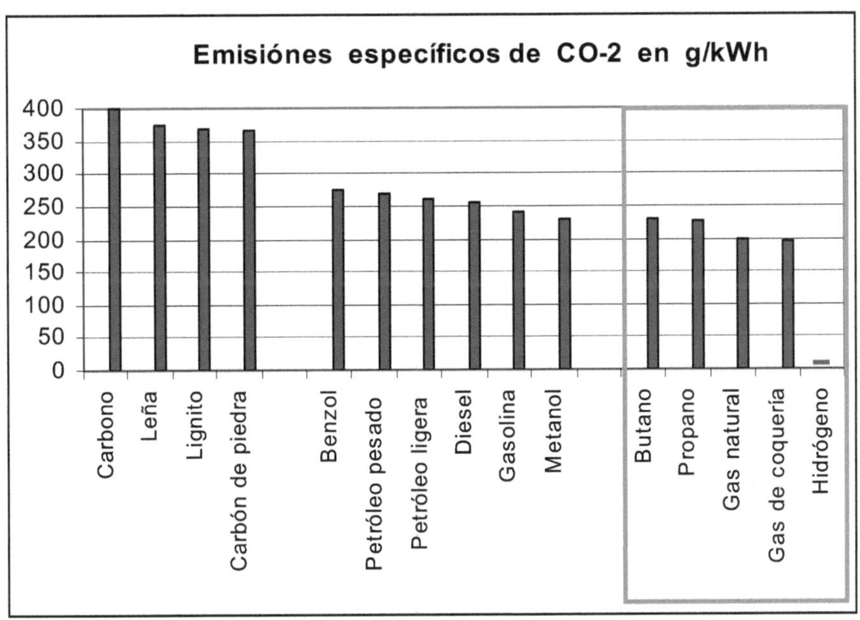

Figura 1.3: Emisiones específicas de CO_2 de los distintos combustibles

Gases combustibles como energías primarias:

La introducción del gas natural a gran escala a partir de 1950 ha supuesto un cambio significativo en la generación de electricidad y la producción industrial. Esto y la instalación de plantas de cogeneración ha llevado a una gran eficiencia en el uso del combustible (véase el apartado 12.1) evitando muchas pérdidas por la conversión y la transmisión. Además, el uso de este tipo plantas abra nuevas perspectivas desde el punto de vista económico. En los procesos térmicos industriales, el uso de gases combustibles ha sustituido a la electricidad en casi todos los sectores gracias a las nuevas tecnologías de quemadores.

El uso de los gases combustibles trajo las siguientes ventajas:

- Energía primaria - sin pérdidas por conversión
- Combustible sin partículas y sin azufre
- Calidad constante sin acondicionar el combustible
- Control preciso del combustible
- Combustión limpia
- Bajos costos de personal y servicio
- Seguridad de las aplicaciones

Entretanto la emisión del CO_2 muestra un aumento absolutamente peligroso. La E-movilización es solamente parte de la solución, pero nunca puede cubrir todos los sectores del tráfico. Sin embargo, como muestra la Figura 1.3, sería absolutamente necesario desde la vista actual, evitar el uso de energías fósiles lo más estricto posible.

1.3 El futuro en general

En las dos últimas décadas se han producido un importante calentamiento global con enormes catástrofes climáticas, sequías, inundaciones, destrucción de viviendas e infraestructuras, y incendios forestales con accidentes mortales:

- Evitar el uso de los combustibles sólidos. Reducir al mínimo el uso de combustibles líquidos y también gaseosos utilizándolos únicamente como materias primas y medios de ciclos termodinámicos.
- Problema: Los gases combustibles como el gas natural y el gas licuado de petróleo serán necesarios durante años en los sectores industriales y domésticos durante la transición a nuevas energías (sector marcado en la Figura 1.3).
- Otro sector importante es el uso de la geotérmica, el calor residual de la industria para generar electricidad mediante ciclos de vapor a temperatura baja la combinación de tecnologías para aumentar el rendimiento.
- La energía solar y la eólica pueden ser la gran ayuda en el camino al futuro, pero necesitan nuevas redes, almacenamientos, depósitos y instalaciones de control. Todo esto es un proceso durante años.
- Como ya mencionado: Un gran problema es el tráfico con su gran número de coches. La oferta de electricidad en estaciones de servicio individuales es actualmente no aceptable y no real. Sí fuera necesario mantener el transporte individual, el hidrógeno se ofrecería como combustible con generación de energía a bordo y función del vehículo por motores eléctricos sin transmisión. La tecnología actual con acumuladores eléctricos es al menos una solución para las flotas de transportes comercial.

Hemos visto que la electricidad será el próximo objetivo en nuestra vida, un desarrollo que ya conocemos más de cien años atrás, sólo su producción está por cambiando.

1.4 Hidrógeno como aplicación futura

Entre las nuevas tecnologías energéticas destaca la tecnología del hidrógeno. Para los vehículos es posible el uso directo del hidrógeno como *combustible* en un motor con generador o en *pilas de combustible* para generar electricidad para las baterías de a bordo. Para el uso general, se lo puede almacenar o mezclarse con gas natural en la enorme red de gas natural que existe ahora en los países industriales.

De este modo, el gas natural podría sustituirse gradualmente por hidrógeno hasta el 100%. Ya se está investigando que porcentaje de H_2 se puede almacenar en las instalaciones del gas natural sin modificaciones y se están construyendo quemadores y máquinas que pueden funcionar con hidrógeno puro. El problema es que no todos los materiales toleran el hidrógeno y que éste tiene un tiempo de inflamación mucho más rápido que los gases naturales.

Desventaja:
El hidrógeno no es combustible natural como el petróleo y el gas natural, sino que debe producirse con *electricidad verde* producente de fuentes renovables como el sol, el viento y el agua. El hidrógeno puede utilizarse para generar electricidad, propulsar vehículos y otras máquinas, sin emitir CO_2. En las pilas de combustible el H_2 puede convertirse directamente en electricidad, pero el desarrollo de la tecnología de pilas y almacenamiento en líquidos sigue avanzando.

1.5 Gases de origen fósil

razones históricas primero examinamos los métodos de la producción de gas combustible incluyendo la producción de distintos tipos de *biogás*. A continuación, analizaremos el gas natural. Por

Gases de destilación
Los gases combustibles pueden obtenerse a partir de materiales sólidos como carbón vegetal mediante destilación seca (lignito y madera, ver el apartado 1.7). En el caso del carbón existen diversos procesos que producen los gases enumerados en Tabla 1.1:

Gasificación (SNG / GNS)
La producción de gases síntesis consiste en convertir el carbón a mezclas de gases utilizando medios como aire, el oxígeno o vapor. Estos gases se componen de metano, hidrógeno y de monóxido del nitrógeno. Pueden utilizarse como gases de sustitución y de producción en todas las ramas de las industriales, ver Tabla 1.2 .

Tabla 1.1: Productos de la destilación seca de carbón de piedra /1/

Productos finales % - contenido de masa	Destilación aprox. 550 ° C	Carbonización aprox. 800 ° C	Carbonización aprox. 1000 ° C
Coque	79 ... 83	73 ... 75	68... 72
Bitumen / Fuel oíl	9 ... 13	7 ... 9	5 ... 6
Gas	6	10	16
PCI MJ/m_n^3	26 ... 29	23 ... 25	19 ... 21

Tabla 1.2: Conversión de carbón crudo a presión de 20 - 25 bar
mediante vapor / 1 /

Volumen. %	CO_2	H_2S	C_nH_m	CO	H_2	CH_4	N_2
Gas bruto	25,2	0,7	0,6	24,0	38,5	9,8	1,2
Gas noble	2,0	-	0,8	31,9	50,8	12,9	1,6

Gases derivados del petróleo

Los gases derivados del petróleo se utilizaban como sustituto del gas de ciudad, para satisfacer *los picos de demanda* o como medio de transición al suministro de gas natural. Muchas empresas empezaron a producir gases combustibles con las propiedades deseadas mediante el *craqueo* de productos derivados del petrolero.

1.6   Gases derivados de energías renovables

1.6.1 Composición y uso de la biomasa

La biomasa está formada por sustancias orgánicas que contienen carbono y que son aptas para la conversión energética. En general, el biogás puede producirse a partir de cualquier tipo de biomasa, por ejemplo, residuos de cultivos, residuos de la producción de alimentos, residuos de la transformación de productos vegetales y animales, y residuos domésticos y ganaderos.

En comparación con el carbón, las biomasas muestran bajos contenidos de carbono y un alto contenido de oxígeno y hidrógeno. El valor calorífico de las biomasas secas es similar al de la madera.
La combustión directa de biomasa suele plantear problemas, ya que ingredientes críticos como el cloro, el azufre, el nitrógeno y el calcio inhiben la combustión y reducen el punto de fusión de las cenizas. Como consecuencia, se producen defectos, elevadas emisiones contaminantes y corrosión.

En lugar de la combustión directa de biomasas para la producción de calor es más conveniente la conversión en gases combustibles mediante fermentación. La utilización de estos gases es posible directamente como combustible o -tras su conversión en biogás natural mediante un procesamiento adecuado- en la red pública.

Tabla 1.3: Propiedades de la biomasa en comparación con carbón de piedra, análisis de elementos % masa seca, Alemania /2/

análisis de elementos	carbón de piedra	lignito	leña	pasto	residuos orgánicos y domésticos
C	81 – 85	68	46,6	50,7	50 - 55
H	5 – 6	5	6,6	6,6	6 - 8
O	7 – 10	26	44,2	40,6	35 - 40
N	1 – 2	0,8	0,5	1,5	2 - 3
S	0,5 - 2	0,4	0,1	< 0,2	aprox. 0,6
Cl	< 0,2	< 0,2	no conocido	< 0,5	< 0,5
ceniza seca gases	5 – 20 35 - 40	4 53	0,7 84	5,1 79,8	aprox. 30 aprox. 90

1.6.2 Propiedades de los gases de biomasas

La **fermentación** es un proceso que se lleva a cabo mediante la actividad bacteriana. Las aguas residuales orgánicas producen gases a temperaturas de unos 35 °C en las plantas de tratamiento de aguas residuales, como se muestra en la Tabla 1.4.
Los sedimentos forman un 1 % de la cantidad total de aguas servidas y contienen poca materia sólida.

Tabla 1.4: Valores medios de la composición del gas y del poder calorífico /1/

Volumen %	CH4	CO2	N2	H2S	PCI (kWh/m³)
aproximado	40 - 70	25 - 40	1,0	1,0	6,0 ... 6,5

El gas de vertedero se produce por fermentación del contenido orgánico de los residuos. Este proceso es espontáneo y puede controlarse y aprovecharse.

Dependiendo de la composición de los residuos, también pueden producirse ácidos sulfúricos, fluorices o clóricos, que pueden contaminar el suelo y/o causar problemas de emisión y de corrosión.

Tabla 1.5: Valores medios de gases de vertedero y poder calorífico /1/

Volumen %	CH_4	CO_2	N_2	O_2	H_2S	NH_3	PCI (kWh/m_n^3)
aproximado	20-65	30-45	1 - 3	1 - 3	marg.	marg.	2 ... 6,5

Es posible producir una fermentación de masa vegetal sin la presencia de oxígeno que no sólo produce biogás, sino también *humus* para fertilizar el suelo.

Durante la **carbonización térmica,** la biomasa pasa por cuatro estaciones de tratamiento:

secado (< 200 °C), **pirólisis** (200 – 400 °C), **oxidación, reducción**

Estos gases tienen un alto contenido de monóxido de carbono en el caso de la coquización con oxígeno y un alto contenido de nitrógeno en el caso del aire como medio de coquización (véase la Tabla 1.6).

La tecnología actual para la producción de biogás se basa en los residuos de la ganadería y de las aguas residuales. Desde un reactor de fermentación hermético, el gas fluye a un depósito de almacenamiento del que un motor de la planta de carbonización extrae el gas combustible purificado.

La reacción química en el contenido del reactor puede acelerarse usando el calor generado por el motor (véase la Figura 1.4).

Tabla: 1.6: Composición de biogás en comparación con gas natural / 2 /

Tipo de Gas	H_2	CO	CH_4	CO_2	N_2	PCI MJ/m^3
Suministro de oxígeno	35 - 45	12 -	70	3 – 35	0 - 2	9 – 10
Carbonización por aire	4 - 20	9 - 22	2 - 8	10 – 16	10 - 56	5 - 8
Gas de fermentación	-	-				20 – 30
Gas de depuración			40 - 70	25 – 40	0 - 2	18 – 24
Gas de vertedero						13 - 20
Gas natural	-	-	85 - 98	0 – 2	0 - 12	30 - 57

1.6.3 Instalaciones para la producción de biogás

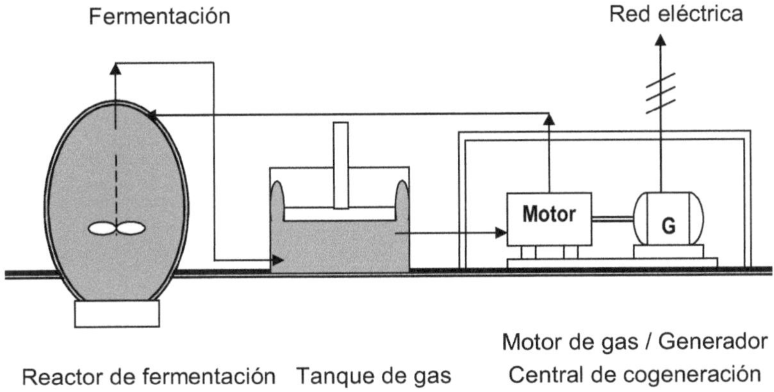

Figura 1.4: Producción de biogás por fermentación en una depuradora o planta de biogás

En los vertederos tiene lugar descomposición de la materia orgánica, que va acompañada de la producción de gases combustibles. Según la composición de los residuos, una tonelada puede producir hasta 100 m³ de gas.

Las instalaciones actuales son similares a la de la Figura 1.4, pero en lugar del reactor se ubica el vertedero con los pozos de gas y una antorcha de seguridad.

1.7 Gases naturales

Los gases, como el gas natural (GN) formado principalmente por metano y el gas licuado del petróleo (GLP) con sus componentes principales de propano y butano, suelen aparecer junto con el petróleo crudo en yacimientos subterráneos. Sin embargo, los gases licuados también se obtienen durante el procesamiento del crudo en las de refinerías.

Yacimientos:

Las fuentes de las energías fósiles se habían formado por los procesos químicos de organismos vegetales y/o animales. Se encuentran principalmente en el fondo de los océanos donde se han formado sedimentos que ahora sirven de lugares de almacenamiento. El carbón que se ha formado a partir de material leñoso se encuentra en yacimientos especiales, a veces acompañado de gas natural (Figura 1.5). El gas se acumula encima del petróleo en formaciones porosas bajo capas impermeables con la presión correspondiendo a la presión hidráulica del agua alrededor en función de la profundidad del yacimiento.

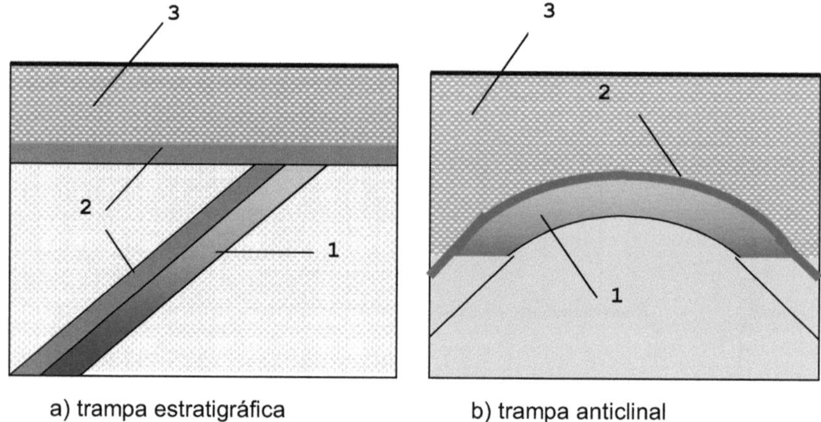

a) trampa estratigráfica   b) trampa anticlinal

Figura 1.5: Formaciones típicas de yacimientos de petróleo y gas natural
1: capa de hidrocarburos (gas, petróleo, agua)
2: capa impermeable 3: capa rocosa

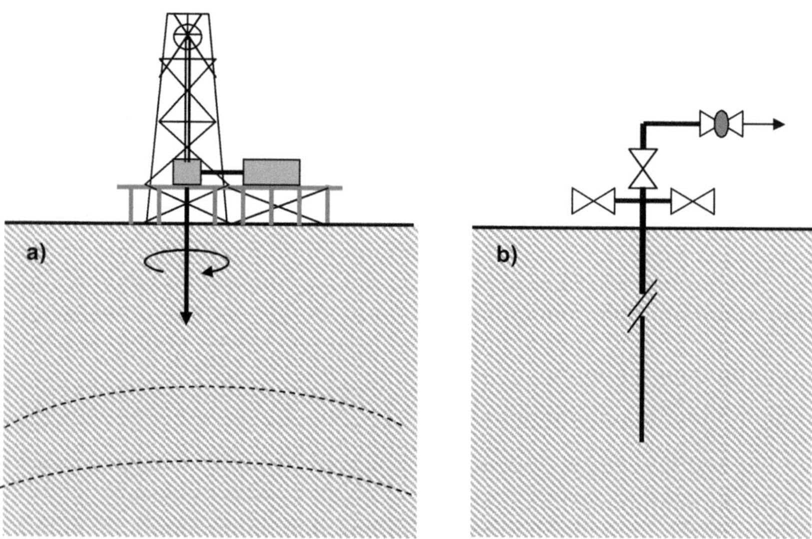

Figuras 1.6: Prospección y explotación de petróleo y gas:

a) Esquema de un equipo de perforación tradicional (Rotary Drill)
b) Lugar de producción con válvulas de seguridad

Figura 1.7:

Equipo de perforación
de la última tecnología
de accionamiento
hidráulico:
Max Streicher GmbH,
Alemania /3/

Explotación:

Los yacimientos pueden localizarse con ayuda de *georadares*. Éstos indican
diferencias de densidad en el subsuelo, a partir de las cuales el experto puede
concluir que existe un yacimiento petrolero o de gas. Para estar seguro, la
perforación debe hacerse con el mismo equipo que luego se utiliza para la
perforación de desarrollo.

Para la extracción se perfora el suelo y al mismo tiempo se introducen tubos de
acero sellados, cuyo diámetro es cada vez menor a medida que aumenta la
profundidad. El sellado principal sobre el suelo consiste en una válvula de seguridad
y control. Las plataformas de perforación se instalan no sólo en tierra, sino también
en el mar, como plataformas fijas, flotantes o montadas en barcos.

Preparación:

Una vez extraídos los recursos hay que purificarlos y llevarlos a un estado apto pa-ra
el uso. La purificación suele referirse a la separación del agua y sulfuros, que
acompañan al petróleo crudo y -en pequeñas cantidades- también el gas natural,
dependiendo de la ubicación del yacimiento.

El azufre se encuentra en el gas natural en forma de H_2S, que se elimina "lavando"
el gas con dióxido de THT. Este proceso aumenta el costo de producción y el precio

de venta, pero afortunadamente sólo es necesario para los gases ácidos. Otro tipo de tratamiento es el acondicionamiento para la venta según las normas de los combustibles (por ejemplo, ajuste del poder calorífico).

<u>Punto de rocío</u>: el gas natural debe secarse de forma que no se produzca humedad por debajo del punto de rocío en las redes públicas de distribución. Con respecto, pueden ocurrir temperaturas de hasta 20 °C bajo cero en tuberías de 80 bares de presión. Estas condiciones se consiguen por la expansión del gas durante la extracción, por enfriamiento y por expansión (150 – 300 bar) y por absorción de humedad por el glicol.

Otra posibilidad es el secado, realizado por la absorción mediante de materiales sólidos (gel de sílice) que trabaja alternativamente mediante de carga y regeneración.

1.8 Gas licuado

El gas licuado de petróleo también se conoce como *gas de envasado*. Se trata de propano y butano que se ofrecen en mezclas comerciales tanto para consumidores industriales como particulares. Son gases obtenidos de yacimientos petrolíferos (GLP) o como productos de los procesos de refinería. Permanecen líquidos a temperaturas normales y a baja presión (2 – 14 bar).

1.9 Transportes de energías

El transporte de todos los tipos de recursos energéticos, a excepción de la energía hidráulica y eólica, se realiza en barcos y en camiones o por tuberías.

Las fuentes de energía líquidas y gaseosas, y las partículas en agua (carbón pulverizado/agua) o en corrientes de aire (carbón pulverizado con aire) pueden transportarse por tuberías (véase: Gasoductos - capitulo 9).

La capacidad de los vehículos, el consumo específico y el valor calorífico de los medios de transporte, el esfuerzo del transporte representa una parte de entre el 1,5 – 3.0 % de la energía transportada, casi independientemente del medio de transporte.

Tuberías:
Los gasoductos y los oleoductos son la mejor solución para transportar combustibles gaseosos y líquidos. Sin embargo, hay que cumplir estrictas normas de seguridad y control en la construcción, el mantenimiento y la supervisión de las instalaciones.

Buque cisterna:

El transporte en barcos (GNL Figura 1.9) es viable solamente en caso de distancias enormes o si no hay otra solución. El gas natural tiene que ser licuado a presión atmosférica y a una temperatura de -161 °C. La Figura 1.8 se muestra una comparación de los gastos asociados al transporte de 10 mil m³/a de gas natural en función de la distancia. El transporte de gas natural por medio de buque cisterna es más barato que el transporte por gasoducto en distancias muy largas, lo que reduce los costos específicos de las centrales terrestres.

Las instalaciones de licuefacción y la vaporización del gas natural representan la mayor parte de los gastos anuales. El transporte por barco, por si, representa el 2% de los costes anuales y es más barato que el transporte por gasoducto.

Camiones:

El medio de transporte más común para el gas licuado y el petróleo es el camión. Es mucho más flexible que el transporte por tuberías, pero menos seguro. Los accidentes con camiones cisterna pueden tener consecuencias catastróficas, especialmente con gas licuado debido a sus propiedades características.

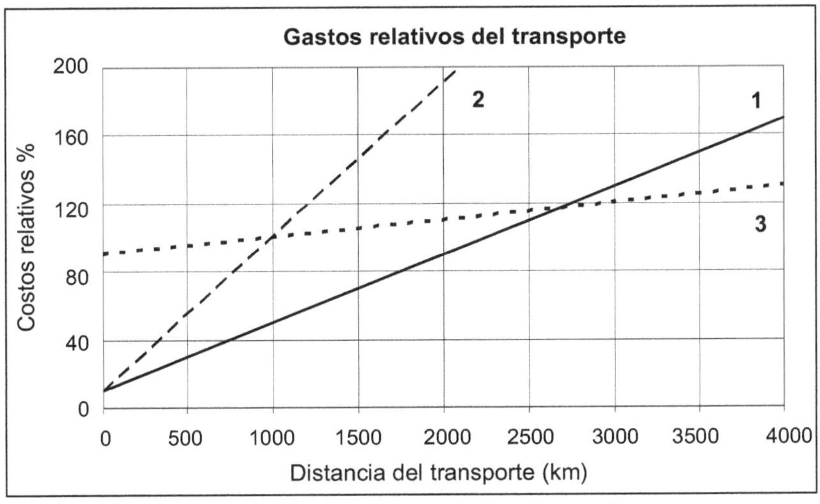

tipos de transportes: volumen transportado: 10 * 10⁶ m³ de gas natural
1 gasoducto por tierra   2 gasoducto bajo mar   3 GNL por buque cisterna
  DN 1000 = 100 %   DN 900

Figura 1.8: Gastos relativos entre los tipos de transportes de gas natural /4/

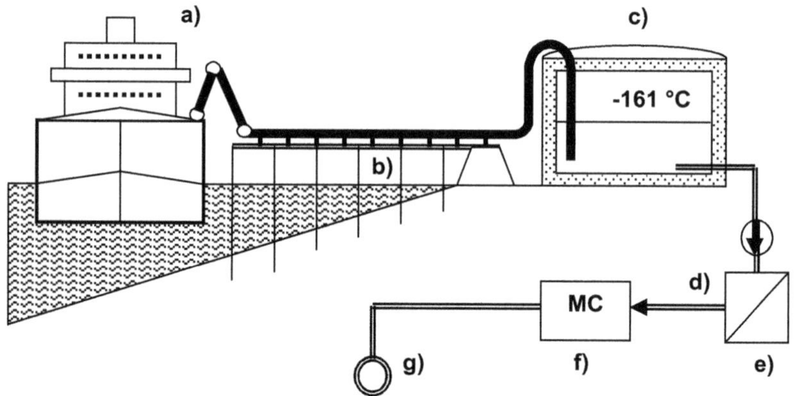

Figura 1.9:
Esquema de transporte para gas natural liquefacto en barco:
(a) equipo de bombeo, (b) tubería aislada (c) almacenamiento frigorífico,
(d) bomba de presión (e) vaporizador (f) medición y control, (g) tubería
de transporte por tierra

2. Características de los gases combustibles

2.1 Gases de origen fósil

Por razones históricas primero examinaremos los métodos de la producción de gas combustible incluyendo la producción de distintos tipos de *biogás*. A continuación, analizaremos el gas natural.

Gases de disipación

Los gases combustibles pueden obtenerse a partir de materiales sólidos como carbón vegetal mediante destilación seca (lignito y madera). En el caso del carbón existen diversos procesos que producen los gases enumerados en la tabla 2.2:

Tabla 2.1: Productos de la destilación seca de carbón de piedra /1/

Productos finales % - contenido de masa	Destilación aprox. 550 ° C	Carbonización aprox. 800 ° C	Carbonización aprox. 1000 ° C
Coque	79 ... 83	73 ... 75	68... 72
Bitumen / Fuel oíl	9 ... 13	7 ... 9	5 ... 6
Gas	6	10	16
PCI MJ/m_n^3	26 ... 29	23 ... 25	19 ... 21

Gasificación (SNG / GNS)

La producción de gases síntesis consiste en convertir el carbón a mezclas de gases utilizando medios como aire, el oxígeno o vapor. Estos gases se componen de metano, hidrógeno y de monóxido del nitrógeno. Pueden utilizarse como gases de sustitución y de producción en todas las ramas de las industriales.

Gases derivados del petróleo

Los gases derivados del petróleo, como propano y butano, se utilizaban como sustituto del gas de ciudad, para satisfacer *los picos de demanda* o como medio de transición al suministro de gas natural. Muchas empresas empezaron a producir gases combustibles con las propiedades deseadas mediante el *craqueo* de productos derivados del petrolero.

2.2 Gases por energías renovables

Composición y uso de la biomasa

La biomasa está formada por sustancias orgánicas que contienen carbono y que son aptas para la conversión energética. En general, el biogás puede producirse a partir de cualquier tipo dc biomaɛa, por ejemplo, residuos de cultivos, residuos de la producción de alimentos, residuos de la transformación de productos vegetales y animales, y residuos domésticos y ganaderos.

En comparación con el carbón, las biomasas muestran bajos contenidos de carbono y un alto contenido de oxígeno y hidrógeno. El valor calorífico de las biomasas secas es similar al de la madera. La combustión directa de biomasa suele plantear problemas, ya que ingredientes críticos como el cloro, el azufre, el nitrógeno y el calcio inhiben la combustión y reducen el punto de fusión de las cenizas. Como consecuencia, se producen defectos, elevadas emisiones contaminantes y corrosión.

En lugar de la combustión directa de biomasas para la producción de calor es más conveniente la conversión en gases combustibles mediante fermentación u otras tecnologías. La utilización de estos gases es posible directamente como combustible o -tras su conversión en biogás natural mediante un procesamiento adecuado- en la red pública.

Tabla 2.2: Propiedades de la biomasa en comparación con carbón de piedra, análisis de elementos % masa seca, Alemania /2/

análisis de elementos	carbón de piedra	lignito	leña	pasto	residuos orgánicos y domésticos
C	81 – 85	68	46,6	50,7	50 - 55
H	5 – 6	5	6,6	6,6	6 - 8
O	7 – 10	26	44,2	40,6	35 - 40
N	1 – 2	0,8	0,5	1,5	2 - 3
S	0,5 - 2	0,4	0,1	< 0,2	aprox. 0,6
Cl	< 0,2	< 0,2	no conocido	< 0,5	< 0,5
ceniza seca	5 – 20 35 - 40	4 53	0,7 84	5,1 79,8	aprox. 30 aprox. 90

Propiedades de los gases de biomasas

La **fermentación** es un proceso que se lleva a cabo mediante de bacterias. Las aguas residuales orgánicas producen gases a temperaturas de unos 35 °C en las plantas de tratamiento de aguas residuales, como se muestra en la Tabla 2.4. Los sedimentos forman un 1% de la cantidad total de aguas servidas y contienen poca materia sólida.

Tabla 2.3: Valores medios de la composición del gas y del poder calorífico /1/

Volumen %	CH_4	CO_2	N_2	H_2S	PCI (kWh/m^3)
aproximado	40 - 70	25 - 40	1	1	6,0 ... 6,5

El gas de vertedero se produce por fermentación del contenido orgánico de los residuos. Este proceso es espontáneo y puede controlarse y aprovecharse.
Dependiendo de la composición de los residuos, también pueden producirse ácidos sulfúricos, floridos o clóricos, que pueden contaminar el suelo y/o causar problemas de emisión y corrosión.

Tabla **2.4:** Valores medios de gases de vertedero y poder calorífico /1/

Volumen %	CH_4	CO_2	N_2	O_2	H_2S	NH_3	PCI (kWh/m_n^3)
aproximado	20- 65	30- 45	1 - 3	1 - 3	marg	marg	2 ... 6,5

Es posible producir una fermentación vegetal sin la presencia de oxígeno que no sólo produce biogás, sino también *humus* para fertilizar el suelo.

Durante la **carbonización térmica,** la biomasa pasa por cuatro estaciones de tratamiento:

secado (< 200 °C), pirólisis (200 – 400 °C), **oxidación, reducción**

Estos gases tienen un alto contenido de monóxido de carbono en el caso de la coquización con oxígeno y un alto contenido de nitrógeno en el caso del aire como medio de coquización.

Tabla: **2.5:** Características de los gases relevantes /2/

Tipo de gas	Símbolo	Densid. están. ρ_n kg/m^3	**PCS** PCI kWh/m^3	d Densidad relativa	H_s/H_i	Índice Wobbe **Wo** $_S$ Wo$_I$ kWh/m^3	Capac. cal.esp. c_p 0°C kJ/kg K	**R** J/kgK V$_{m\,n}$ m^3kmol
Oxígeno	O_2	1,429	-	1,1053	-	-	0,915	**259,8**
						-	-	22,392
Hidrógeno	H_2	0,0899	**3,54** 2,995	0,0695	1,18	**13,427** 11,359	14,2	**4124,5** 22,428
Carbono monóxido	CO	1,2505	**3,509** 3,509	0,9672	1,0	**3,568** 3,568	1,040	**296,84** 22,398
Metano	CH_4	0,7175	**11,064** 9,971	0,555	1,109	**14,853** 13,385	2,156	**518,26** 22,36
Acetileno	C_2H_6	1,1722	**16,27** 15,72	0,907	1,035	**17,088** 16,509	1,513	**319,32** 22,212
Propano	C_3H_8	2,010	**28,095** 25,866	1,554	1,086	**22,534** 20,746	1,549	**188,55** 21,941
n-Butano	C_4H_{10}	2,709	**37,252** 34,405	2,095	1,094	**25,736** 23,768	1,599	**143,05** 21,455
Gas natural (H)	CH_4	0,79	**11,48** 10,38	0,61	1,105	**14,71** 11,01	2,05	**475,33** 22,25
Gas natural (L)	CH_4	0,83	**9,77** 8,82	0,64	1,107	**12,21** 11,02	1,86	**448,66** 22,36
Gas ciudad		0,60	**5,06**	0,46	1,026	**7,44**	2,37	**620**

Gas de coque		0,51	4,54 **5,47** 4,86	0,40	1,085	6,69 **8,64** **7,68**	2,68	**721** 22,41
Gas horno		1,36	**0,90** 0,88	1,05	1,022	**3,15** 3,07	1,02	**273** 22,38
Nitrógeno	N_2	1,250	0	0,932	0	0	1,0387	296,9
Oxígeno	O_2	1,429	0	1,105	0	0	0,9148	259,8
Dióxido Carbónico	CO_2	1,977	0	1,529	0	0	0,817	189,0
Aire		1,293	0	1,0	0	0	1,0038	287,2

Tabla: 2.6: Composición de biogás en comparación con gas natural /2/

Tipo de Gas	H_2	CO	CH_4	CO_2	N_2	PCI MJ/m³
Suministro oxígeno	35 – 45	12 - 15	70	3 – 35	0 - 2	9 – 10
Carbonización aire	4 - 20	9 - 22	2 - 8	10 – 16	10 - 56	5 - 8
Gas fermentación Gas de basura Gas de vertedero	-	-	40 - 70	25 – 40	0 - 2	20 – 30 18 – 24 13 - 20
Gas natural	-	-	85 - 98	0 – 2	0 - 12	30 - 57

Otros valores de mezclas gaseosas por ejemplo con hidrógeno se encuentran en el apartado 11.3 sobre la sustitución de gas.

2.3. Gas licuado

El gas licuado de petróleo también se conoce como *gas de envasado*. Se trata de propano y butano que se ofrecen en mezclas comerciales tanto para consumidores industriales como particulares. Son gases obtenidos de yacimientos petrolíferos (GLP) o como productos de los procesos de refinería. Permanecen líquidos a temperaturas normales y a baja presión (2 – 14 bar).

2.4 Contenido energético de los combustibles

Probablemente, los valores característicos más importantes de cualquier combustible son los "valores caloríficos", es decir, la indicación del contenido de energía latente. Hay que distinguir entre los dos términos siguientes:

Poder calorífico inferior (PCI) y Poder calorífico superior (PCS)

Estas energías se liberan cuando se quema completa y totalmente 1,0 kg de un combustible sólido o líquido y 1,0 m_n^3 de un gas combustible, permaneciendo constantes la temperatura y la presión de todas las sustancias implicadas antes y después de la combustión, es decir, 25°C y 1,013 bar.

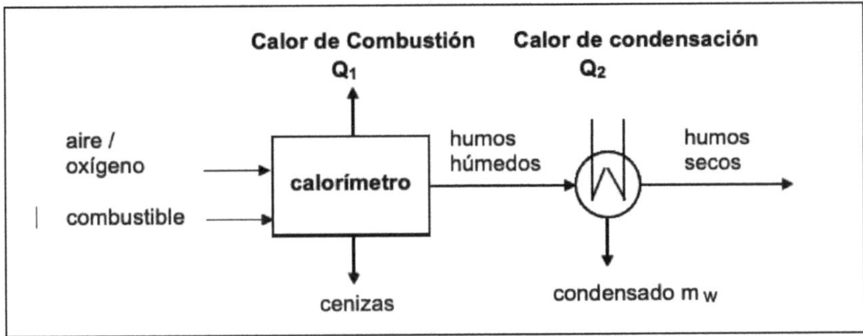

Figura 2.1: Determinación de los valores térmicos mediante un calorímetro

Si el agua formada en el proceso se extrae en forma de vapor con el gas de escape resultante, la cantidad de calor relativa se denomina **poder calorífico inferior PCI**. Si el agua se extrae en forma líquida, es decir, si el vapor de agua se condensa, la cantidad de calor relativa se denomina poder **calorífico superior PCS**.
La determinación experimental del poder calorífico se realiza mediante los denominados **calorímetros** (Figura 2.1).

Las cantidades de calor Q1 y Q2 determinadas durante la combustión de la unidad del combustible, forman así los valores de calor relativos a 1 kg o 1 m³:

$$\text{Poder calorífico inferior:} \quad \mathbf{PCI} = \frac{Q_1}{\mathbf{kg}_{comb}} \; kJ/kg \; \equiv \; \frac{Q_1}{\mathbf{m}^3_{comb}} \; kJ/m^3 \qquad (2.1)$$

$$\text{Poder calorífico superior:} \quad \mathbf{PCS} = \frac{Q_1 + Q_2}{\mathbf{kg}_{comb}} \; kJ/kg \; \equiv \; \frac{Q_1 + Q_2}{\mathbf{m}^3_{comb}} \; kJ/m^3 \qquad (2.2)$$

Por tanto el PCI y el PCS se diferencian por la cantidad de calor liberado durante la condensación del vapor de agua contenido en los gases de combustión por 1,0 kg o 1,0 m_n^3 de combustible.

Entonces, la relación entre los poderes caloríficos es la siguiente:

$$PCS = PCI + h_{cond} \qquad (kWh/kg) \; o \; (kWh/m^3) \qquad (2.3)$$

La entalpía relativa de condensación posible de las combustibles se puede definir de la forma:

$$q_{rel} = (PCS - PCI) / PCI \qquad (2.4)$$

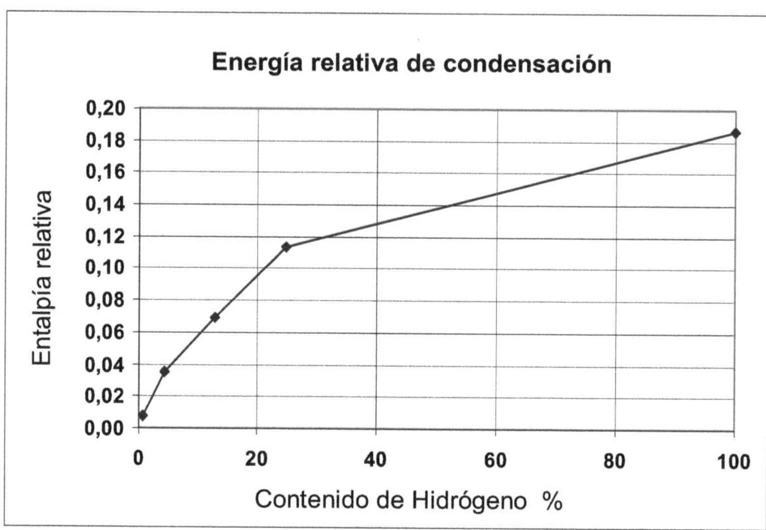

Figura 2.2: Energía de condensación relativa de los combustibles a través de los valores de la Tabla 2.5 y ecuación 2.4

2.5 Hidrógeno y Gas Natural

Esto será el tema en el futuro: Es absolutamente importante utilizar más y más de este gas limpio, especialmente en los vehículos y en los procesos industriales. Adicionalmente, el sector del suministro público con el gas natural también hay que adaptar al uso del hidrógeno, lo cual es relativamente simple, que ya existe una red gigantesca donde se puede inyectar el hidrógeno de todas fuentes.

Para que funcione este cambio, hay que cumplir unas condiciones básicas:

1. La red debe resistir al hidrógeno respecto su agresividad a los materiales de acero.
2. Los quemadores y todos los aparatos, tal como motores deben que ser adaptados a las mezclas del nuevo combustible que incluye también el ajustamiento y el cambio de los partes sensibles.
3. Las instalaciones domesticas e artesanales, construidas hasta ahora para gas naturas, no pueden ofrecer la potencia esperada con una mezcla con hidrógeno, sin aumentar la presión en estas redes.

Las condiciones 1 y 2 ya son conocidos y discutidos en el mundo del gas natural, pero el sensible transporte de potencias constantes en las redes del consumidor no ha puesto la atención necesaria hasta ahora.

Para utilizar gases o mezclas de gases con índice de Wobbe diferentes, es necesario ajustar la presión y el diámetro de la boquilla de los quemadores inyectores para que la potencia del quemador permanezca constante. La Figura 2.3 muestra los cambios de los datos característicos.

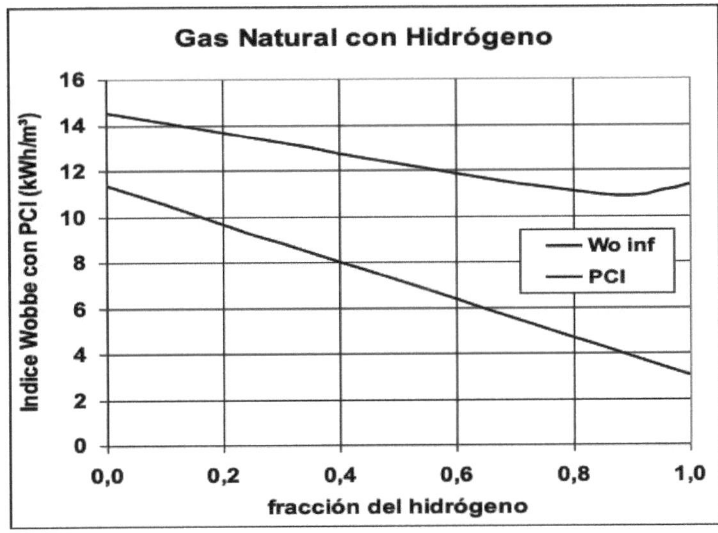

Figura 2.3: Valores del poder calorífico y del Indice de Wobbe para diferentes proporciones de hidrógeno en el gas natural

Además, en el capítulo 10 sobre el suministro de los clientes, se encuentra en apartado 10.5 explicaciones respecto el cambio del gas licuado al gas natural, también un sector importante respecto el cambio y la introducción del gas natural.

La Figura 2.3 muestra para diferentes porcentajes de hidrógeno en el gas natural, las características al respecto

Las relaciones de presiones necesarias para transportar una potencia constante en tubos de acero fino / cobre se encuentran con las fórmulas 10.16 hasta 10.19 y en el ejemplo 10.6.

3. Características de los gases

Además de propiedades como presión, temperatura y densidad, también son importantes otras propiedades intensivas de los gases combustibles tanto para su uso como fuente de energía como para el transporte y el almacenamiento. Por eso se necesitan las propiedades que se muestran en las tablas 3.1 y 3.2.

Tabla 3.1: Otras propiedades físicas relevantes de los gases combustibles

Propiedad	Volumen específico	Viscosidad dinámica	Valor calorífico (PC)	Densidad relativa	Índice de Wobbe
Símbolo	$v = 1 / \rho$	η	PCS (superior) PCI (inferior)	d	Wo s (superior) Wo i (inferior)
Unidad	kg/m³	kg/ms	kWh/m³	(-)	PC/d ^{0,5}

Las propiedades de las mezclas entre los gases comerciales y del gas natural pueden deducirse de las leyes de las mezclas (véase el apartado 3.4).

3.1 Gases ideales y reales

3.1.1 Estado normalizado

Para comparar valores energéticos de gases, es necesario un estado de referencia, que se denomina *estado estándar físico* o *estado norma y se* refiere a gases secos en las siguientes condiciones de temperatura y presión,

$$t_n = 0\ °C; \quad T_n = 273,15\ K\ ; \quad p_n = 1,01325\ bar$$

La densidad normalizada puede calcularse de la ecuación de gas ideal:

$$\rho_n = p_n / (R\,T_n) \tag{3.1}$$

$$R = R_m / M \tag{3.2}$$

$$\rho_n = M / V_{m\,n} \tag{3.3}$$

con: R = constante individual de gases
R_m = constante molar de gases = 8314,5 J/kmol
M = masa molar relativa (kg/kmol)
$V_{m\,n}$ = volumen molar normalizado (m³/km)

En el caso de gases ideales o de cálculos simplificados puede aplicarse un valor medio de $V_{m\,n} = 22,41$ m³/ kmol como volumen molar normalizado en ecuación 3.3.

La masa molar y la densidad estándar pueden calcularse utilizando las leyes de mezcla de los gases (véase el apartado 3.4). En cambio, el estado del gas en el que son posibles todos los valores de presión y temperatura, es decir, las propiedades que se miden en todas las condiciones de funcionamiento, se denominan estado de funcionamiento o estado real. En comparación con el estado estándar, la temperatura y la presión cambian el poder calorífico por metro cúbico.

3.1.2 Gases ideales

En el estado de baja presión y temperatura los gases reales se comportan casi como un gas ideal correspondiente a las fórmulas 3.4 y 3.5. Para los gases ideales perfectos se supone además que la capacidad calórica depende principalmente de la temperatura y en menor medida de la presión. Para realizar cálculos aproximados, basta con aplicar las distintas formas de la ecuación de estado de gases ideales. Para mejorar los resultados se utilizan factores de corrección (apartado 3.1.3).

$$p\,V = m\,R\,T \tag{3.4}$$

$$p\,v = R\,T \tag{3.5}$$

$$p\,/\,\rho = R\,T \tag{3.6}$$

con:
p	= Presión	$(N\,/\,m^2)$
V	= Volumen (absoluto)	(m^3)
v	= Volumen específico	(m^3/kg)
m	= Masa	(kg)
R	= Constante de los gases	$(J/kg\ K)$
T	= Temperatura	(K)
ρ	= Densidad = $1\,/\,v$	(kg/m^3)

3.1.3 Gases reales

Los gases reales presentan desviaciones del comportamiento ideal (ecuación 3.4) que dependen de la presión y, en gran medida, de la temperatura. La termodinámica ofrece varias propuestas de compensación. En la técnica de los gases combustibles, se utiliza normalmente el factor de gas real Z. Este factor modifica la ecuación de estado base, la que pasa a ser ahora la ecuación de estado de los gases reales:

$$p\,V = Z\,m\,R\,T \tag{3.7}$$

Los **factores Z** de cada gas pueden determinarse mediante *coeficientes virales* estándares que representan las propiedades físicas. También se pueden determinarlos por medición directa.

El **factor Z** expresa en cada estado del gas la desviación del comportamiento respecto al gas ideal (**Z** = 1):

$$Z = p\,V\,/\,m\,R\,T \qquad (3.8)$$

Factor de compresión:
El *factor de compresión* **K** se utiliza con más frecuencia que el factor **Z**. Se define como el *factor de compresibilidad* en estado actual dividido por el factor de compresibilidad del estado normalizado.

Este factor **K** retrata entonces el comportamiento real de los gases y está muy importante para calcular la pérdida de presión y/o la capacidad del transporte que pueda ofrecer un gasoducto:

$$K = Z\,/\,Z_n \qquad (3.9)$$

El *factor de compresibilidad se utiliza* junto con la humedad relativa del gas en cálculos muy detallados, especialmente para el cálculo de la facturación entre empresas.

En primer lugar, se pueden aplicar fórmulas de aproximación /2/:

$$K = 1 - p_{abs}\,/\,(450 \ldots 500) \qquad \text{Gas natural hasta 100 bar} \qquad (3.10a)$$

$$K = 1 - p_{abs}\,/\,6200 \qquad \text{Gas de coque} \qquad (3.10b)$$

$$K = 1 + p_{abs}\,/\,1500 \qquad \text{Hidrógeno} \qquad (3.10c)$$

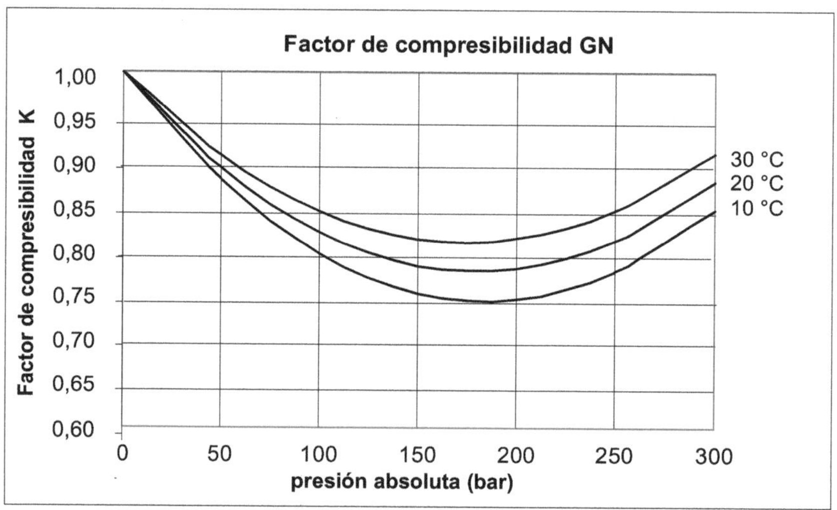

Figura 3.1: Factor de compresibilidad de un gas natural de alto PCI

Atención: en la literatura anglo - americana se nombran:

Z = *Factor de compresibilidad*
K = *Coeficiente de desviación de la ley de los gases*

3.2   Ecuaciones de conversión

3.2.1 Cambio del estado de gases ideales

El estado actual de un gas ideal se define especificando las propiedades termodinámicas como temperatura, presión y volumen, que se relacionan en la ecuación de estado (3.4). Sí se consideran dos estados diferentes del gas, se obtiene:

$$p_1 V_1 / T_1 \; = \; p_2 V_2 / T_2 \tag{3.11}$$

Para procesos simples en los que una propiedad física se mantiene constante, se pueden encontrar fórmulas específicas para relacionar los estados que conectan estos procesos:

$$V_1 / V_2 \; = \; T_2 / T_2 \qquad \text{Presión constante   (isobárico)} \tag{3.12}$$

$$p_1 / p_2 \; = \; T_1 / T_2 \qquad \text{Volumen constante (isométrico)} \tag{3.13}$$

$$p_1 / p_2 \; = \; V_2 / V_1 \qquad \text{Temperatura constante (isotérmico)} \tag{3.14}$$

$$p_1 / p_2 \; = \; \rho_1 / \rho_2 \qquad \text{Densidad constante} \tag{3.15}$$

Hay otras fórmulas de los procesos termodinámicos energéticos importantes
que convienen de mencionar:

$$p\, v^{n} \; = \; \text{constante} \qquad \text{proceso politrópico} \tag{3.16}$$

$$p\, v^{k} \; = \; \text{constante} \qquad \text{proceso isentrópico} \tag{3.17}$$

$$\text{donde } k = c_p / c_v$$

3.2.2 Cambio de estado de gases reales

La definición del factor de compresibilidad (ecuación 3.9) junto con ecuación 3.8 da la expresión general para el estado real del gas:

$$K = Z / Z_n \; = (p\, V\, T_n) / (p_n\, V_n\, T) \tag{3.18}$$

Para un cálculo directo, se utilizan las siguientes fórmulas para obtener las características en los procesos asociados al uso de gas. En el caso de gases ideales o como primera estimación del comportamiento de un gas real, es simple aplicar por se usan solamente:

$$Z = 1 \quad y \quad K = 1:$$

Tabla 3.3 a: Fórmulas de conversión de gases reales $(K \neq 1)$ y gases ideales $(K=1)$

$$V = V_n \, \frac{p_n \, T}{P \, T_n} \, K \qquad\qquad V_n = V \, \frac{p \, T_n}{p_n \, T} \, \frac{1}{K} \qquad\qquad (3.19/3.20)$$

$$\rho_n = \rho \, \frac{p_n \, T}{p \, T_n} \, K \qquad\qquad \rho = \rho_n \, \frac{p \, T_n}{p_n \, T} \, \frac{1}{K} \qquad\qquad (3.21/3.22)$$

$$PC_n = PC \, \frac{p_n \, T}{p \, T_n} \, K \qquad\qquad PC = PC_n \, \frac{p \, T_n}{p_n \, T} \, \frac{1}{K} \qquad\qquad (3.23/3.24)$$

$$V_r = V_i \, K \qquad\qquad V_i = V_r / K \qquad\qquad (3.25/3.26)$$

$$\rho_r = \rho_i / K \qquad\qquad \rho_i = \rho_r \, K \qquad\qquad (3.27/3.28)$$

Las ecuaciones 3.19 - 3.24 dan el llamado *factor de conversión* utilizado en la industria dedicada al gas, para convertir los flujos medidos en condiciones actuales a flujos en condiciones normalizadas:

$$F_{\text{conversión}} = \frac{p \, T_n}{p \, T} \, \frac{1}{K} \qquad\qquad (3.29)$$

3.2.3 Humedad de los gases:

Los valores estándar se refieren a gases secos. Sin embargo, para los cálculos en relación con el estado estándar, debe tenerse en cuenta la disminución de la presión del gas debida a la falta de la presión parcial del vapor de agua.

<u>Consecuencia:</u>

Las diferencias mínimas de la presión pueden resultar en diferencias calculatorias del volumen en caso del intercambio de grandes volúmenes. Además, la humedad puede impedir la regulación de presión por su condensación. En la combustión técnica el volumen de los vapores de agua puede aumentarse por un porciento sin molestar al proceso:

$$p = p_{atm} + p_e - \varphi\, p_s \tag{3.30}$$

$$\text{con:} \quad \varphi = p_p / p_s \approx \rho_v / \rho_s \tag{3.31}$$

donde:
p = presión total del gas seco (bar)
p_{atm} = Presión atmosférica (bar)
p_e = Presión medida (bar)
φ = Humedad relativa (-)
p_p = Presión parcial del vapor de agua (bar)
p_s = Presión del vapor saturado (bar)
ρ_v = Densidad del vapor de agua (kg/m³)
ρ_s = Densidad del vapor saturado (kg/m³)

Valores de la presión parcial del vapor de agua saturado se puede encontrar en la tabla siguiente o utilizar la ecuación 7.33:

Tabla 3.4: presión parcial del vapor de agua saturado /1/

t °C	p_{sat} bar	t °C	p_{sat} bar	t °C	p_{sat} bar	t °C	p_{sat} bar
0	0,00611	10	0,01228	20	0,02339	30	0,04247
1	0,00657	11	0,01313	21	0,02488	32	0,04759
2	0,00706	12	0,01402	22	0,02645	34	0,05325
3	0,00758	13	0,01498	23	0,02811	36	0,05947
4	0,00813	14	0,01599	24	0,02986	38	0,06632
5	0,00872	15	0,01706	25	0,03169	40	0,07384
6	0,00935	16	0,01819	26	0,03364	42	0,08209
7	0,01002	17	0,01938	27	0,03568	44	0,09112
8	0,01073	18	0,02065	28	0,03783	46	0,10099
9	0,01148	19	0,02198	29	0,04009	48	0,11176

3.2.4 Aplicaciones prácticas

Los distintos factores ya mencionados se aplican en función de la situación o necesidad práctica particular.

3.2.4.1 Diseño de gasoductos:

En la determinación del diámetro de un gasoducto a alta presión deben considerarse diversos factores, como por ejemplo una estimación de la capacidad máxima, así como el factor de la compresibilidad, que puede disminuir el flujo volumétrico hasta en un - 25 %.

La humedad relativa no se considera en el cálculo del transporte de gases. Otras consideraciones adicionales respecto la capacidad futura del gasoducto modificaran los resultados. El diámetro de la cañería influye en las pérdidas de presión las cuales a su vez determinarán la necesidad de compresores:

$$K \neq 1,0 \qquad \varphi = 0$$

En el caso de instalaciones domésticas, las que funcionan a presiones muy bajas, se trabaja con gas ideal y valores medias de presión y densidad. La humedad relativa y el factor de compresibilidad no son consideradas en este caso.

$$K = 1,0 \qquad \varphi = 0$$

3.2.4.2 Facturación térmica del consumo:

Esta expresión se refiere a la conversión del volumen y del contenido energético de los gases. Las ecuaciones 3.19 a 3.24 muestran la influencia evidente de la temperatura y la presión, así como la del factor de compresibilidad.
Las grandes empresas e importadores de gas natural aplican los factores reales a base de los datos exactos (ver la Tabla 3.5). El consumo de los clientes privados y artesanales calculan mediante de factores medios y firmes (miren el ejemplo 3.4).

Tabla 3.5: Aplicación de los factores asociados a la humedad relativa y a la   compresibilidad en cálculos de gas *) errores menos de un 2,5 %

La aplicación de K y φ	Compresibilidad K	Humedad rel. φ
Cálculo de volúmenes exactos para presiones superiores a 1,0 bar	$K \neq 1$	$\varphi > 0$
Cálculo de volúmenes para presiones inferiores a 1,0 bar	$K = 1$	$\varphi = 0$
Cálculos de gasoductos de alta presión de gas natural: p > 10 bar	$K \neq 1$	$\varphi = 0$
Cálculos de gasoductos de media presión de gas natural: p < 10 bar *)	$K = 1$	$\varphi = 0$
Cálculos de gasoductos de baja presión de gas natural: p < 1 bar	$K = 1$	$\varphi = 0$

Los importadores, los proveedores de gas y las grandes empresas industriales miden las cantidades vendidas y compradas con la mayor precisión posible. Las presiones y temperaturas reales o la densidad absoluta se miden muy exacto para obtener el factor de conversión (ecuación 3.29).

Además, se utilizan programas de cálculo detallados para obtener el factor de compresibilidad (véanse ejemplo 8.2).

$$K \neq 1,0 \qquad \varphi > 0 \qquad \text{ecuaciones: } 3.19 \quad \text{hasta } 3.24$$

En cambio, estos parámetros no se tienen en cuenta a facturar el bajo consumo de clientes domésticos y artesanales. La empresa fija el precio del gas por m^3 o por unidad energética. El consumo volumétrico se convierte sobre la base de temperaturas y presiones de referencia de acuerdo con los parámetros de la Ley Nacional de Suministro, sin tener en cuenta el factor de compresibilidad ni la humedad relativa. En función de la situación personal del consumidor, éste puede tener pérdidas o ganancias (véase el ejemplo 3.4).

$$K = 1,0 \qquad \varphi = 0 \qquad \text{ecuaciones: } 3.19 \text{ hasta } 3.29$$

3.3 Capacidad calorífica

La capacidad calorífica de los gases depende principalmente de la   temperatura y, en menor medida, de la presión. En el caso de los gases ideales perfectos, sus valores permanecen constantes en el intervalo de temperaturas considerado.

En cambio, para los gases reales y s e m i *perfectos hay que tener en cuenta* la temperatura (véase la Figura 3.2). *Semiperfecto significa* que se utilizan las ecuaciones de los gases ideales en combinación con el ajuste de la capacidad calorífica a temperaturas elevadas. En todos estos casos, se supone una presión constante, como en casi todos los intercambiadores de calor. La capacidad calorífica se necesita principalmente para cálculos respecto la energía térmica que se puede transferir mediante de los humos de motores, turbinas, calderas y otras energías útiles.

3.3.1 Capacidad calorífica real

Para aumentar la temperatura de t_1 a t_2 tiene que transferirse al medio una cantidad de calor por unidad de masa, que viene dado por:

$$q_{12} = . \int f(c_p)\, dt \qquad (3.32)$$

representado por el área bajo de la línea en la Figura 3.2. El calor transferido sería:

$$Q_{12} = m \int_{t_1}^{t_2} f(c_p)\, dt \qquad (3.33)$$

Para evitar la integración de las ecuaciones 3.32 o 3.33, habían inventado los valores medios de la capacidad calórica en el intervalo de las temperaturas asociadas al problema (apartado. 3.3.2).

3.3.2 Capacidad calorífica media

Tras examinar la función matemática $c_p = f(t)$ de la capacidad calorífica real, puede expresarse el calor específico transferido en cualquier intervalo de temperaturas t_1 -t_2, que se muestra en la función Figura 3.2:

En lugar de utilizar la fórmula 2.31, este calor puede mostrarse en forma rectangular mediante una capacidad media c_{pm} dentro de las temperaturas t1 y t2. El resultado sale de la siguiente fórmula 3.34:

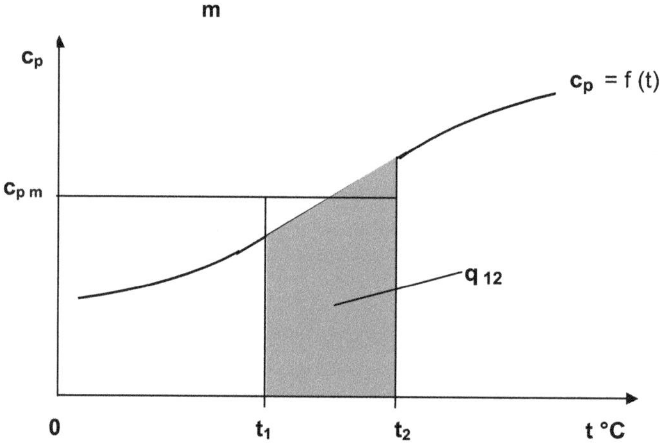

Figura 3.2: La capacidad calorífica real del gas natural con la capacidad media

$$q_{12} = c_{pm} (t_2 - t_1)$$

(3.34)

Los valores de la capacidad calorífica se enumeran en la Tabla 3.6:
Los valores térmicos medianos de las temperaturas comienzan con la temperatura 0°C hasta su valor máximo para reducir el número de datos.
La gran diferencia entre la curva de la capacidad real $c = f(t)$ y su capacidad media c_{pm} se puede ver como ejemplo para aire en la Figura 3.3.

Uso de tablas:

Los datos correspondientes a c_{pm} figuran en la Tabla 3.6. Para usar de los valores medios entre 0 °C y las temperaturas de aplicación, es decir entre las temperaturas t_1 y t_2 se utiliza la fórmula 3.35 con los valores desde la tabla 3.6:

$$c_{pm\ t1-t2} = (c_{pm\ 2} * t_2 - c_{pm\ 1} * t_1) / (t_2 - t_1)$$

(3.35)

La capacidad calórica cpo $c_{p,m}$ se refiere a la transmisión de calor a presión constante, que tiene validez en todos los tipos de recuperadores.

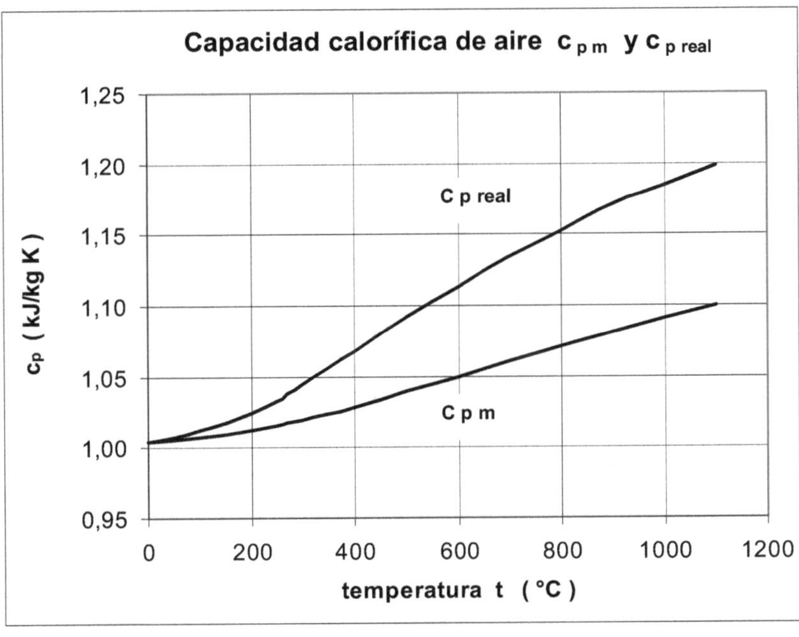

Figura 3.3: Diferencia entre la capacidad calórica real $c_{p\,real}$ y media c_{pm}

3.3.3   Capacidad calorífica al volumen constante

Para transferir calor a gases de volúmenes constantes se necesita la capacidad calórica al volumen constante c_v o $c_{v,m}$ que viene dada por la siguiente fórmula:

$$c_v = c_p - R \ (kJ/kg\ K) \tag{3.36}$$

Evidentemente los tratamientos térmicos a volúmenes constantes exigen menos energía como muestra la ecuación (2.38).

$$Q_v = m\ c_v\ (T_2 - T_1)\ (kJ) \tag{3.37}$$

Tabla 3.6: Capacidad calórica media c_{pm} (0 – t) de gases ideales /5/

Temperatura del gas °C	H_2O vapor kJ/kg K	Aire seco kJ/kg K	N_2 kJ/kg K	CO kJ/kg K	CO_2 kJ/kg K	O_2 kJ/kg K	H_2 kJ/kg K
0 - t	1,858	1,004	1,039	1,040	0,8169	0,9150	14,20
-100	1,871	1,007	1,039	1,041	0,8673	0,9227	14,36
-200	1,892	1,012	1,042	1,046	0,9118	0,9351	14,42
-300	1,917	1,019	1,048	1,053	0,9505	0,9496	14,45
-400	1,945	1,029	1,055	1,063	0,9846	0,9646	14,48
-600	2,007	1,050	1,075	1,086	1,0417	0,9922	14,54
-800	2,073	1,071	1,096	1,109	1,0875	1,0154	14,64
- 1000	2,140	1,091	1,116	1,130	1,1248	1,0347	14,78
- 1200	2,207	1,109	1,134	1,149	1,1555	1,0508	14,94
- 1400	2,271	1,124	1,150	1,165	1,1811	1,0648	15,12
- 1600	2,332	1,138	1,164	1,170	1,2027	1,0772	15,30
- 1800	2,388	1,150	1,177	1,192	1,2211	1,0885	15,48
- 2000	2,441	1,161	1,188	1,203	1,2370	1,0990	15,66
- 2200	2,490	1,171	1,198	1,212	1,2510	1,1089	15,84
- 2500	2,557	1,185	1,210	1,225	1,2690	1,1229	16,09
- 3000	2,654	1,203	1,228	1,242	1,2932	1,1443	16,48
R J / kg K	461,52	287,2	296,78	296,84	188,92	259,83	4124,1
V_{nm} m³/kmol	22,41	22,4	22,403	22,4	22,261	22,392	22,428
M kg / kmol	18,0152	28,963	28,0134	28,0104	44,0098	31,9988	2,0158
ρ_n kg / Nm³	0,8038	1,29	,2504	1,2505	1,9770	1,429	0,0899

Uso de fórmulas:
La fórmula ec.3.34 requiere la capacidad media de los gases que pueden componerse de varios gases singulares. Para facilitar el uso de la tabla 3.6, los factores han sido transformados en ecuaciones para la capacidad calorífica media:

N_2 $\qquad c_{pm} = 4*10^{-8}*t^2 + 4*10^{-5}*t + 1,035$ $\qquad$ (3,38)

CO $\qquad c_{pm} = 4*10^{-8}*t^2 + 5*10^{-5}*t + 1,041$ $\qquad$ (3.39)

H_2O $\qquad c_{pm} = 1*10^{-7}*t^2 + 2,5*10^{-4}*t + 1,85$ $\qquad$ (3,40)

CO_2 $\qquad c_{pm} = 3,6*10^{-4}*t + 0,825$ $\qquad$ (3.41)

O_2 $\qquad c_{pm} = 1,2*10^{-4}*t + 0,91$ $\qquad$ (3.42)

H_2 $\qquad c_{pm} = 4,5*10^{-4}*t + 14,3$ $\qquad$ (3.43)

Aire $\qquad c_{pm} = 1,0*10^{-4}*t + 0,991$ $\qquad$ (3.44)

Los resultados de las relaciones 3.38 – 3.44 comparados con los datos originales de la tabla 3.8 muestran diferencias inferiores al 0,25% lo que parece bastante tolerable para la utilización en ejemplos prácticas en las clases.

3.4 Leyes de la mezcla de gases /2/

Gases combustibles y sus productos se componen de componentes de gases puros. Al estimar gases ideales, podemos usar los componentes o partes del volumen total en lugar de los componentes molares, de modo que las ecuaciones para una mezcla de gases son:

Fracción del volumen $\qquad x_i = V_i / V$ $\hfill (3.45)$

Volumen total: $\qquad V = \Sigma\, V_i \quad$ con: $\; \Sigma\, x_i = 1$ $\hfill (3.46)$

Presión parcial $\qquad p_i = x_i * p_{total}$ $\hfill (3.47)$

Presión total del gas: $\qquad p_{tot} = p_1 + p_2 + ... = \Sigma\, p_i$ $\hfill (3.48)$

Densidad de la mezcla: $\qquad \rho = x_1 \rho_1 + x_2 \rho_2 + ... = \Sigma\, (x_i\, \rho_i)$ $\hfill (3.49)$

Densidad relativa: $\qquad d = x_1 d_1 + x_2 d_2 + ... = \Sigma\, (x_i\, d_i)$ $\hfill (3.50)$

Masa molar: $\qquad M = x_1 M_1 + x_2 M_2 + ... = \Sigma\, (r_i\, M_i)$ $\hfill (3.51)$

Constante del gas $\qquad R = R_m / M \qquad R_m = 8314,5 \; J\, kg/kmol$ $\hfill (3.52)$

$\qquad R = \mu_1 R_1 + \mu_2 R_2 + ... = \Sigma\, (\mu_i\, R_i)$ $\hfill (3.53)$

Densidad normalizada $\qquad \rho_n = M / V_{m,n}$ $\hfill (3.54)$

Poder calorífico: $\qquad PC = x_1 PC_1 + x_2 PC_2 + ... = \Sigma\, (x_i\, PC_i)$ $\hfill (3.55)$

Índice de Wobbe $\qquad Wo = \dfrac{x_1 PC_1 + x_2 PC_2 + ...}{\sqrt{x_1 d_1 + x_2 d_2 + ...}} = \dfrac{\Sigma\, (x_i\, PC_i)}{\sqrt{\Sigma\, x_i\, d_i}}$ $\hfill (3.56)$

Fracción másica: $\qquad \mu_i = m_i / m = x_i\, (\rho_i / \rho_{tot})$ $\hfill (3.57)$

Masa total: $\qquad m = \Sigma\, m_i\, \mu_i \quad y \quad \Sigma\, \mu_i = 1$ $\hfill (3.58)$

Capacidad calórica : $\qquad c_P = y_1 c_{P1} + y_2 c_{P2} + ... = \Sigma\, (y_i\, c_{Pi})\, {}^*)$ $\hfill (3.59)$

---

*) Las magnitudes específicas con referencia a la masa deben ser calculadas en las fracciones de masa.

3.5 Rendimientos y conversión de energía

Los procesos de conversión de energía suelen ir asociados a pérdidas. La eficiencia global de las centrales y máquinas de gas es un parámetro importante que hay que determinar. Primero, se ven las relaciones de los poderes caloríficos típicos.

Combustible	Gas natural	Gas ciudad	Gas licuado	Aceite
PCI / PCS	0,90	0.89	0,92	0,935

La relación entre los rendimientos para PCI y PCS viene dado por:

$$\eta_{PCS} = \eta_{PCI} \, (PCI / PCS$$

Valores típicos de rendimientos:

Eficiencia media de calderas (PCI)

Combustibles para calderas:	Gas	Petróleo
sin condensación con condensación	< 0,85 < 95	< 0,85 < 0,88%
Quemador de cocina	0,65 - 0,75	

Eficiencia media mecánica (PCI)

Turbinas gas	< 3 MW 0,35 - 0,40		> 3 MW 0,40 - 0,50	
Turbinas vapor	0,40 - 0,50			
Ciclo combinado gas y vapor:	sin combustión adicional 0,50 -0, 55		con combustión adicional 0, 55 – 0,60	
Generadores	según potencia 0,98		0,95 -	
Motores de Gas (PCI)	Otto (4-tiempos) catalizador mezcla pobre		Diesel 2-Tiemp. 4- Tiemp.	
	0,35	0,38	0,48	0,44

Eficiencia media de plantas de cogeneración (electricidad + calor) PCI

Motores y turbinas	0,75 - 0,90	diferentes relaciones de calor
Turbinas al Ciclo Cheng	0,40 - 0,85	en función del vapor de proceso / electricidad y de combustión adicional

Eficiencia media de compresores y de de expansores (ref. W isentrópica)

Tipo de máquina	Turbos compresores	Compresor de pistones	Pistón giratorio / helicoidal
rendimiento	0,75 - 0,85	0,80 - 0,90	0,60 - 0,80 (0,75)

3.6 Aplicaciones numéricas del capítulo 3

Ejemplo 3.1:

Se ofrece a Ud. un gas combustible con la siguiente composición.
Calculen con los valores específicos de la Tabla 2.6:

CH_4 = **92** Vol %; C_3H_8 = **1,5** Vol %; C_4H_{10} = **0,5** Vol %; N_2 = **5,0** Vol % CO_2 = **1,0** %

1) la densidad normalizada 2) la constante del gas 3) los poderes caloríficos

Solución:

1) densidad normalizada:

$$\rho_n = 0,92 * 0,7176 \text{ kg/m}^3 + 0,015 * 2,01 \text{ kg/m}^3 + 0,005 * 2,709 \text{ kg/m}^3 + 0,01 * 1,977$$
$$= \underline{\textbf{0.786}} \text{ kg/m}^3$$

2) La constante del gas R se refiere a la masa de del gas, entonces hay que
   transformar las fracciones volumétricos a las de masas (ec. 3.58):
   Las fracciones de masa son:

$$
\begin{array}{lll}
\text{yi - } CH_4 & = 0{,}92 * 0{,}7176 \text{ kg/m}^3 / 0{,}786 \text{ kg/m}^3 & = 0{,}840 \\
\text{yi - } C_3H_8 & = 1{,}5 * 2{,}01 \text{ kgm}^3 / 0{,}786 \text{ kg/m}^3 & = 0{,}038 \\
\text{yi } C_4H_{10} & = 0{,}005 * 2{,}709 \text{ kg/m}^3 / 0{,}786 \text{ kg/m}^3 & = 0{,}017 \\
\text{yi} - N_2 & = 0{,}05 * 1{,}25 \text{ kg/m}^3 / 0{,}786 \text{ kg/m}^3 & = 0{,}080 \\
\text{yi} - CO_2 & = 0{,}01 * 1{,}977 \text{ kg/m}^3 / 0{,}786 \text{ kg/m}^3 & = 0{,}025 \\
\end{array}
$$

R = 0,840 * 518,26 + 0,038 * 188,55 + 0,017 * 143,05 + 0,08 * 296,9 + 0,025 * 188,0

$$= \underline{\textbf{473,27}} \text{ J/kgK}$$

3) Para determinar los poderes caloríficos del combustible se utiliza la formula 3.55:

$$PCS = \Sigma (x_i * PCS_i)$$
$$= 0{,}92 * 11{,}064 \ kWh/m^3 + 0{,}015 * 28{,}095 \ kWh/m^3 + 0{,}005 * 37{,}25 \ kWh/m^3 = \underline{\textbf{10,79}}$$
$$kWh/m^3$$

$$PCI = \Sigma (x_i * PCI_i)$$
$$= 0{,}92 * 9{,}995 \ kWh/m^3 + 0{,}015 * 25{,}866 \ kWh/m^3 + 0{,}005 * 34{,}405 \ kWh/m^3 = \underline{\textbf{9,75}}$$
$$kWh/m^3$$

Ejemplo 3.2

Calcule de manera simple la densidad normalizada del aire y la densidad relativa del gas combustible del ejemplo 3.1.

Solución: densidad del aire (79 Vol-% N_2 y 21 Vol-% O_2):

$$\rho_n = M / V_{m,n} = (0{,}79 * 2 * 14 + 0{,}21 * 2 * 16) / 22{,}41 = \underline{\textbf{1,287}} \ kg/m^3$$
$$d_{rel} = \rho_{gas} / \rho_{aire} = 0{,}786 \ kg/m^3 / 1{,}287 \ kg/m^3 = \underline{\textbf{0,61}}$$

Ejemplo 3.3

Una turbina de gas genera los gases calientes de la siguiente composición:
3,0% O_2 **10,0%** CO_2 **70,0%** N_2 y **17,0%** H_2O que pasan por un recuperador en el que se baja la temperatura desde **400** °C a **100** °C. El caudal de los gases se mide a V'_n = **48,75** m^3/s.

Calcule los datos siguientes:
1) la densidad normalizada de los componentes y de la mezcla.
2) la capacidad calorífica media de los gases para el cambio térmico
3) la potencia térmica real del recuperador a una potencia prevista de 16 MW.

Solución:

1) Consideremos la densidad normalizada según ecuación 3.3 en combinación con ecuación 3.49:

$$\rho_n O_2 = 32 / 22{,}41 = 1{,}428 \ kg/m^3$$
$$\rho_n CO_2 = 44 / 22{,}41 = 1{,}963 \ kg/m^3$$
$$\rho_n N_2 = 28 / 22{,}41 = 1{,}249 \ kg/m^3$$
$$\rho_n H_2O = 18 / 22{,}41 = 0{,}803 \ kg/m^3$$

$$\rho_n \ mezcla = 0{,}03 * 1{,}428 + 0{,}10 * 1{,}963 + 0{,}70 * 1{,}249 + 0{,}17 * 0{,}803 = \underline{\textbf{1,25}} \ kgm^3$$

Determinamos la capacidad calórica media de los gases de salida, $c_{p,m}$, por las formulas 3.38 – 3.44 y 3.52 entre las 120°C - 350°C para cada uno de los componentes:

Problema:

la capacidad calorífica está relacionada a la masa. Por eso hay que transformar las fracciones de volumen a fracciones de masa para formar después la suma:

formula 3.58 **fracciones de masa:** $y_i = x_i \, (\rho_i / \rho_{tot})$

$\mathbf{y\text{–}O_2} = \mathbf{x\text{–}O_2} * \rho_n / \rho_n$ mezcla $= \mathbf{0,03} * 1,428$ kg/m³ /1,25 kg/m³ $= \underline{\mathbf{0.034}}$

$\mathbf{y\text{–}CO_2} = \mathbf{x\text{–}CO_2} * \rho_n / \rho_n$ mezcla $= \mathbf{0,10} * 1,963$ kg/m³ / 1,25 kg/m³ $= \underline{\mathbf{0.157}}$

$\mathbf{y\text{–}N_2} = \mathbf{x\text{–}N_2} * \rho_n / \rho_n$ mezcla $= \mathbf{0,70} * 1,249$ kg/m³ /1,25 kg/m³ $= \underline{\mathbf{0.699}}$

$\mathbf{y\text{–}H_2O} = \mathbf{x\text{–}H_2O} * \rho_n / \rho_n$ mezcla $= \mathbf{0,17} * 0,803$ kg/m³ / 1,25 kg/m³ $= \mathbf{0,\underline{109}}$

2) La capacidad calorífica de los gases entre los valores térmicos de:

t = 0 - 350 °C:

$c_{pm} - O_2 = 1,4 * 10^{-4} * 350 + 0,91 \qquad = \underline{0,959}$ kJ/kgK

$c_{pm} - CO_2 = 3,6 * 10^{-4} * 350 + 0,825 \qquad = \underline{0,951}$ kJ/kgK

$c_{pm} - N_2 = 4,0 * 10^{-8} * 350 + 4,0 * 10^{-5} * 50 + 1,035 = \underline{1,054}$ kJ/kgK

$c_{pm} - H_2O = 1,0 * 10^{-7} * 350 + 2,5 * 10^{-4} * 350 + 1,85 = \underline{1,938}$ kJ/kgK

Para obtener la capacidad calorífica media de la mezcla de gases, multiplicamos los valores individuales por los porcentajes volumétricos individuales de cada gas:

$\mathbf{c_{pm}}$ (0°C - 350 °C) = **0,034** * 0,959 + **0,157** * 0,951 + **0,70** * 1,054 + **0,109** * 1,938
$$= \underline{\mathbf{1,132}} \text{ kJ/kgK}$$

de la misma manera se determina $c_{p,m}$ entre 0 °C y 100 °C:

t = 0 - 120 °C:

$c_{pm} - O_2 = 1,4 * 10^{-4} * 120 + 0,91 \qquad = \underline{0,927}$

$c_{pm} - CO_2 = 3,6 * 10^{-4} * 120 + 8,825 \qquad = \underline{0,868}$

$c_{pm} - N_2 = 4,0 * 10^{-8} * 120 + 4,0 * 10^{-5} * 120 + 1,035 = \underline{1,040}$

$c_{pm} - H_2O = 1,0 * 10^{-7} * 120^2 + 2,5 * 10^{-4} * 120 + 1,85 = \underline{1,881}$ kJ/kgK

$\mathbf{c_{p,m}}$ (0°C - 120 °C) = **0,034** * 0,927 + **0,157** * 0,868 + **0,70** * 1,04 + **0,109** * 1,880 =
$$\underline{\mathbf{1.101}} \text{ kJ/kgK}$$

para obtener la capacidad calorífica entre 120°C y 350 °C se utiliza ecuación 3.35:

$$c_{pm}\ (\ 120°C - 350°C\ )\ =\ \frac{1{,}121 * 350°C\ -\ 1{,}10 * 120°C}{350 - 120}\ =\ \underline{\mathbf{1.148}}\ kJ/kgK$$

3)   Potencia del recuperador:

La solución se obtiene por la ecuación 2.34 para determinar la energía transferida por el gas usando el flujo de masa de los gases de escape:

$$Q'_{cal}\ =\ V'_n * \rho_n * c_{p,m} * (\ t_2 - t_1\ )\ =$$

$$=\ 48{,}75\ m^3/s * 1{,}25\ kg/m^3 * 1{,}148\ kJ/kgK * (350 - 120)\ K\ =\ \underline{\mathbf{16095}}\ kW$$

Parece que el recuperador genera sin problemas la potencia esperada de los 16 MW.

Ejemplo 3.4:

El medidor de un cliente mide un consumo de **285** m³/mes de gas natural.

1) Calcule el volumen normalizado cuando la facturación de gas muestra los datos de referencia como:

p_e = **22,5** mbar; p_{atm} = **965** mbar; p_n = **1013,25** mbar; $t_{gas\ ref}$ = **18** °C

2) ¿Qué volumen pagaría el cliente cuando la facturación utilizaría la temperatura real del gas del contador de **25** °C

Solución:
   a) Conversión del volumen según ecuación 3.20 donde es K = 1; φ= 0

$$V_n =\ 285\ m^3/mes *\ \frac{(965\ mbar + 22{,}5\ mbar) * 273{,}15\ K}{(1013{,}25\ mbar) * (273{,}15\ K + 18\ K)}\ =\ \underline{\mathbf{260.59}}\ m^3$$

   b) Se reemplaza la temperatura de referencia de 18 °C por la temperatura efectiva de 25 °C y repite el cálculo:

$$V_n =\ 285\ m^3/mes\ \frac{(965\ mbar + 22{,}5\ mbar) * 273{,}15\ K}{(1013{,}25\ mbar) * (273{,}15\ K + 25\ K)}\ =\ \underline{\mathbf{254.47}}\ m^3$$

Resulta que el cliente consume en realidad un volumen menor de gas, el cliente paga demasiado.

4. Combustión

4.1 Parámetros de la combustión

Los combustibles fósiles deben quemarse para poder utilizar su energía química.
Varios factores influyen en la combustión, como

-	Tipo de combustible	(preparación y mezcla)
-	Poder calorífico	(consumo)
-	Velocidad de reacción	(conexiones del quemador, presión)
-	Componentes del combustible	(emisiones)
-	Límites de inflamabilidad	(estabilidad de combustión)
-	Punto de inflamación	(inflamación, mantenimiento)
-	Velocidad de respuesta	(construcción, seguridad)
-	Demanda de aire	(componentes de humo)

Tabla 4.1: Propiedades energéticos y valores relativas de la inflamación /6/

Gases		Límites de la inflamabilidad %		Temperatura inflamación °C		Temperatura combustión °C	
Fórmula	Nombre	Inferior	Super.	en Aire	en O_2	en Aire	en O_2
H_2	Hidrógeno	4,0	75,0	570	560	2060	2750
CH_4	Metano	5,0	15,0	580	535	1940	2760
C_2H_6	Etano	3,2	12,45	490	-	1940	2780
C_3H_8	Propano	2,4	9,5	480	470	1950	2800
i-C_4H_{10}	Isobutano	1,8	8,4	420	280	1960	2790
n-C_4H_{10}	n-Butano	1,9	8,4	420	260	2020	2840
C_5H_{12}	n-Pentano	1,4	7,8	310	250	-	-
C_6H_{14}	n-Hexano	1,25	6,9	260	210	-	-
C_7H_{16}	n-Heptano	1,0	6,0	230	210	-	-
C_2H_4	Etileno	3,05	28,6	490	455	2020	2890
C_3H_6	Propileno	2,0	11,1	460	-	2070	2860
C_4H_6	Butadieno	2,0	11,5	385	-	2040	2830
C_2H_2	Acetileno	2,5	81,0	305	295	2230	3050
C_6H_6	Benceno	1,4	6,75	600	565	-	-
CO	Monóxido de carb.	12,5	74,2	610	590	2100	2640
NH_3	Amoníaco	15,5	27,0	-	-	-	
SH_2	Sulfuro	4,3	45,5	-	-	-	

Tipos de llamas y diseño del quemador

En la combustión se encuentran tres tipos de llamas cuyos nombres se refieren al mezclado del combustible y al aire de combustión:

- Llamas de difusión
- Llamas parcialmente premezcladas
- Llamas totalmente premezcladas

La **llama de difusión** funciona sin premezcla de los componentes de la reacción. El gas y el aire se encuentran en la zona de ignición y la mezcla tiene lugar durante la combustión. Para una reacción perfecta, se <u>utiliza un soplante para optimizar la</u> mezcla. Un quemador de este tipo se *denomina quemador de tiro forzado* o *quemador soplador* (ver el apartado 5.3).

El tipo de llama más conocida de las estufas, cocinas y calderas de gas se denomina **llama de premezcla parcial.** El gas fluye a través de la boquilla de un inyector, aspirando parte del aire de combustión (*aire primario*). El chorro de gas proporciona la energía de mezcla y transporte. Como el aire primario sólo <u>provoca</u> una combustión incomplet<u>a, el quemador necesita acceder al *aire secundario que* entra en la</u> <u>cámara de combustión abierta</u> (ver los apartados 5.1 y 7.2).

En la última década del siglo pasado, se desarrollaron quemadores de gran superficie para todas las aplicaciones domésticas y artesanales. Estos quemadores emiten un mínimo de NO_X similar a los quemadores catalíticos. Sólo funcionan con **premezcla completa,** ya que la superficie cerrada del quemador no permite el acceso de aire secundario. Los quemadores <u>funcionan con asistencia por ventilador o con inyectores de gran diámetro</u> (véase el apartado 5.2).

Tecnologías para conseguir el mayor ahorro energético:

Los siguientes métodos se utilizan para mejorar la combustión y la eficiencia de la caldera:

1. Combustión con precalentamiento del aire de combustión, lo que reduce las pérdidas de gases de combustión (véase el apartado 7.4).

2. Calderas de condensación que requieren combustiones con un mínimo exceso de aire (λ = 1,10 a 1,15, véase el apartado 7.5).

4.2   Cálculo de la combustión

Generalidades:

La clasificación de los gases combustibles como gases ideales permite el uso de las unidades químicas de *mol* o *kmol en* metros cúbicos estándar, como se utiliza en las siguientes ecuaciones. Los componentes de los gases de combustión se tratan de la misma manera. A continuación, los símbolos químicos se contemplan como fracciones de volumen de los gases, que simplemente se multiplican por los factores de las ecuaciones de reacción química. Eso da como resultado los componentes del combustible, el aire necesario y los componentes de escape, cada uno de los cuales está relacionado con la unidad básica del combustible.

Las sustancias producidas durante la combustión se denominan productos, gases de combustión, gases de escape o simplemente humos. Los más comunes son CO_2 y H_2O, acompañados de N_2 del aire de combustión y O_2 del exceso de aire que es técnicamente necesario para conseguir una combustión lo más completa posible.

La combustión completa significa que todas las sustancias combustibles se han quemado y que no hay componentes combustibles en el humo. Técnicamente, no existe la combustión absolutamente completa; en cualquier caso, quedará un porcentaje mínimo de CO no quemado.

La combustión estequiométrica o teórica se realiza con la mínima cantidad de aire según las fórmulas de reacción química. Ni inquemados ni O_2 se encuentran en los gases de escape.

La combustión con un exceso de aire funciona con un volumen de aire superior al mínimo estequiométrico. Este exceso de aire es técnicamente necesario para aprovechar el mayor número posible de sustancias combustibles. Los gases de escape están libres de sustancias no quemadas.

La combustión con poco aire funciona con un volumen de aire inferior al mínimo requerido y produce gases de combustión no quemados. Esto se hace debido a deficiencias técnicas o para producir humos sin O2 que podrían atacar a los productos secos en los procesos industriales.

Resulta que:
El cálculo de una combustión da resultados idealizados que nunca serán exactos debido a los efectos técnicos que afecta a la combustión real. Además, el cálculo utiliza un valor para el exceso de aire que no se puede encontrar en la combustión real. En la práctica, la combustión debe ajustarse a un mínimo de combustible no quemado. Por eso la incineración se controla mediante balances energéticos (apartado 4.2.6).

4.2.1 Aire mínimo de la combustión

Las principales componentes de un gas combustible, que se compone de varios gases individuales y sus reacciones químicas con el carburante son:

$$C + O_2 = CO_2$$
$$CO + 0{,}5\,O_2 = CO_2$$
$$H_2 + 0{,}5\,O_2 = H_2O$$
$$SH_2 + 1{,}5\,O_2 = SO_2 + H_2O$$
$$C_nH_m + (m/4 + n)\,O_2 = (m/2)\,H_2O + n\,CO_2$$

En los gases naturales del suministro público, las sustancias sulfúricas solo se toleran en cantidades insignificantes debido al riesgo de corrosión. En el gas licuado, el contenido de azufre no debe exceder de 0,1 g/m$_n^3$ /7/.

La reacción química del SH_2 sólo es de interés para combustibles líquidos y sólidos, ya que sus productos se condensan en ácido sulfúrico a temperaturasde de 120°C aproximadamente.

Precaución:

En las siguientes ecuaciones los símbolos químicos representan las fracciones volumétricas de los gases mezclados, estimando que a presiones bajas se comportan como gases ideales y no es necesario calcular con las masas molares de los componentes químicos C y H.

La demanda química de oxígeno resultante de la oxidación se define como el *Contenido Mínimo d Oxígeno:*

$$O_{min} = 0,5 \, (CO^{comb} + H_2^{comb}) + 2 \, CH_4^{comb}$$

$$+ \sum [(n + m/4) \, C_n H_m^{comb}] - O_2^{comb} \qquad \frac{m^3 \, O_2}{m^3 \, _{comb}} \qquad (4.1)$$

Esta cantidad mínima de oxígeno requiere una cantidad mínima de aire para la combustión, tener en cuenta una composición de un 21 % de oxígeno y de un 79 % de N_2 en el aire, lo que se denomina *aire técnico simplificado* o simplemente aire de combustión. Los símbolos químicos en la formula 4.1 que representan las fracciones volumétricas de estos gases. En el caso del enriquecimiento o sustitución del aire por oxígeno, se debe cambiar el factor de 0,21 de la ecuación 4.2 al respecto.

$$Aire_{min} = \frac{O_{min}}{0,21} \qquad \frac{m^3 \, Aire}{m^3 \, _{comb}} \qquad (4.2)$$

No olvidar:

Los <u>símbolos químicos indican las fracciones volumétricas de los gases singulares del combustible y los gases de escape.</u>

4.2.2 Aire real de combustión

Para la combustión completa, se necesita un exceso de aire para que cada componente combustible reciba su oxígeno. Este efecto describe el llamado número de aire:

$$\lambda = \frac{Aire_{real}}{Aire_{min}} \qquad \frac{m^3 \, Aire}{m^3 \, _{comb}} \qquad (4.3)$$

Esta definición de λ se refiere a la cantidad del aire que es efectiva en la combustión, en otra literatura se pueden encontrar otras definiciones:

- aire estequiométrico: λ = 1,0
- exceso de aire, mezcla de gas pobres λ > 1,0
- defecto de aire, mezcla de gas graso: λ < 1,0

Humedad del aire y del combustible

En los calculos prácticos de la combustión, la humedad no suele tenerse en cuenta. Sin embargo, en los casos especiales de las calderas de condensación, puede ser importante para el estudio de la eficiencia de la condensación.

$$\text{hum}_{gas/aire} = \frac{\varphi_{gas/aire} \cdot p_{sat}}{p - \varphi_{gas/aire}\, p_{sat}} \qquad \frac{m^3\, H2O}{m^3_{comb/aire}} \qquad (4.4)$$

siendo:
- p = Presión absoluta del gas / del aire (bar)
- φ = Humedad relativa del gas / aire (%)
- p_{sat} = Presión parcial del vapor saturado (bar)

4.2.3 Componentes de la reacción química

La combustión tiene que transformar el combustible completamente en CO_2, N_2, H_2O y el O_2 a través de un exceso de aire necesario. Estos productos se forman a partir de los componentes combustibles de carbono, hidrógeno y monóxido carbónico. En la práctica, también se miden sustancias no quemadas, que básicamente se presentan en forma del CO, lo que significa una pérdida energética. Los valores límites de CO dependen de los estándares legalizados por el estado.
Las fracciones de los gases de escape resultan de las ecuaciones químicas:

$$v_{CO2} = (CO^{comb} + CH_4^{comb} + \sum n\, C_nH_m^{comb} + CO_2^{comb}) \qquad \frac{m^3 CO_2}{m^3_{comb}} \qquad (4.5)$$

$$v_{H2O} = (H_2^{comb} + 2CH_4^{comb} + \sum \tfrac{m}{2}\, C_nH_m^{comb} + h_{aire}\, \lambda\, Aire_{min} + h_{comb})\, \frac{m^3 H_2O}{m^3_{comb}} \quad (4.6)$$

$$v_{N2} = (N_2^{comb} + 0{,}79\, \lambda\, Aire_{min}) \qquad \frac{m^3\, N_2}{m^3_{comb}} \qquad (4.7)$$

$$v_{O2} = 0{,}21\, (\lambda - 1)\, Aire_{min} \qquad \frac{m^3\, O_2}{m^3_{comb}} \qquad (4.8)$$

En caso de la combustión incompleta, ver también apartado 4.2.5:

$$v_{CO} = 2\, (1 - \lambda)\, O_{min} \qquad \frac{m^3\, CO}{m^3_{comb}} \qquad (4.9)$$

Los componentes de los gases de combustión también se indican en volúmenes normalizados específicos, en relación con un metro cúbico normalizado de gas combustible (para la aplicación de las fórmulas, véanse las aplicaciones numéricas de este capítulo). La humedad en el aire de combustión aumentaría las emisiones de vapor de agua hasta un máximo del 1,0 % del volumen total de gases de combustión (véase el ejemplo 4.1).

4.2.4 Volumen específico de los gases de salida:

Los valores que hemos obtenido a partir de las fórmulas (4.5) - (4.9) forman el volumen específico de los gases de escape. Se distinguen gases secos y húmedos. Componentes secos:

$$v_{sec} = v_{CO2} + v_{CO} + v_{N2} + v_{O2} \qquad \frac{m^3_{sec}}{m^3_{comb}} \qquad (4.10)$$

Componentes húmedos:

$$v_{hum} = v_{sec} + v_{H2O} \qquad \frac{m^3_{hum}}{m^3_{comb}} \qquad (4.11)$$

Los parámetros importantes para la evaluación de la combustión son:

- valores de la combustión estequiométrica con un mínimo de aire
- el mínimo de aire según la ecuación (4.2)
- el contenido máximo del CO_2 que se define como

$$CO_{2\,max} = 100\, v_{CO2} / v_{sec\,min}\ (\%)\quad con\ \lambda = 1 \qquad (4.12)$$

la emisión específica de anhídrido carbónico:

$$E\text{-}CO_2 = (v_{CO2}\ \rho_{n\,CO2})/PC_{comb} \qquad \frac{kg\,CO_2}{unidad\ energetica} \qquad (4.13)$$

Las emisiones en relación con el consumo de energía se expresan en términos del poder calorífico superior PCS o del poder calorífico inferior PCI (véase la tabla 4.3).

4.2.5 Combustión incompleta

La combustión incompleta se produce cuando también se producen partículas no quemadas:

$$CO;\ \ CH_4;\ \ H_2;\ C$$

Entonces, es necesario adaptar las ecuaciones utilizadas hasta ahora para el cálculo de la combustión. Además, el monóxido de carbono CO es un gas tóxico y provoca pérdidas de eficiencia:

$$1\ \%\ CO\ \cong\ 4 - 6\ \%\quad pérdida\ energética$$

En caso de combustión incompleta, solo el CO se considera como un componente combustible en los gases de combustión. Los componentes que se pueden oxidar fácilmente, como H_2 y CH_4 deben oxidarse por completo. En caso de combustión incompleta, se aplica lo siguiente:

$$\text{defecto de } O_2 \;=\; \text{demanda de } O_2 \;=\; (1 - \lambda)\, O_{2\,min}$$

La oxidación del CO_2 sigue las relaciones:

$$1 \;\; CO \;+\; 0{,}5\, O_2 \;=\; CO_2 \qquad \text{de la siguiente manera:}$$

La demanda de $\;O_2 \;=\; 0{,}5\, CO$

El gas de combustión tiene un volumen específico de CO según la formula:

$$v_{CO} \;=\; 2 * \text{demanda de } O_2 \;=\; 2 * (1 - \lambda) * O_{2\,min} \tag{4.14}$$

El volumen de CO_2 se reduce por la formación de monóxido:

$$v_{CO2} \;=\; v_{CO2\,completo} \;-\; v_{CO} \tag{4.15}$$

4.2.6 Control de la combustión

El exceso de aire debe controlarse de tal manera que, por un lado, sea lo más bajo posible y, por otro, se evite la combustión incompleta. La cantidad de aire de combustión y el rendimiento efectivo de una combustión técnica no s e pueden medir directamente. Sin embargo, la composición de los gases de combustión proporciona información al respecto. También en este caso, las fracciones de volumétricas del combustible junto con las de los gases de escape de la combustión, se utilizan en los balances químicos de las sustancias implicadas.

El aire de combustión real se determina de la siguiente manera /1/:

a) Balanza de nitrógeno por m_n^3 combustible: $\hfill$ (4.16)

$$\lambda = \frac{21}{79\, O_{min}} \left[\frac{(CO^{comb} + CH_4^{comb} + \Sigma\, n\, C_n\, H_m^{comb} + CO_2^{comb})\, N_2^{hum}}{CO_2^{hum} + CO^{hum} + CH_4^{hum}} - N_2^{comb} \right]$$

b) Balanza del nitrógeno para combustibles no nitrogenados:

$$\lambda \;=\; \frac{N_2^{hum}}{N_2^{hum} - \dfrac{79}{21}\left(O_2^{hum} - \dfrac{CO^{hum}}{2} \right)} \tag{4.17}$$

c) Balanza de oxígeno, sin combustión de hidrógeno y metano:

$$\lambda \;=\; 1 \;+\; \frac{v_{hum\,sec}\,(\,O_2{}^{hum} - CO^{hum}/2\,)}{0{,}21\;Aire_{min}} \tag{4.18}$$

d) Balance de productos de dióxido de carbono:

$$\lambda \;=\; 1 \;+\; \frac{v_{hum\,sec}}{Aire_{min}}\left(\frac{CO_{2\,max}}{CO_2{}^{hum} + CO^{hum}} - 1\right) \tag{4.19}$$

donde $CO_{2\,max}$ es el contenido del dióxido de carbono en los gases de combustión secos durante la combustión estequiométrica ($\lambda = 1$)

e) Resultado aproximado (con: $v_{min\,sec} \approx Aire_{min}$):

$$\lambda \;\approx\; \frac{CO_{2\,max}}{CO_2{}^{hum} + CO^{hum}} \tag{4.20}$$

El volumen específico de los gases de combustión secos está compuesto por el mínimo de gases de combustión secos y el exceso de aire, sin componentes combustibles, salvo la posible presencia de monóxido de carbono:

$$V_{hum\,sec} \;=\; [\,v_{hum\,min} + (\lambda - 1)\,]\,Aire_{min}\;\frac{1}{1 - CO/2} \tag{4.21}$$

Como síntesis de las ecuaciones anteriores (ecuaciones de combustión y de equilibrio), desarrollaron varios esquemas gráficos para ilustrar las dependencias de los parámetros.

El **diagrama de Bunte** (Figura 4.1) contiene sólo las líneas de combustión completa para todos los combustibles relevantes.

Para estos, sólo se necesita el máximo de CO_2 en $O_2 = 0$ y el punto de 21% O_2 en $CO_2 = 0$.

Al medir el CO_2 y el O_2 de los gases de combustión, se puede investigar la falta de oxígeno que produce el CO. El CO_2 y el O_2 de la medición forman el estado de los gases de combustión, que está lejos de la línea verde que representa la combustión perfecta con $O_{2\,máx}$ y **CO = 0**.

Para ello la ecuación 4.22 sirve a calcularlo.

$$O_2 = 21 * (1 - CO_2 / CO_{2\,máx})$$ (4.22)

El defecto de O_2 en los gases de escape muestra la falta de oxígeno para una combustión perfecta:

$$\Delta O_2 = O_{2\,máx} - O_{2\,humos}$$ (4.23)

Con este defecto de O_2, el Icontenido de CO se calcula:

$$CO = \frac{\Delta O_2}{(21 / CO_{2\,máx}) - 21 / 79}$$ (4.24)

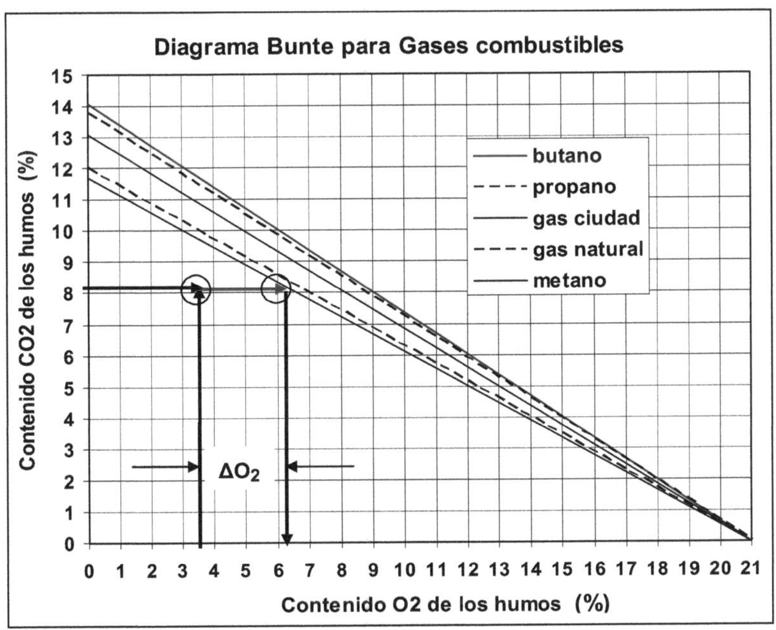

Figura 4.1 Diagrama de *Bunte* para todos los combustibles, aquí con los datos de una caldera trabajando con gas natural GN

$CO_{2\,humos} \longrightarrow$ $O_{2\,humos} \uparrow$ $O_{2\,máximo} \downarrow$

Diagrama OSTWALD

Uno de los diagramas más completos es el *diagrama de Ostwald*, lo que contiene también la combustión incompleta (Figura 4.2):

- Basta con medir dos componentes de los gases de combustión para determinar las demás condiciones de combustión.
- Sin embargo, el gráfico es diferente para cada combustible
- Para el diseño del diagrama, se requieren los valores del $CO_{2\,max}$ con el requerimiento mínimo de aire y el volumen mínimo de gases de combustión secos ($\lambda = 1,0$).

Es importante mencionar que el diagrama de *Ostwald* solo es válido para un combustible. Esto significa que el diagrama debe calcularse y interpretarse para cada combustible individual con los datos correspondientes.
La tabla 4.2 muestra los datos necesarios para calcular las ecuaciones 4.6 hasta 4.24 y para la interpretación y el diseño de los diagramas de *Bunte* y *Ostwald*.

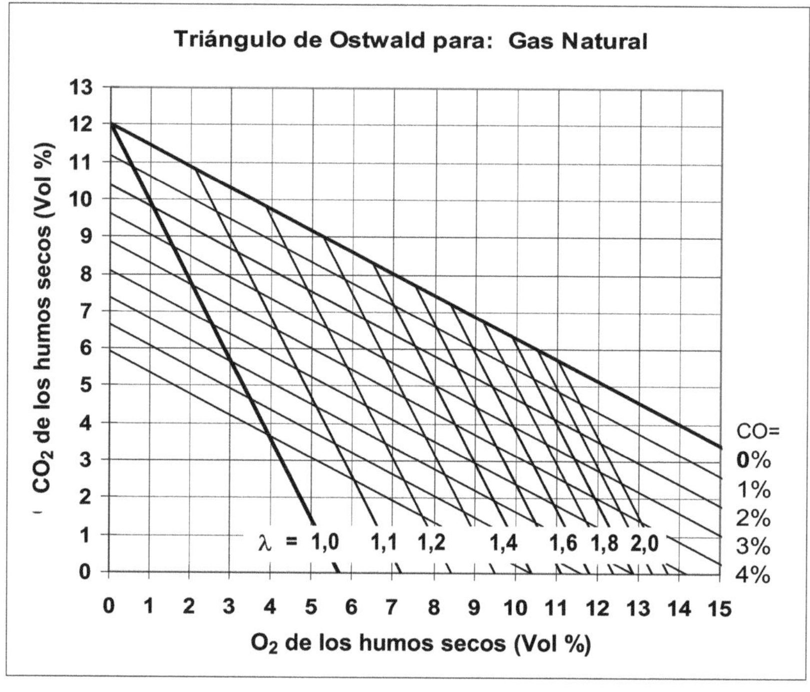

Figura 4.2: Diagrama de Ostwald para Gas Natural

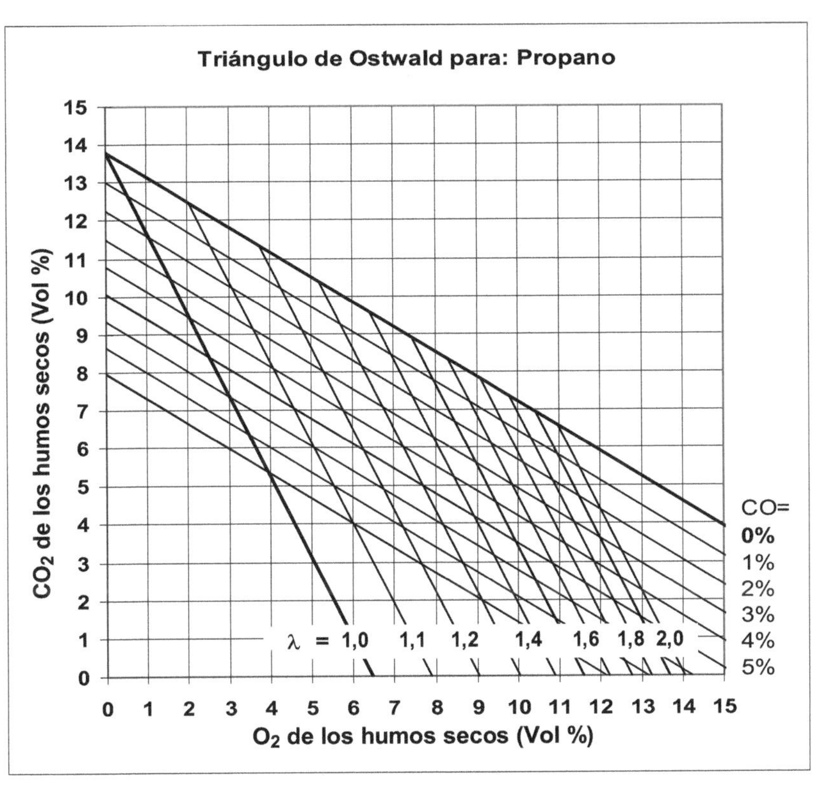

Figura 4.3: Diagrama de Ostwald para Gas Licuado

Tabla 4.2: valores específicos de combustibles según /1/; /5/

combustible		$Aire_{min}$	$V_{min\,sec}$	$CO_{2\text{-max}}$
		$m^3_{aire}\,/\,m^3_{comb}$	$m^3_{hum\,sec}\,/m^3_{comb}$	Vol %
gas natural	rico *)	9,70	8,90	12,0
gas natural	pobre *)	8,40	7,78	11,7
propano	puro	23,8	21,80	13,8
butano	puro	30,94	28,44	14,1
gas licuado	GLP **)	24,17	22,14	13,77
gas de ciudad	*)	3,90	3,60	13,1
metano		9,5	8,52	11,7
hidrógeno		2,4	1,88	0,0

4.2.7 Temperatura teórica de la combustión

Al quemar un combustible en una cámara adiabática, los gases de combustión podrían alcanzar la temperatura máxima teórica $t_{máx}$. Se calientan por la entalpía del combustible (PCI) así como por el calor perceptible del combustible y del aire de combustión:

$$t_{max} = \frac{PCI + h_{comb} + h_{aire}}{v_{hum\ sec} * C_{pm\ hum\ sec} + v_{H20} * C_{pm\ H20}} + 0°C \qquad (4.25)$$

Dado que los gases de combustión sólo consisten en unas pocas sustancias secas y vapor de agua, es conveniente calcular la capacidad específica por separado.

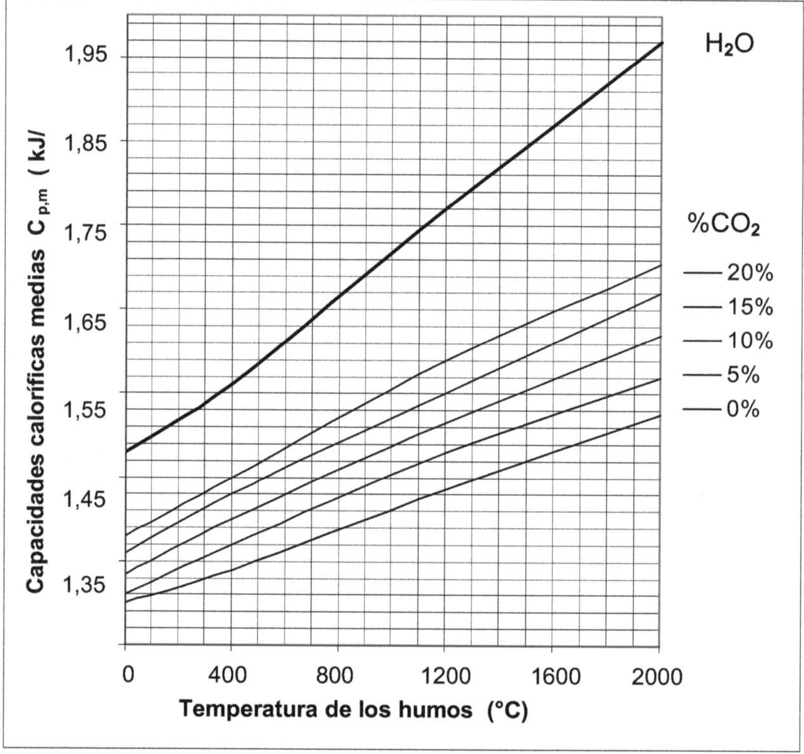

Figura 4.4: Capacidades caloríficas $C_{p,m}$ kJ/m$_n^3$ para el vapor de agua y gases secos en relación con su contenido de CO_2 /2/

La Figura 4.4 muestra las capacidades caloríficas específicas para calcular las temperaturas teóricas. Las fórmulas prácticas pueden ayudar:

$$C_{pm\,H2O} = 1{,}48 + 0{,}00025 * t \qquad KJ/m_n^3 \qquad (4.26)$$

$$C_{pm\,hum\,sec} = (1{,}34 + 0{,}00013 * t) * (CO_2/10)^{0,1} \quad KJ/m_n^3 \qquad (4.27)$$

4.3 Emisiones

Los distintos componentes del combustible ya sean gaseosos, líquidos o sólidos, producen los conocidos gases de escape y componentes indeseables y/o peligrosos:

- CO_2 Dióxido de carbono
- CO Monóxido de carbono
- NO_X Óxidos de nitrógeno
- SO_2 Dióxido de azufre de combustibles sulfurosos
- $CH_{n,m}$ Hidrocarburos y carcinógenos no quemados

Las partículas no quemadas, especialmente en forma de CO- causan pérdidas de energía. La emisión de CO_2 es una propiedad específica del combustible y depende únicamente de la cantidad relativa de carbono e hidrógeno y se produce en todas las actividades energéticas.

Tabla 4.3: Generación de CO_2 por el uso de diferentes combustibles sin tomar en cuenta el rendimiento del aparato (ref. PCI)

Combustible	CO_2 (g/kWh)
Carbono	400
Carbón	380
Leña	375
Lignito	370
Carbón de piedra	365
Petróleo pesado (Fuel Oil Nr.6)	270
Benceno	262
Petróleo ligera (Fuel Oil Nr.2)	260
Diesel	255
Gasolina	240
Metanol	230
Butano	230
Propano	228
Gas natural	200
Gas de ciudad / de coquería	195
Hidrógeno	0

La tabla 4.3 muestra los promedios específicos obtenidos a partir de cálculos de combustión. Estos valores se refieren a la energía utilizada sin eficiencias.

Para obtener valores exactos a un combustible compuesto, se debe realizar un cálculo de combustión (véanse los ejemplos 4.1 y 4.2).

Para convertir los valores de la Tabla 4.3 a la referencia del poder calorífico superior (PCS), se utilizan la siguiente ecuación:

$$E_{CO2\ PCS} = E_{CO2\ PCI} * (PCI / PCS) \tag{4.28}$$

La masa absoluta de CO_2 que sale de la combustión se presenta por el consumo:

$$m_{CO2} = v_{CO2\ comb} * \rho_{CO2} * V_{comb} \tag{4.29}$$

La formación de los **óxidos de nitrógeno** depende principalmente de la temperatura en la llama y alcanza valores muy elevados a temperaturas superiores a 1500 °C. Por lo tanto, es necesario bajar la temperatura de combustión. En los aparatos domésticos, esto se hace de forma muy sencilla. En hornos industriales, donde se requieren temperaturas elevadas, se utilizan otras técnicas (véase apartado 5.6).

La generación del NO_x aumenta con la temperatura de la combustión hasta que la proporción de aire llega a $\lambda \approx 0,9 \dots 1,0$. A continuación, el valor de NO_x se disminuye inicialmente con el exceso de aire hasta que vuelve a subir debido al aumento adicional del exceso (Fig. 4.5).

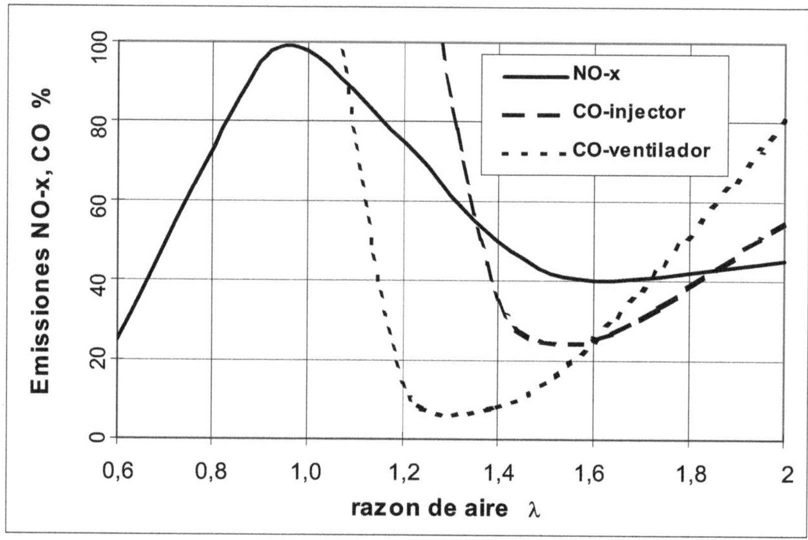

Figura: 4.5: formación relativa del NO_x y del CO según la cifra de aire (temperatura) para dos tipos de quemadores

La necesidad de aire durante la combustión depende de la potencia, del tipo de la combustión y también del diseño del quemador en términos de mezcla de gas y el aire de combustión. La Figura 4.5 muestra la generación relativa del NOx y del CO para dos tipos de quemadores:

La producción mínima de CO, depende del tipo de quemador:
Los quemadores sopladores consiguen la mejor mezcla de aire y combustible, porque el ventilador proporciona la energía para ello. Por el contrario, el quemador atmosférico - el quemador de gas clásico - requiere más aire para la combustión completa y, en cualquier caso, emite más CO que un quemador soplador.

Las emisiones de dióxido de azufre (SO_2) se han reducido en los últimos años mediante el uso de combustibles libres de azufre o con menos azufre. Los gases de suministro público están casi libres de azufre y los gases ácidos han sido purificados.

Los hidrocarburos no quemados (C_nH_m) se producen principalmente durante la combustión en motores de pistón sobrecargados. Estos motores emiten sustancias tóxicas adicionales, especialmente en caso de los combustibles líquidos. Sin embargo, éstas pueden evitarse en todos los procesos de combustión cuando se trabaja con la demanda de aire adecuada.

4.4 Combustión intermitente y constante

La combustión permanente con quemadores no sólo se encuentra en calderas, sino también en máquinas térmicas que funcionan con cámaras de combustión -en turbinas de gas- y otras instalaciones con combustión externa, como el motor *Stirling* o los refrigeradores de absorción. En cambio, la combustiónen en un motor debe realizarse en una centésima de segundo. Las emisiones de CO_2 son similares y sólo se reducen por el consumo de carbono. Sin embargo, la cantidad de partículas no quemadas en los gases de escape aumenta con la carga de la máquina (hollín), y también se convierten en sustancias nocivas.

Las diferencias se muestran claramente en las normas para
- Los valores límites
- Las características de las emisiones

Con el fin de que sean tolerables para el medio ambiente, se han establecido valores para limitar las emisiones de los calentadores domésticos. Adicionalmente, se piden eficiencias mínimas. A los aparatos de última generación se permiten emitir un máximo de 80 mg/kWh de NOX.
Para más información sobre las normas alemanas y sobre ayudas estatales para la mejora de las instalaciones domésticas, véase el capítulo 6 sobre *aparatos de gas*. Los límites de la combustión en la industria, las turbinas y los motores deben ser más altos. Tanto por las altas temperaturas como por la combustión intermitente.

Tabla 4.4: Límites de emisiones para artefactos de tecnologías avanzadas
Instrucción técnica del aire (TA-Luft 2002 Alemania)
E = factor de la emisión

Aparatos de gas	Potencia efectiva kW	E_{NOx} mg/kWh	E_{CO} mg/kWh	Rendimiento anual (PCI) %
Quemador inyector	10 ... 70	<= 70	<= 60	$\geq 90 ... 91$
Quemador forzado	< 120	<= 70	<= 60	–

Tabla 4.5: Límites según la *Instrucción técnica del aire* (TA-Luft 2002 Alem.)

a) plantas calóricas y eléctricas Q'_{comb} 1 − 50 MW

Combustible	Polvo mg/m³	SO_x mg/m³	CO mg/m³	NO_x mg/m³
Carbón 1 <= 50 MW	**50** (< 5 MW) **20** (>= 5 MW)	**350** **1300** [1] **1000** [2]	**150**	**500** (< 10 MW) **400** (>= 10 MW) **300** [1]
Petróleo - pesado	**20**	**850**	**80**	**350**
- ligero	sin hollín	<330	**80**	**180** (<110°C),**200** (<210°C),**250**
Gas Natural	5	10	50	100 (<110°C),**110** **<210°C),250**

1) Combustión de ciclónica **2)** otros $\%O_2$ (carbón) = 7 % $\%O_2$ (otros) = 3%

b) motores y turbinas

potencias de más de 1 MW		Referencia Vol O_2 = 5 %	
NO_x limites mg / m³	(NO_x medido como NO_2)		
motores a gas Otto		Diesel	
2- tiempos	4-tiempos	> 3 MW	< 3 MW
500	**800**	**2000**	**4000**
turbinas **200**	valores prácticos ahora	**130 – 180**	

Otro aspecto que mencionar es el uso de <u>combustibles alternativos</u> en los <u>motores de combustión</u>. En última instancia, por razones medioambientales, será necesario cambiar los combustibles de los vehículos, al menos hasta que se mejoren las tecnologías de propulsión.

Hasta ahora, todos los motores de investigación han sido propulsados por gasolina o diésel y funcionan de esta manera. Cambiar a un combustible diferente es una posibilidad muy interesante, ya que ofrece una mejora en la calidad y eficiencia de la combustión:

El uso de gas natural o hidrógeno reduce el rendimiento de los motores diseñados originalmente para combustibles líquidos. Por lo tanto, sería necesario adaptar los motores específicamente al uso de nuevos combustibles. En el caso del gas natural, la relación de compresión debe aumentarse para mantener constante la potencia y reducir aún más las emisiones específicas.

Los resultados medios de investigaciones prácticas se muestran en la Tabla 4.6:

Tabla 4.6: Emisiones típicas de motores a diferentes combustibles *g/km*

Motor 2,3 litros 143 caballos	HC g/km	partí- culos g/km	NO-x g/km	CO g/km	CO_2 g/km	Alde- hydes µg/km	Benceno Toluol, Xilol µg/km	HC-PCA µg/km
Diesel	0,12	0,12	0,8	0,45	2,7	25	9	70
Gas licuado	0,03	-	0,08	0,30	2,8			
Gas natural	0,10	-	0,04	0,28	2,75	2	5	4
Gasolina	0,12		0,08	0,95	3,15			
Valor límite Gasolina / Diésel	0,2	0,05	0,2 0,5	1,5 0,55		- -	- -	- -

4.5 Aplicaciones numéricas del capítulo 4

Ejemplo 4.1:

Calcule la combustión de un gas natural seco de la siguiente composición.

Dado: Gas natural: CH_4 85 %; C_3H_8 5 %; CO = 10 %; exceso de aire 20 %.

Solución:

1) Demanda de oxígeno según ecuación 4.1:

$$O_{min} = 0,5 * CO + 2 * CH_4 + 3,5 * C_3H_8$$

$$= 0,5 * 0,05 + 2 * 0,85 + 3,5 * 0,05 = \underline{\mathbf{1,925}} \ m^3O/m^3_{comb}$$

2) Aire mínimo: ecuación 4.2:

$$Aire_{min} = O_{min} / 0,21 = 1,925 / 0,21 = \underline{\mathbf{9,17}} \ m^3Aire/m^3_{comb}$$

3) Demanda efectiva de aire: ecuación .3:

$$Aire_{ef} = Aire_{min} * \lambda = 9,17 * 1,2 = \underline{\mathbf{11,0}} \ m^3Aire/m^3_{comb}$$

4) Componentes del humo según las fórmulas 4.5 - 4.9:

$$v\text{-}CO_2 = CO + CH_4 + 2 * C_3H_8$$

$$= 0,10 + 0,85 + 2 * 0,05 = \underline{\mathbf{1,05}} \ m^3CO_2/m^3_{comb}$$

$$v\text{-}H_2O = 2 * CH_4 + 4 * C_3H_8$$

$$= 2 * 0,85 + 4 * 0,05 = \underline{\mathbf{1,90}} \ m^3H_2O/m^3_{comb}$$

$$v\text{-}N_2 = 0,79 * \lambda * Aire_{min} = 0,79 * 1,2 * 9,17 = \underline{\mathbf{8,69}} \ m^3N_2/m^3_{comb}$$

$$v\text{-}O_2 = 0,21 * (\lambda - 1) * Aire_{min} = 0,21 * 0,2 * 9,17 = \underline{\mathbf{0,39}} \ m^3O_2/m^3_{comb}$$

5) Volumen de gases de combustión secos:

$$v_{hum\,sec} = v\text{-}CO_2 + v\text{-}N_2 + v\text{-}O_2 = \underline{\mathbf{10,13}} \ m^3/m^3_{comb}$$

6) volumen de los gases de escape húmedos

$$v_{húmedos} = v_{hum\,secos} + v\text{-}H_2O = 12,88 + 1,90 = \underline{\mathbf{12,03}} \ m^3/m^3_{comb}$$

Ejemplo 4.2:

Calcular la emisión específica de CO_2 del gas en el ejemplo 4.1 en kg/kWh con referencia a PCI y PCS y el volumen específico del CO_2 en los humos para ambos poderes caloríficos:

Solución:
La emisión específica con referencia al poder calorífico viene dada por la ecuación 4.13 con el volumen específica del cálculo de la combustión y la densidad normalizada según la ecuación 3.3:

$$\rho_{n\,CO2} = M - CO_2 / V_{m\,n} = (12 + 2 * 16) / 22{,}41 = \underline{\mathbf{1{,}963}} \text{ kg / m}^3$$

con los poderes caloríficos según ecuación 3.49 y valores de la Tabla 3.2 son:

$$PCI = 0{,}85 * 9{,}97 \text{ kWh/m}^3 + 0{,}05 * 25{,}86 \text{ kWh/m}^3 + 0{,}10 * 3{,}51 \text{ kWh/m}^3$$

$$= \underline{\mathbf{10{,}12}} \text{ kWh/m}^3$$

$$PCS = 0{,}85 * 11{,}064 \text{ kWh/m}^3 + 0{,}05 * 28{,}095 \text{ kWh/m}^3 + 0{,}10 * 3{,}509 \text{ kWh/m}^3$$

$$= \underline{\mathbf{11{,}16}} \text{ kWh/m}^3$$

con el volumen específico de $\underline{1{,}05}$ m³CO_2/m³$_{comb}$ del ejemplo 4.1 y ec. 4.13:

$$E_{CO2} = v_{CO2}\,\rho_{n\,CO2} / PC_{combustible} \qquad \text{obtenemos los valores:}$$

$$E_{CO2\text{-}PCI} = \frac{1{,}05 \text{ m}^3{}_{CO2} / \text{m}^3{}_{comb} * 1{,}963 \text{ kg / m}^3{}_{CO2}}{10{,}12 \text{ kWh / m}^3{}_{comb}} = \underline{\mathbf{0{,}204}} \text{ kg/kWh}$$

$$E_{CO2\text{-}PCS} = \frac{1{,}05 \text{ m}^3{}_{CO2} / \text{m}^3{}_{comb} * 1{,}963 \text{ kg / m}^3{}_{CO2}}{11{,}16 \text{ kWh / m}^3{}_{comb}} = \underline{\mathbf{0{,}185}} \text{ kg/kWh}$$

PCI: $V_{CO2\ humos} = \mathbf{0{,}204}$ kg$_{CO2}$/kWh * 10,12 kWh/m³$_{comb}$ = $\underline{\mathbf{2{,}06}}$ m³/m³$_{comb}$

PCS: $V_{CO2\ humos} = \mathbf{0{,}180}$ kg$_{CO2}$/kWh * 11,06 kWh/m³$_{comb}$ = $\underline{\mathbf{2{,}06}}$ m³/m³$_{comb}$

Ejemplo 4.3:

Una empresa utiliza una caldera de gasóleo con una potencia útil de 1500 kW. La eficiencia efectiva (ref. PCI) es de unos 84 %. Una prueba operativa da como resultado una reducción del 15% en la demanda de energía real, por lo que el equipo debe ser reemplazado.

La eficiencia de la nueva caldera se mide de un 92%. Por razones económicas, la caldera funciona con un 80% de gas natural y un 20% con gas licuado en forma de butano. Las horas de carga plena en ambos son 5000 h/a.

Calcule: 1) La energía consumida por cada una de las calderas
2) El ahorro energético absoluto y relativo
3) Las emisiones anuales de CO_2 antes y después del cambio (Tabla 4.3)

Solución

1): El consumo de energía es el resultado de la de la potencia con la eficiencia y las horas de funcionamiento. Los resultados se presentan en MWh:

$$Q \; = \; Q' * horas \, / \, \eta_{total}$$

La caldera original:

$$\mathbf{Q_1} \; = \; 1500 \text{ kW} * 5000 \text{ h} \, / \, 0{,}84 \qquad = \; \underline{\mathbf{8929}} \text{ MWh}$$

La caldera nueva con eficiencia elevada:

$$\mathbf{Q_2} \; = \; 1500 \text{ kW} * 5000 \text{ h} \, / \, 0{,}92 \qquad = \; \underline{\mathbf{6929}} \text{ MWh}$$

2) Ahorro energético absoluto:

$$\mathbf{A}_{en\ absoluto} \; = \; (8929 - 6929) \text{ MWh} \qquad = \; \underline{\mathbf{1999}} \text{ MWh}$$

Ahorro energético relativo:

$$\mathbf{A}_{en}\ \ rel \; = \; 1999 \, / \, 8929 \; = \; 0{,}109 \; = \; \underline{\mathbf{22{,}4}} \text{ \%}$$

3) Las emisiones específicas con referencia a PCI son:

$CO_2{}_{\,petróleo} = 260$ g/kWh, $CO2_{\,gas\ licuado} = 228$ g/kWh, $CO2_{\,gas\ natural} = 200$ g/kWh

Las emisiones de las dos instalaciones diferentes, se calculan con la formula

$$E_{CO2} \; = \; Q * E_{específica} \, (CO_2 \, / \, kWh)$$

para la caldera original (1):

$$E_{CO2} = 8929 \cdot 10^3 \text{ kWh} * 0{,}260 \text{ kg/kWh} \; = \; \underline{\mathbf{2321}} \text{ ton } CO_2 \, / \, año$$

Para la caldera nueva (2) hay que sumar las emisiones generadas por el uso de los dos combustibles, respectando la reducción de la demanda energética a los 15%:

$$E_{CO2-2} = (GL) = 6929 * \mathbf{0,15} * 10^3 \text{ kWh} * 0,228 \text{ kg/kWh} * 10^{-3} \text{ ton / kg}$$

$$+ (GN) = 6929 * \mathbf{0,85} * 10^3 \text{ kWh} * 0,200 \text{ kg/kWh} * 10^{-3} \text{ ton / kg}$$

$$= 337 \text{ ton} + 1178 \text{ ton} \qquad = \mathbf{\underline{1415}} \text{ ton } CO_2/\text{año}$$

La reducción de las emisiones esta

$$\Delta E_{CO2} = 2321 \text{ ton} - 1415 \text{ ton} = \mathbf{\underline{906}} \text{ ton } CO_2 / \text{ año}$$

la que significa una reducción relativa en comparación con la instalación anterior de

$$\Delta E_{E\ CO2\ rel} = -906 / 2321 = 0,39 = -\mathbf{\underline{39}}\%$$

Ejemplo 4.4:
Comparen una estufa eléctrica con una cocina de gas para calentar **5,0** litros de agua de **15°C** a **95** °C respecto el consumo de gas natural como energía primaria. Investigue para las estufas: el consumo absoluto y relativo de energía primaria, así como la emisión del CO_2:
Datos con referencia al PCI:

$\eta_{\text{planta elec}} = 0,40$; $\eta_{\text{transporte elec}} = 0,95$; $\eta_{\text{cocina elec}} = 0,95$;
$E\text{-}CO_2{}_{\text{ gas natural}} = 200$ g/kWh, $\eta_{\text{cocina gas}} = 0,72$; $c_{p\ \text{agua}} = 4,2$ kJ/kg K

Solución:

a) El calor requerido para calentar el agua es: $\quad Q = m_{\text{agua}} * c * \Delta t$

$$= 5 \text{ L} * 1,0 \text{ kg/L} * 4,2 \text{ kJ/kg K} * (368 - 288)\ K = \mathbf{\underline{1680}} \text{ kJ}$$

b) La demanda de energía primaria se calcula en función de las eficiencias relacionadas:

Cocina eléctrica: $E_{\text{primaria}} = Q / (\Delta_{\text{planta-el}} * \Delta_{\text{transmisión el}} * \Delta_{\text{cocina el}})$

$$= \frac{1680 \text{ kJ}}{0,40 * 0,95 * 0,90} = \mathbf{\underline{4654}} \text{ kJ}$$

Estufa de gás: $E_{\text{primaria}} = Q / \Delta_{\text{cocina, gas}}) = \dfrac{1680 \text{ kJ}}{0,72} = \mathbf{\underline{2333}} \text{ kJ}$

c)   Ratio de consumo: $E_{prim\,coc\,el} / E_{prim\,coc\,gas}$ = 4654 kWh/2333 kWh = **2,0**

d) $E\,CO_2 = Q * (E\text{-}CO_2 / kWh)$

$$E_{cocina\,gas} = \frac{2333\ kJ\ *\ 200\ gCO_2/kWh}{3600\ kJ/kWh\ *\ 1000\ g/kg} = \underline{\textbf{0,130}}\ kgCO_2$$

$E_{cocina\,eléctrica} = 0{,}130\ kgCO_2 * 4654\ kJ / 2333\ kJ = \underline{\textbf{0,259}}\ kgCO_2$

relación de emisión: $E_{cocina\,el} / E_{cocina\,gas} = 0{,}259\ kgCO_2 / 0{,}130\ kg/CO_2 = $ **2,0**

Ejemplo 4.5:
El control de combustión de GLP entrega los siguientes valores medidos:
CO_2 = **12,0** %, O_2 = **2,5** %. El combustible se compone de **50%** propano y **50%** butano.
Determinar:

1) Aire $_{min}$ y $CO_{2\,max}$ el volumen mínimo de gases de escape secos ($\lambda = 1$)
2) Contenido de oxígeno, contenido de monóxido de carbono
3) Relación de aire
4) Volumen del humo seco

1) Los valores correspondientes se obtendrán de la Tabla 2.6 con referencia a la composición del combustible:

Propano: Aire $_{min}$ = 23,80 m^3/m^3_{comb} v $_{min\,sec}$ = 21,80 m^3/m^3_{comb} $CO_{2\,max}$ = 13,80%
Butano: Aire $_{min}$ = 30,94 m^3/m^3_{comb} v $_{min\,sec}$ = 28,44 m^3/m^3_{comb} $CO_{2\,max}$ = 14,10%

La mezcla tiene entonces las siguientes características:

Aire $_{min}$ = 0,50 * 23,80 +   0,50 * 30,94   = $\underline{\textbf{27,37}}$ m^3/m^3 $_{comb}$

$CO_{2\,max}$ = 0,50 * 13,80 +   0,50 * 14,10   = $\underline{\textbf{13,95}}$ m^3/m^3 $_{comb}$

v $_{min\,sec}$ = 0,50 * 21,80 +   0,50 * 28,44   = $\underline{\textbf{25,12}}$ m^3/m^3 $_{comb}$

2) El contenido de oxígeno de los humos se puede determinar a partir de las proporciones que se muestra en el diagrama de *Bunte*. Se convierte la formula 4.22 para calcular el contenido de oxígeno que saldría de la combustión completa:

$O_2 = 21 * (1 - CO_2 / CO_{2\,max}) = 21 * (1 - 12 / 13{,}95) = \underline{\textbf{2,94}}$ %

Mediante la formula 4.24 se determina entonces el contenido del monóxido:

$$CO = \frac{\Delta O_2}{(21 / CO_{2\,max}) - 0,395} = \frac{2,94 - 2,5}{(21 / 13,95) - 0,395} = \underline{\mathbf{0,40}}\ \%$$

3) Entre las ecuaciones ofrecidas para el cálculo de la relación de aire, se seleccionan las que corresponden a los valores conocidos ya calculados: Por ejemplo, formula 4.19:

$$\lambda = 1 + \frac{V_{min\ sec}}{Aire_{min}} \left(\frac{CO_{2\,max}}{CO_2 + CO} - 1 \right)$$

$$\lambda = 1 + \frac{25,12}{27,37} \left(\frac{0,1395}{0,12 + 0,004} - 1 \right) = \underline{\mathbf{1,115}}$$

4) Para estudiar el volumen de vapores secos, se puede utilizar ecuación 4.21:

$$V_{hum\ sec} = \left[V_{min\ sec} + (\lambda - 1)\ \frac{Aire_{min}}{1 - CO / 2} \right.$$

$$= [\, 25,12 + (1,115 - 1) * 27,37 \,] \,/\, (1 - 0,20) = \underline{\mathbf{28,32}}\ m^3/m^3_{comb}$$

5. Quemadores

Las estimaciones muestran que los combustibles gaseosos mezclados con hidrógeno serán los combustibles del futuro. Por lo tanto, aquí solo nos ocuparemos de los posibles quemadores de gas y su historia en el uso del gas. Los quemadores de combustible líquido son casi iguales a los quemadores de soplador de gas, solo el alimentador y el equipo de seguridad son diferentes.

5.1 Quemador con premezclado parcial

Este tipo es el más conocido y sencillo. El sistema consta de la boquilla de gas (1), el inyector (3), la cámara de mezcla en el tubo del quemador (4) con la superficie de disparo (6).

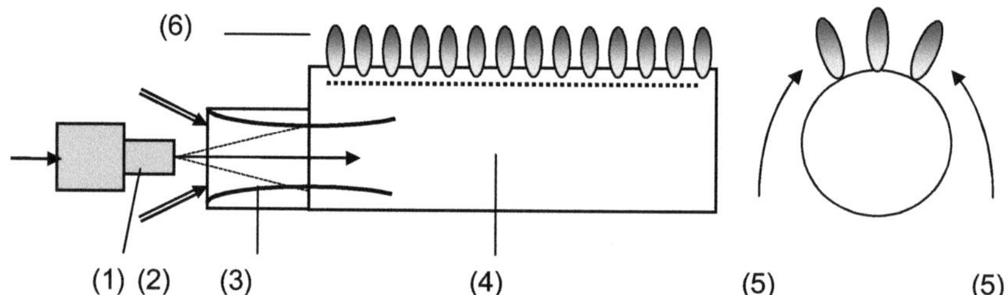

Figura 5.1 imagen simple de un quemador con premezclado parcial
Relación de aire: $\lambda = 1{,}5 - 2{,}0$
(1) Boquilla de gas   (2) Aire primario   (3) Inyector
(4) Cámara de mezcla   (5) Aire secundario   (6) Llamas

5.2 Quemador con premezclado completo

Se realizan una premezcla completa sin ventilador, por ejemplo, para los quemadores de bajo NOx a través las siguientes características: Las aperturas para la mezcla son de diámetros grandes para reducir la resistencia para la entrada de gases con aire.
Para reducir las emisiones de NOx se utilizan quemadores de grandes áreas de combustión que bajan la temperatura que produce el NOx. Además, las superficies de los quemadores están hechas de cerámica, de tableros de fibra o rejillas y dejan salir los gases de la combustión con poca resistencia.

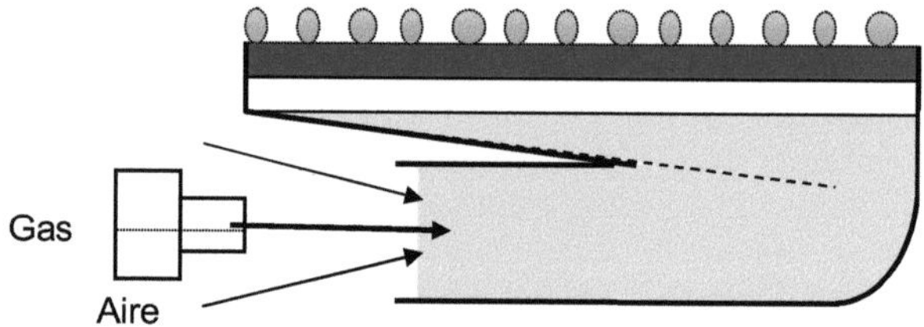

Figura 5.2 Diagrama simple de un quemador con premezclado completo (Sistema Junkers-Bosch)

"

Figura 5.3 Quemador según el diseño en Figura 5.2; Un quemador muy silencioso con grandes aperturas de admisión para el aire de combustión (Junkers-Bosch) La superficie de combustión consiste en aletas de acero.
Foto: Laboratorio de la Universidad de Múnich MUAS

5.3 Quemador con ventilador

Este quemador sin premezcla, también conocido como soplador, utiliza un soplador (1) que proporciona la energía para mezclar el gas y el aire muy rápidamente después de que ingresan al quemador (2). El encendido eléctrico enciende la mezcla (6) y libera la energía térmica en la cámara de combustión de la caldera (ver Figura 5.4). Este tipo de quemador requiere electricidad y se utiliza con un amplio rango de potencia y especialmente en calderas de alta potencia.

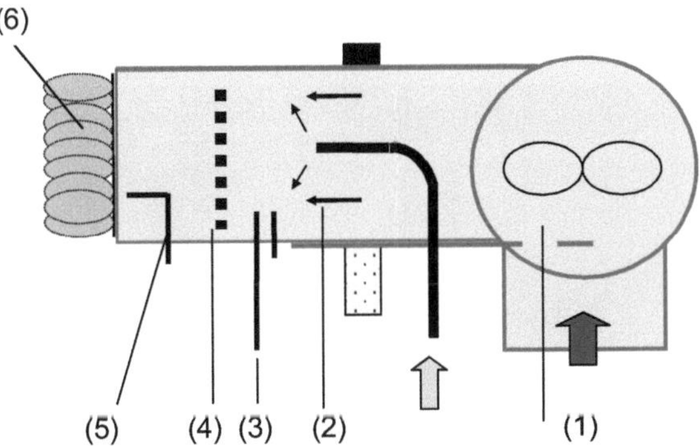

Figura 5.4: Imagen simple de un quemador con ventilador
Número de aire: λ = 1,05 – 1,15
(1) Ventilador (2) Área de mezcla y encendido
(3) Chispa eléctrica (4) Estabilizador de combustión
(5) Control eléctrico por efecto de ionización

Figura 5.5: Quemador con ventilador, completado con válvula de gas y
control eléctrico: Laboratorio de la Universidad Múnich MUAS

5.4 Quemadores para electrodomésticos

Estos quemadores con temperaturas de 800 °C, hasta 1.200 °C predominan el
calentamiento de agua industrial y doméstica. Para la combustión a gran escala y en
el caso de la combustión catalítica funcionan hasta 1400 °C.

Todos los tipos de quemadores presentados anteriormente se pueden encontrar en las
calderas convencionales. En el caso de las calderas de condensación, el diseño se
modifica de tal manera que los gases de combustión fluyen a través del intercambiador
de calor de arriba a abajo. Los condensados se colecciona en un sifón, así que no
puede causar daños.

Figura 5.6: Quemador con dos grandes elementos de superficie metálica
Foto: Laboratorio de la Universidad de Múnich MUAS

5.5 Quemadores en plantas industriales

Varios procesos industriales, por otro lado, requieren temperaturas mucho más altas. Por lo tanto, se necesitan quemadores que se logren mediante alta potencia, con precalentamiento el aire, usando oxígeno como combustible en lugar de aire, o usando quemadores de alta velocidad. A continuación, se accionan con ventiladores extras o con aire comprimido (Figuras 5.7 y 5.8).

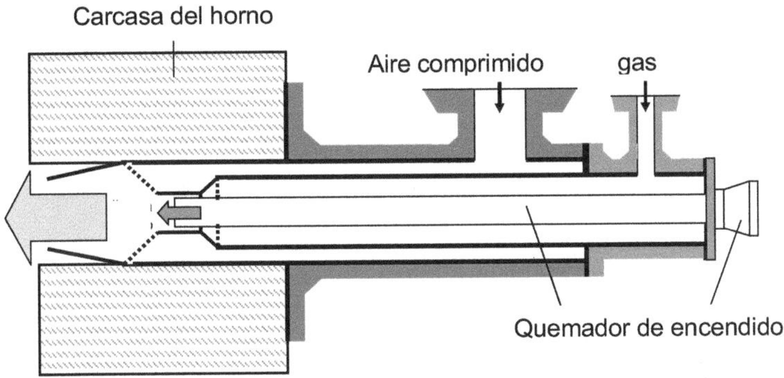

Ilustración 5.7 Esquema simple de un quemador de aire forzado y llama piloto

Otro tipo es el quemador de radiación. En este caso, la combustión se realiza en una lanza de chorro de metal o cerámica. Esto evita el contacto directo entre los gases de combustión y la atmósfera circundante. Originalmente, se utilizaban tuberías abiertas, que requerían dos aberturas en la cámara de combustión.

En la actualidad, se utilizan principalmente tuberías cerradas, en las que los gases de combustión salen por el cabezal del quemador (véase la Figura 5.8) y sólo se requiere una abertura en el horno o en la cámara de combustión. Además, estos quemadores cerrados también se pueden utilizar en piscinas de fusión.

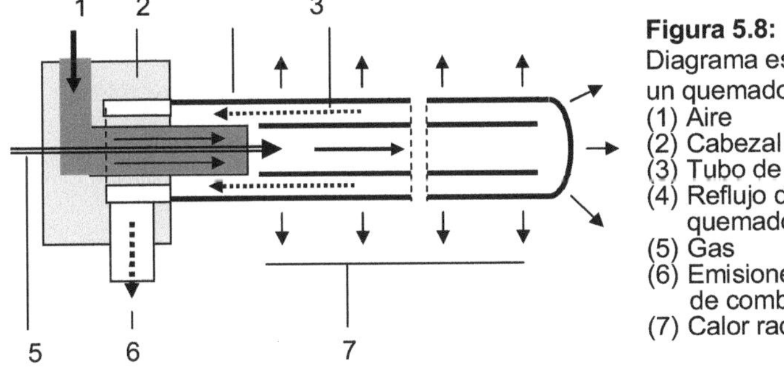

Figura 5.8:
Diagrama esquemático de un quemador recuperativo:
(1) Aire
(2) Cabezal del quemador
(3) Tubo de radiación
(4) Reflujo de gases quemados
(5) Gas
(6) Emisiones de gases de combustión
(7) Calor radiante

Además, el quemador trabaja con un reflujo interno de gases de combustión para reducir las emisiones de NOx (sección 5.6) y con el precalentamiento del aire de combustión mediante un recuperador integrado (sección 7.4) para mejorar el rendimiento.

5.6 Reducción de emisiones

Durante la combustión, se liberan productos y sustancias inevitables con diversos grados de toxicidad. Algunas de estas emisiones pueden reducirse mediante tratamientos específicos. En general, un uso más eficiente o un cambio de combustible es útil.

El monóxido de carbono (CO) se puede evitar casi por completo en los quemadores configurando la combustión constantemente. Los motores de combustión con tiempos de combustión cortos causan significativamente más emisiones. Estos pueden reducirse en motores de combustión pobre (gran exceso de aire).

La formación **de óxidos de azufre (SO$_2$)** depende del contenido de azufre del combustible. La purificación adecuada de estas sustancias a partir de combustibles ayudará a prevenir la "lluvia ácida".

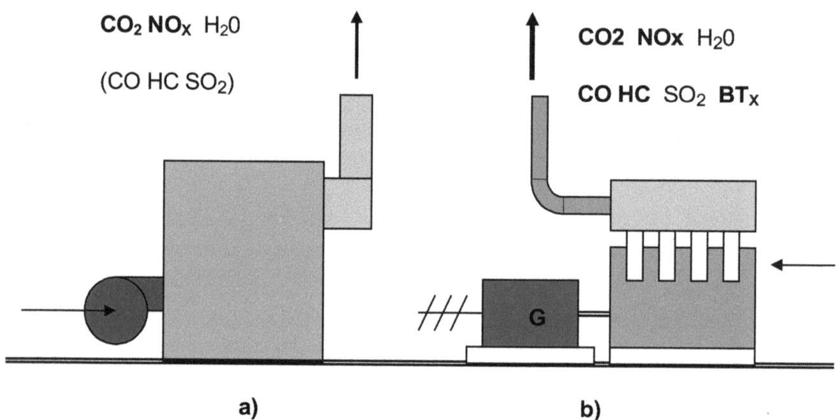

Figura 5.9: Representación esquemática de las principales emisiones de incineración en

a) **Calderas de CO$_2$ y NOx** b) Motores CO$_2$ NO$_x$ CO HC BT$_x$

Los hidrocarburos no quemados (HC$_{mn}$) y **los aromáticos BT$_x$** como el benceno, el tolueno y **el xileno,** que normalmente se encuentran en detergentes y diluyentes de pintura, se producen principalmente durante la combustión no permanente. Estas sustancias pueden ser cancerígenas.

El **CO$_2$,** que se emite inevitablemente durante cualquier actividad energética. Solo se puede reducir mediante un bajo consumo de combustible o la sustitución del combustible.

Los **óxidos de nitrógeno (NO, NOx),** entre otras sustancias ya mencionadas anteriormente, son responsables de la formación de ozono troposférico, que puede tener efectos nocivos para la salud.

Óxidos de nitrógeno NO:

Casi el 90-95% de estas emisiones de combustión se producen en forma de NO, que se convierte en NO_2 al aire libre. Por esta razón, todos estos óxidos a menudo se denominan NOx. Existen tres mecanismos para su formación:

NO INFLAMABLE

Desempeña un papel en los combustibles líquidos y sólidos, donde puede representar hasta el 75% del NO total. Normalmente, el gas natural no contiene nitrógeno.

NO TÉRMICO

Es el más importante y se forma esencialmente a temperaturas superiores a 1300 °C, cuando se desplaza el equilibrio químico entre N, O y NO. Otros factores que influyen son el exceso de aire y el tiempo de combustión.

NO RÁPIDO

El nitrógeno del aire forma CH, CH_2, Ch_3 CN y N, intermedios en las llamas durante la combustión. Estos productos, a su vez, pueden producir NO, cuya formación también aumenta a altas temperaturas. Las tecnologías de reducción de NOx dan como resultado una reducción del NO térmico al disminuir la temperatura en las llamas. Algunas de estas técnicas se describen a continuación:

1) Combustión a gran escala

La combustión a gran escala reduce la carga térmica en la superficie del quemador. *Los quemadores radiantes* exhiben estas propiedades (Figuras 5.12 y 5.13)

2) Recirculación de gases de escape (interior y exterior)

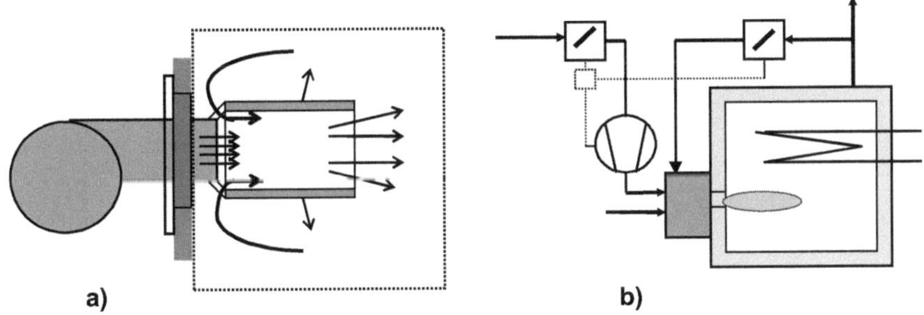

Figura 5.10: a) Recirculación interna de gases quemados
b) Recirculación externa de gases quemados

La recirculación de los gases de combustión también puede reducir la formación de NO. Originalmente, se utilizaba la recirculación externa de gases. En la actualidad, se utiliza principalmente la técnica de recirculación interna. Este último es más sencillo y funciona gracias a las diferencias de presión en el flujo de gases de escape (Fig. 5.10).

3) Disipación de calor de la combustión

La reducción del calor de la zona de las llamas se utilizaba en los años 80 con la ayuda de varillas metálicas o cerámicas, que absorbían parte de la energía generada. Las varillas absorben el calor y transfieren esta energía a la cámara de combustión a través de la radiación (Figura 5.11).

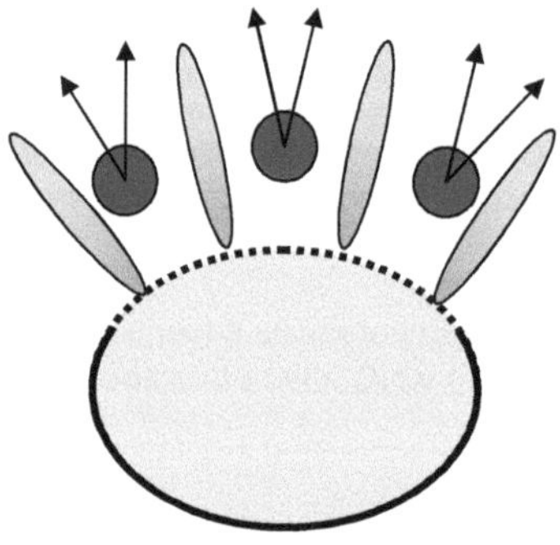

Figura 5.11:
Reducción de calor por medio de varillas radiantes

En la actualidad, se utilizan quemadores en los que parte del calor de combustión del quemador es capturado por un sistema de refrigeración por agua (Figuras 5.2 y 5.12). Estas tuberías de circulación de agua forman parte de la construcción básica del quemador.

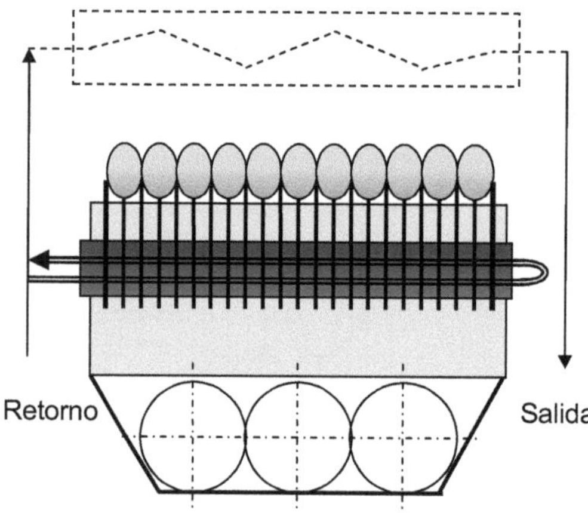

Figura 5.12
El retorno del agua sirve enfriar la construcción básica del quemador y baja así la generación de óxidos de nitrógeno

Interesante:
La Figura 5.12 muestra el diseño interior del quemador que hemos visto en Figura 5.3 con los inyectores gran diámetro y la superficie de láminas metálicas, con cuales funciona muy silenciosamente.

Para que las láminas de la superficie formen un cuerpo compacto, se las montaron junto con el tubo interior que se ve en la Figura 5.12. Por este tubo pasa entonces una parte del agua fría del retorno y reduce la temperatura en las láminas, lo que ayuda reducir la generación del NOx. Por lo tanto, se trata de un quemador con enfriamiento.

4) Combustión escalonada (escalonamiento del combustible o del aire)
La combustión escalonada evita que el gas combustible y el aire de combustión reaccionen demasiado rápido para evitar así altísimas temperaturas. De esta manera, es posible crear zonas de diferentes concentraciones entre el aire y el combustible y controlar la temperatura de la llama como muestra la Figura 5.13.

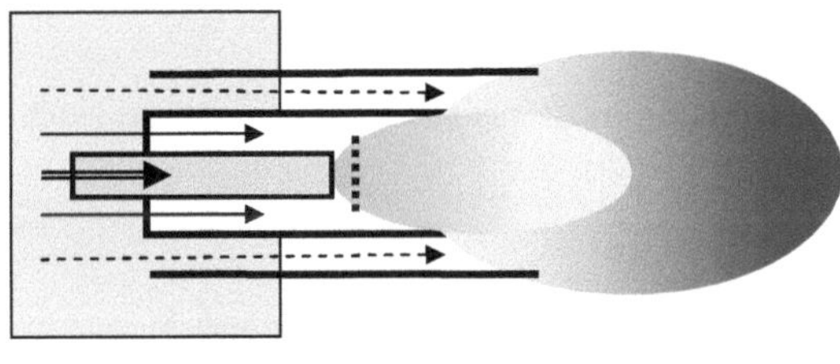

Figura 5.13:
Reducción de NOX a través de la combustión escalonada (aquí con el escalonamiento del aire de combustión)

5) Inyección de agua o de vapor (en combustiones industriales)
La inyección de agua o vapor se utiliza principalmente en procesos industriales, ya que requiere el uso de agua destilada o vapor de proceso. El método más común es el llamado "Ciclo de Cheng", en el que se inyecta parte del vapor producido para producir más electricidad que calor, y otro para reducir las emisiones de NOx.

También en los motores diésel, la inyección de agua conduce a una reducción correspondiente de las emisiones de NOx y a una mejor combustión. En este proceso, el vapor de agua producido durante la combustión atomiza el combustible líquido, aumentando su superficie y mejorando así la ignición.

5.7 Potencia calorífica de quemadores y calentadores

La potencia de combustión está determinada por el consumo de combustible y el poder calorífico del combustible. El poder calorífico PC puede ser de PCI o de PCS, ya qué el calor que produce un artefacto se calcula con el rendimiento adecuado (Capitulo 7).

$$Q'_{comb} = V'_n * PC_n = Q'_{cald} / \eta_{cald} \qquad (5.1)$$

con:
- V' = Consumo online $\quad$ (m³/h)
- V'_n = Consumo normalizado $\quad$ (mn³/h)
- PC = Poder calorífico en línea $\quad$ (kWh/m³)
- PC_n = Poder calorífico normalizado $\quad$ (kWh/m$_n$³)

El caudal volumétrico del gas consumido puede expresarse mediante:

$$V' = 0{,}25 * n * D^2 \pi * \alpha * (2\,p_e / \rho_{Gas})^{0,5} \qquad (5.2)$$

con:
- n = Número de boquillas
- D = Diámetro de la boquilla
- α = Rendimiento / Boquilla/Boquillas (0,90 – 0,95)
- p_e = Sobrepresión efectiva del gas
- ρ_{Gas} = Densidad del gas
- η_{ef} = Rendimiento efectivo (véase la ecuación 5.3)

Y la potencia de la caldera es el resultado de la combinación con la eficiencia efectiva:

$$Q'_{ef} = Q'_{comb} * \eta_{ef} \qquad (5.3)$$

Para cambiar la potencia del quemador, hay que ajustar la presión efectiva:

$$Q'_{pe2} / Q'_{pe1} = (p_{e2} / p_{e1})^{0,5} \qquad (5.4)$$

La capacidad calorífica del calentador está determinada por la potencia consumida y la eficiencia del dispositivo. Esta información se puede encontrar en la placa de identificación:

$$Q'_{ef} = Q'_{comb} * \eta_{ef} = m'_{agua} * c_p * (T_2 - T_1) \qquad (5.5)$$

dónde:
- Q'_{ef} = Capacidad calorífica efectiva
- m'_{agua} = Circulación de agua
- c_p = Capacidad calorífica del agua
- $T_2 - T_1$ = Salto térmico del agua

5.8 Adaptación al cambio del gas combustible

Si el gas combustible debe cambiarse a un índice de Wobbe diferente, también se debe cambiar el diámetro de las boquillas y la presión efectiva del gas: El objetivo es mantener constante la potencia térmica del quemador y el empuje del chorro de gas para que aspire la misma cantidad de aire.

Tabla 5.1: Efectos y consecuencias del cambio de combustible

Cambio de gas	Impacto	Cambios requeridos
Índice de Wobbe = constante	Ninguno	Ninguno, excepto cuando se trata de cambios en H_2
Índice de Wobbe = diferente	Función incorrecta	Presión efectiva Diámetro boquilla

$$p_{e2} = p_{e1} \left[\text{Wobbe}_2 / \text{Wobbe}_1 \right]^2 \qquad (5.6)$$

$$D_2 = D_1 \left[\text{Wobbe}_1 / \text{Wobbe}_2 \right] \qquad (5.7)$$

Estos cambios no son necesarios con los quemadores de soplador, ya que logran la potencia deseada por el cambio de la presión efectiva y luego ajustando el flujo de aire para minimizar el monóxido de carbono de la combustión.

Si los diámetros de las toberas existentes difieren ligeramente del diámetro que sale de la fórmula 5.7, la presión pe2 se ajustará de acuerdo con la siguiente fórmula:

$$p_{e2\,corr} = p_{e2} * \left(D_2 / D_{disp} \right)^4 \qquad (5.8)$$

5.9 Aplicaciones numéricas del Capítulo 5:

Ejemplo 5.1:

Un quemador inyector que funciona con gas licuado de petróleo disponible comercialmente debe ser cambiado para el uso de gas natural.
Presión del gas licuado que entra en las toberas del quemador: p1 = **32** mbar;
Diámetro de la boquilla d1 = **2,25** mm. Valores de gas como muestra la Tabla 2.6.

   a) Calcular el diámetro y la presión para el uso del gas natural.
   b) Las boquillas disponibles indican el diámetro de **3,8** mm, ajuste la presión.

Solución:
Para la combustión sin condensación, se debe utilizar el índice de Wobbe más bajo:

$$\text{Wobbe}_{i\,GL} = 20{,}94 \text{ kWh/m}^3 \qquad\qquad \text{Wobbe}_{i\,GN} = 13{,}2 \text{ kWh/m}^3$$

   a) El diámetro de las boquillas de los inyectores se modifica de acuerdo con la ecuación 5.7:

$$D_2 = D_1 \; \frac{Wo_{i1}}{Wo_{i2}} = 2{,}25 \text{ mm} \; \frac{20{,}94 \text{ kWh/m}^3}{13{,}2 \text{ kWh/m}^3} = \underline{\mathbf{3{,}6}} \text{ mm}$$

A continuación, la sobrepresión de gas debe calcularse de acuerdo con la fórmula 5.6:

$$p_{e2} = p_{e1} \left(\frac{Wo_{i2}}{Wo_{i1}} \right)^2 = 32 \text{ mbar} \left(\frac{13{,}2 \text{ kWh/m}^3}{20{,}94 \text{ kWh/m}^3} \right)^2 = \underline{\mathbf{12{,}7}} \text{ mbar}$$

b) Corrección de presión según fórmula 5.8:

$$p_{e2\,corr} = p_{e2} \left(\frac{D_2}{D_{2\,disp}} \right)^4 = 12{,}7 \text{ mbar} \left(\frac{3{,}6 \text{ mm}}{3{,}8 \text{ mm}} \right)^4 = \underline{\mathbf{10{,}2}} \text{ mbar}$$

Ejemplo 5.2:

Al examinar un calentador de gas natural con un quemador de inyector, se mide **9,0** mbar como presión efectiva de la boquilla y un consumo de **42,3** litros/min en condiciones de **22** mbar y **18** °C de aire cerca del medidor. Además, se proporcionan los siguientes datos:

PCS = **11,54** kWh/m³ ρ_n = **0,72** kg/m³ p_{atm} = **962,7** mbar $\eta_{ef\,caldera}$ = **0,82** (PCS)

a) ¿Cuál es el consumo normalizado, la capacidad de combustión y la potencia activa del sistema de calefacción?
b) Calcule la presión requerida frente a las boquillas para ajustar el dispositivo a una potencia activa de 21 kW.
c) Desarrolle un diagrama que muestre la potencia del calentador en relación con la presión de gas delante de las boquillas con una eficiencia efectiva del **82%**

Solución:

a) El consumo normalizado se obtiene de la ecuación 2.19 de la siguiente manera:

$$V'_n = V' \; \frac{p\,T_n}{p_n\,T\,K} \qquad \text{donde K = 1,0 para baja presión}$$

$$= 42{.}3 \text{ Ltr/min} \; \frac{(962{,}7 + 22) \text{ mbar} * 273 \text{ K}}{1013 \text{ mbar} * (273 + 28) \text{ K} * 1{.}0} = \underline{\mathbf{31{,}01}} \text{ Ltr/min}$$

$$Q'_{comb\,1} = V'_n * PCS = 31,01\ \frac{60\ min/h}{1000\ Ltr/m^3}\ 11,54\ kWh/m_n^3 = \underline{\mathbf{21,5}}\ KW$$

$$Q'_{cald\,1} = Q'_{comb\,1} * \eta_{ef} = 21,5\ kW * \mathbf{0,82} = \underline{\mathbf{17,63}}\ KW$$

b) Este rendimiento Q'_2 requiere la presión p_{e2} de la ecuación 5.4

$$p_{e2} = p_{e1} * (\,Q'_{comb\,2} / Q'_{comb\,1})^2 = 9,0\ mbar\ \left(\frac{21,0\ kW}{17,63\ kW}\right) = \underline{\mathbf{12,8}}\ mbar$$

b) Si usamos las ecuaciones anteriores para otras potencias, hallamos la Valores para crear el gráfico sobre el rendimiento del calentador:

Presión toberas	Q' combustión	Q' calentador
9,0 mbar	**21,50** kW	**17,63** kW
12 mbar	24,83 kW	20,36 kW
15 mbar	27,76 kW	22,76 kW

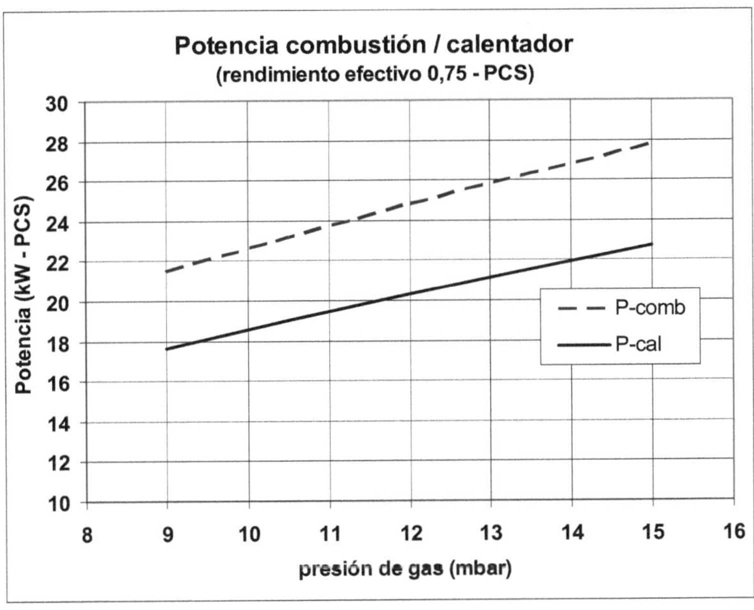

Ejemplo 5.3:

Pone en marcha un quemador de gas natural con los siguientes datos técnicos:

Número de boquillas = **5**; Eficiencia **0,95**; Diámetro = **2,25** mm; p_e = **12,5** mbar, $\rho_{n\,gas}$ = **0,75** kg/m³, PCS en condiciones de servicio = **11,54** kWh/m³ ; t_{gas} = **18** °C; p_{atm} = **962,7** mbar

Calculado: a) la velocidad de combustión prevista
                b) La potencia de la caldera es la eficiencia efectiva (PCS) del **82%**

Solución:

Para calcular la potencia de combustión deben utilizarse ecuaciones 3.21, 5.1 y 5.2:

La densidad del gas que sale de las boquillas:

$$\rho_{Gas} = \rho_n * (p_{abs} T_n) / (p_n T_{Gas}) =$$

$$0,75 \text{ kg/m}^3 \; \frac{(962,7 + 12,5)\text{ mbar } 273\text{ K}}{1013\text{ mbar } 291\text{ K}} = \underline{\mathbf{0,68}} \text{ kg/m}^3$$

El caudal volumétrico que realiza el consumo, expresado por la ecuación 5.2:

$$\mathbf{V' = 0,25 * n * D^2} \; \pi * \eta * (2\; p_e/\rho_{Gas})^{0,5} \qquad \text{Fórmula (5.2)}$$

$$= 0,25 * 5 * 0,0025^{2} * \pi * 0,95 * (2 * 1250\text{ Pa} / 0,68\text{ kg/m}^3)^{0,5} * 3600\text{ s/h}$$
$$= \underline{\mathbf{4,122}} \text{ m}^3\text{/h}$$

a) En ese caso, la potencia de combustión está compuesta por:

$$\mathbf{Q'_{comb} = PCS * V'} = 11,54\text{ kWh/m}^3 * 4,122\text{ m}^3\text{/h} = \underline{\mathbf{47,6}} \text{ kW}$$

c) Con la potencia efectiva del dispositivo, la potencia del

$$\mathbf{Q'_{cald} = Q'_{comb}} * \eta_{cal\;ef} = 47,6\text{ kW} * 0,82 = \underline{\mathbf{39,0}} \text{ KW}$$

6. Aparatos y Motores

6.1 Exigencias y Normas Técnicas

La **placa de características** de las calderas y aparatos calentadores es esencial para la correcta identificación del aparato y también es necesaria en caso de reclamaciones. La placa debe características debe contener como mínimo la siguiente información:

Nombre o logo del fabricante
Nombre comercial del artefacto
1 designación de la unidad (NUM.)
2 código de fábrica (837 abajo)
3 fecha de fabricación (665 abajo)
Adicional en Europa:
Marcado CE
Alimentación eléctrica
Categoría en relación con el
país de Tipo de gas, potencia

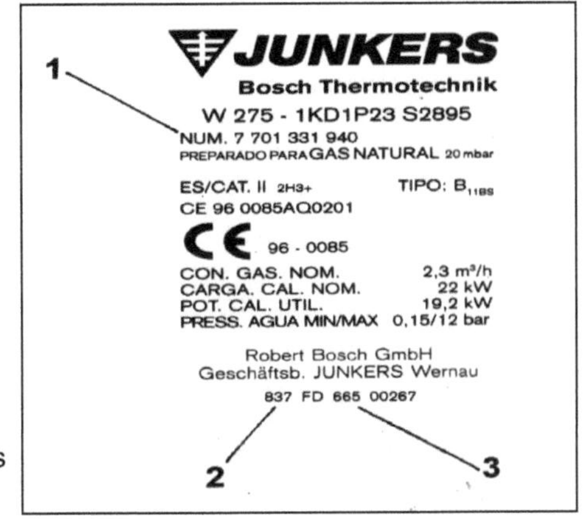

Figura 6.1: Placa de características de un calentador Junkers-Bosch

En la Unión Europea, los requisitos de protección del medio ambiente aumentan constantemente, por lo que los sistemas de calefacción deben cumplir con los estándares más estrictas, emitidos por las autoridades competentes de Bruselas.
Las tablas 6.1 y 6.2 muestran unos ejemplos.

Tabla 6.1: Eficiencias mínimas (PCI) según norma 92/42/EWG de la Unión Europea

Calderas	Eficiencia η_{cald} a la potencia nominal Q_{nom} [1]		Rendimiento efectivo $\eta_{cald\,ef}$ a 30% potencia nominal	
	temp. caldera[1] °C	$\eta_{caldera}$ %	temp. caldera[1] °C	$\eta_{cald\,ef}$ %
Caldera están.	70	=> 84 + 2 lg Q_{nom}	=> 50	=> 80 + 3 lg Q_{nom}
Caldera T baja	70	=> 87,5 +1,5 lg Q_{nom}	40	=> 87,5 +1,5 lg Q_{NL}
Caldera condens.	70	=> 91 + lg Q_{NL}	30^2	=> 97 + lg Q_{NL}

[1] Introduzca Q nominal en kW,   [2] Temperatura del retorno

Tabla 6.2: Valores límite para las pérdidas de los gases de salida (humos secos) en Alemania (1. BimSchV)

Potencia nom. kW	Pérdidas limitadas q_{hum} de una instalación de combustión según fecha de construcción o de cambios significantes en %				**Límites generales**
	antes de 31.12.82	desde 01. 01. 83	desde 01. 10. 88	desde 01.01.98	desde **01.11.2009**
4 ... 25	15	14	13	12	**11**
> 25 ... 50	14	13	12	11	**10**
> 50	13	12	11	10	**9**

A partir de 2004 las calderas tienen que garantizar lo siguiente:

EN-CO	<=	80 mg/(kWh)	Combustión de GN y LPG	= 50 kW – 50MW
EN-CO	<=	100 mg/(kW h)	Combustión de petróleo / fuel	<= 1 MW
EN-NOx	<=	120 mg/(kWh)	Combustión de Gas Natural	<= 3 MW
EN-NOx	<=	160 mg/(kWh)	Combustión de Gas Licuado	<= 3 MW
EN-NOx	<=	150 mg/(kW h)	Combustión de petróleo / fuel	= 50 kW – 50 MW

Requisitos de la etiqueta ecológica Ángel Azul

Esta medalla es otorgada por las autoridades ambientales en Alemania sí el artefacto cumple con los valores de la tabla 6.3.

Tabla 6.3: Valores límites (PCI) para conseguir el "Ángel Azul" en Alemania (valores de 2008)

Aparatos a gas	Potencia útil kW	E_{NOX} mg/kWh	E_{CO} mg/kWh	Eficiencia*) carga plena	Eficiencia*) carga parcial	Pérdidas humos
Caldera	10 ... 120	<= 70	<= 60	$\geq$ 88,5 -89,5	$\geq$ 89 - 90,5	<= 2,5-1,0
Calentador	10 ... 30	<= 70	<= 60	$\geq$ 89 - 90,5	(sin valor)	(sin valor)
Caldera vent.	10 ... 120	<= 80	<= 60	$\geq$ 89 - 90,5	$\geq$ 90 - 91,5	<=1,5...0,75
Caldera cond	10 ... 120	<= 60	<= 50	$\geq$ 102- 103 $\geq$ 94 – 95	$\geq$ 99 – 100	<=1,0...0,75
Calentador de aire	<= 4 > 4 <= 11	<= 150 <= 150	<=100 <=100	>= 82 >= 84	(sin valor)	(sin valor)

6.2   Artefactos a gas

6.2.1 Aparatos domésticos

Entre ellos se encuentran, en particular, calderas, hornos, lavadoras, secadoras y frigoríficos basado en ciclos de absorción.

Cocinas de gas:
Estos aparatos suelen tener cuatro quemadores en combinación con un horno. Otros modelos tienen hornos eléctricos u otros quemadores especiales. En las estufas de alta calidad se encuentran dispositivos de seguridad que cortan el gas si falla el quemador en función. Algunas cocinas de lujo trabajan quemadores radiantes que calientan la placa de cristal de la superficie desde debajo.

Las lavadoras de gas se encuentran principalmente en los sectores profesionales y comerciales. Las secadoras de gas son conocidas por su buena calidad. La instalación es sencilla en habitaciones adecuadamente ventilados. Los gases de escapese descargan a través de tuberías de acero inoxidable debido a su contenido en vapor de agua, que se condensa a temperaturas inferiores a 60 °C.

Los **artefactos refrigeradores de gas** funcionan con circuitos de absorción convirtiendo el calorde absorción en frío. Sólo el bombeo interno del medio requiere algo de electricidad. Cabe mencionar que la eficiencia (COP) de los ciclos de absorción es mucho menor que la de las unidades de compresor. Pero esta desventaja puede compensarse utilizando energía primaria en el refrigerador de absorción.
Estos aparatos son bien conocidos y, en la mayoría de los casos, funcionan con gas licuado, lo que permite su uso móvil.

6.2.2 Depósito de agua caliente

Se trata de depósitos de almacenamiento calentados directamente con un quemador en la parte inferior que calienta el agua del depósito. Los cuerpos metálicos o rejillas dentro del tubo del intercambiador de calor aumentan la transferencia de calor para llegar a un rendimiento adecuado (véase la Figura 6.2).

6.2.3 Calentador directo

Estos dispositivos se utilizaron en gran número en los años del gas urbano e incluso en las primeras décadas del gas natural en Europa. Desde entonces, han sido sustituidos por sistemas de calefacción central. Aunque funcionan de manera ineficaz, se utilizan en situaciones apropiadas, por ejemplo, para calentar o secar habitaciones individuales o para evitar que los sistemas de agua se congelen.

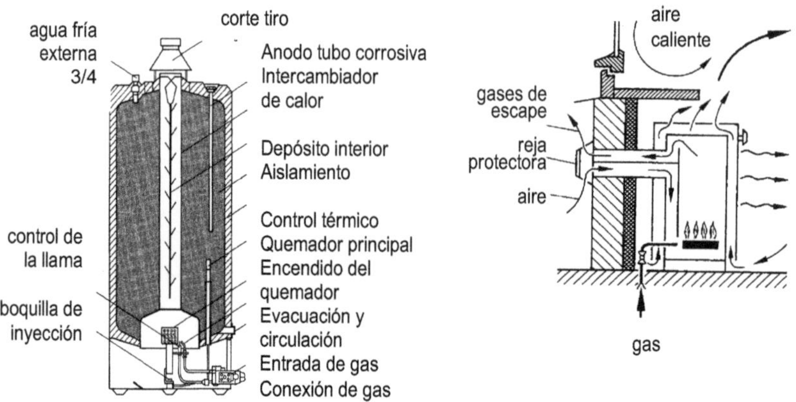

Figuras 6.2: Depósito de agua caliente (izquierda) y calefacción directa (derecha) Bosch Termotécnica /1, 8/

Los calefactores directos pueden instalarse en el centro de la casa, junto a las chimeneas, o en la pared exterior, donde pueden funcionar a través de un sistema de gases de combustión – aire (véase la Figura 6.2 a la derecha).

6.2.4 Calentador radiante a gas licuado

Estos dispositivos se utilizan cada vez más tanto en el comercio como en la industria. Los calefactores radiantes ofrecen grandes ventajas para calentar habitaciones enteras y/o zonas de trabajo como talleres, ya que las pérdidas por transmisión son bajas. Además, es posible, por ejemplo, calentar superficies metálicas y así evitar la corrosión de estos materiales por la humedad del aire.

Los emisores constan de un quemador inyector con precalentamiento de aire, una superficie cerámica y reflectores aislados adicionalmente (Fig. 6.3).

Potencia de calentadores radiantes:	3,5 ... 42	kW
Temperatura de la superficie:	850 ... 950	°C
Radiación relativa:	54 ... 68	%

Precauciones:

Están prohibidos los **calentadores móviles** de GLP (potencia máxima de 4,2 kW), para uso doméstico, incluso si están equipados con un dispositivo de control de la combustión, debido al riesgo de accidentes mortales en lugares con ventilación inadecuada, por ejemplo, en:

Rascacielos,
Dormitorios,
Baños, sótanos,
Habitaciones de menos de 40 m³

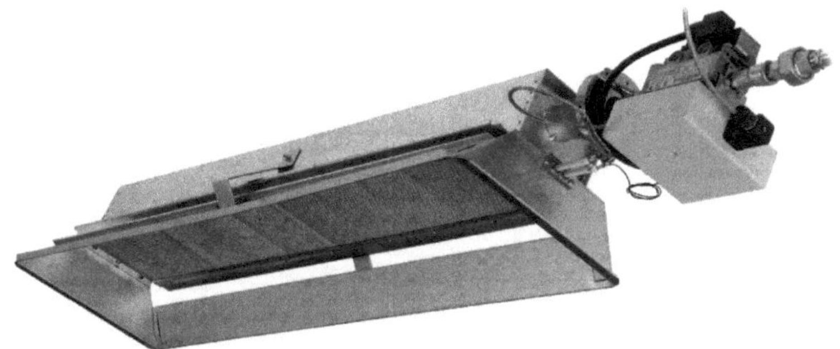

Figura 6.3:
Emisor infrarrojo con quemador inyector, reflectores y superficie
cerámica en que el gas arde a temperaturas comprendidas entre
850 y 950°C /1, 9/

6.2.5 Calentador de aire

Se utilizan para calentar el aire en talleres, naves de producción y salas de
exposición, así como para secar edificios húmedos. Los quemadores inyectores se
utilizan en unidades con una potencia de hasta 50 kW, donde el aire caliente se
transporta junto con los gases de combustión a través de ventiladores
(calentamiento directo).
Las unidades instaladas de forma permanente alcanzan potencias de hasta 400 kW
y funcionan con circuitos de agua caliente para la transferencia de calor
(calentamiento indirecto). Desafortunadamente, los circuitos de agua reducen la
eficiencia de un 85 % hasta aproximadamente el 75 %.

6.2.6 Calentador de agua instantáneo

Este es el clásico calentador de agua de pared a gas. La idea principal proviene del
joven Hugo Junkers, que quería desarrollar un método para medir la capacidad
calorífica del gas que habían utilizado para alimentar los motores de gas en una
fábrica en París. En algunos países, este aparato se llama *calefón*. ¿Como
funciona?:

El agua fluye a través de un serpentín de tubo situado en el corriente de gas que
sale del quemador inyector. La combustión se activa mediante una llama piloto, que
a su vez se enciende manualmente (con cerillas), mediante chispas piezoeléctricas
o de batería y, en las unidades modernas, mediante una microturbina en el circuito
de agua que suministra la electricidad necesaria.

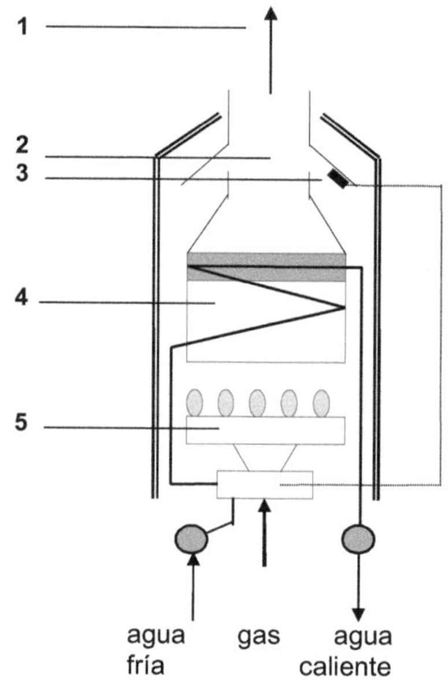

En los países con un uso intensivo de gas, en primer lugar, el gas licuado estos dispositivos simples forman el principal suministro *del agua caliente* a los hogares. Se pueden encontrar en cocinas, baños y como aparatos exteriores. La construcción básica ha resistido el paso del tiempo durante más de cien años y su funcionamiento es casi perfecto, ya que no hay partes móviles, que puedan perderse.

Estas características condujeron a un uso generalizado, ya que el propietario puede realizar casi cualquier tipo de reparación por sí mismo.

Figura 6.4: Esquema de un calentador de agua con control de tiraje en el conducto de escape (llamado también *corte tiró*): (1) salida de los humos, (2) limitador tiraje, (3) sensor térmico, (4) intercambiador de calor serpentín, (5) quemador

6.2.7 Calentador mixto

En algunos países, es esencial utilizar el artefacto de gas para la calefacción de la casa. En la década de 1970, hubo una fuerte competencia con las calderas de calefacción central. La figura 6.5 muestra el esquema bien conocido de un artefacto de gas complementado por un segundo circuito (1 - 2), una bomba (5) y un vaso / depósito de expansión (6).

En este momento cabe mencionar que estos aparatos solían que funcionar sólo unas 100 horas por año a potencia normal para calentar agua y unas 1500 horas por año para la calefacción a potencia reducida.

Este tipo de calentador trabaja de la manera atmosférica: la cámara de combustión está abierta y la chimenea produce un tiro independiente. Esto significa que durante las horas de carga parcial para la calefacción, el exceso de aire entra en la combustión, lo que reduce la eficiencia extremamente.

En el largo periodo de los combustibles baratos, este aspecto no importaba. Con el cambio de precios y la necesidad de ahorrar energía y reducir las emisiones, este aspecto se ha vuelto más importante. Por eso, buscaron tecnologías mejores.

Las desventajas de estos artefactos simples pueden reducirse por las cámaras de combustión cerradas con soplador y suministro de aire controlado. Por supuesto, estos artefactos son más caros, pero aumentan la eficiencia.

Por lo general, estas tecnologías aplican en aparatos con características especiales, c o m o calderas de condensación donde se condensan los vapores de agua (sección 6.5).

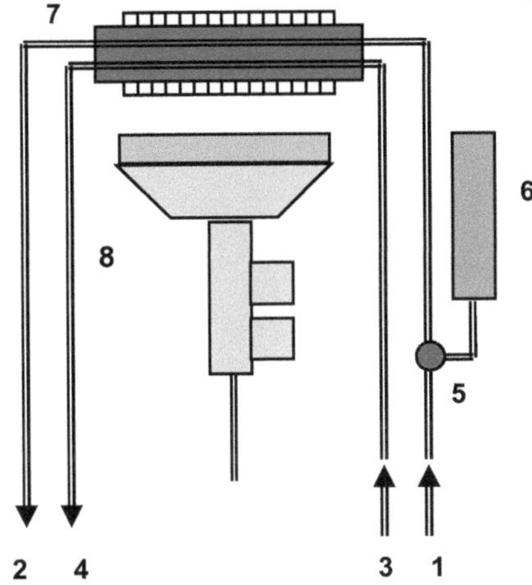

1 retorno de la calefacción

2 salida a la calefacción

3 agua fría

4 agua caliente

5 bomba de la calefacción

6 vaso de expansión

7 intercambiador de calor

8 quemador

Figura 6.5: Esquema de un calentador mixto con dos circuitos individuales para calefacción (1 – 2) y agua caliente (3 – 4)

6.2.8 Calentador mixto con depósito de agua

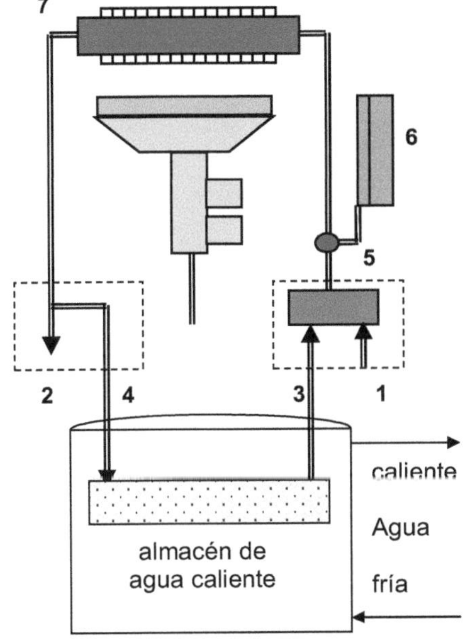

Figura 6.6:
Calentador, adaptado a la demanda de la calefacción.
Grupo de conexión 1 – 4 a un depósito de agua caliente.
Calentamiento de agua mediante de serpentín o intercambiador de placas.

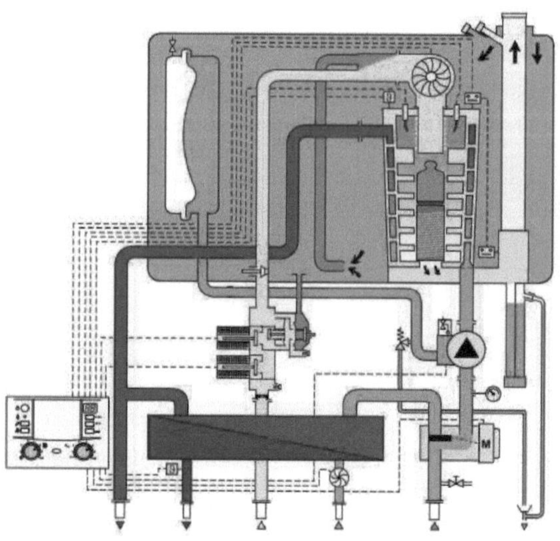

Figura 6.7:
Esquema de una caldera mixta con un intercambiador de calor de placas para la preparación de agua caliente. Bosch Termotécnica /8/

Desde un punto de vista técnico, se abandonó la compleja solución de la figura 6.5 con dos circuitos de agua integrados en el intercambiador de calor y se encontraron soluciones más sencillas y económicas:

Figura 6.8:
Intercambiador de placas en un calentador mixto con sensor termoeléctrico.
Foto: Bosch Termotécnica /8/

Dado que los sistemas de calefacción actuales requieren solo potencias muy bajas de aproximadamente 10 kW hasta 15 kW, mientras que los calentadores instantáneos trabajaban a más de 25 kW, ahora están disponibles unidades adaptables de potencia con un circuito de agua a través del intercambiador de calor principal (ver la Figura 6.7) y con las siguientes conexiones de agua:

- dos conexiones de dos salidas/entradas (figura 6.6) 1+2 para calefacción y 3+4 para agua caliente
- intercambiadores de calor de placas que producen agua caliente para el
- depósito o también en forma inmediata (figuras 6.7 y 6.8)

6.2.9 Caldera de pie

Hay que distinguir entre calderas especiales de gas y calderas generales de gas: Como *calderas especiales de gas* suelen definirse como calderas con quemadores inyectores en una cámara de combustión abierta, también denominadas calderas atmosféricas (Figura 6.9). Este tipo de caldera trabaja con el empuje generado por los gases de combustión calientes que salen de la caldera. Estos gases son responsables tanto del suministro de aire como de la expulsión de los gases de combustión. Para cumplir con estas funciones, es esencial posicionar un *limitador de tiro* entre la caldera y la conexión de la chimenea con las siguientes características:

- salida de los gases de combustión para generar el empuje de los gases de combustión en caso la chimenea fría o tapada
- mantener la combustión para crear el empuje de los gases de escape
- evitar de tirajes fuerte que pueden apagar la llama piloto y/o la combustión

Estos dispositivos no deben confundirse con las *calderas* con *cámara de combustión cerrada*, que funcionan con quemador con soplador que genera sobrepresión (Figura 6.10). Por supuesto, la construcción de esta caldera debe ser más robusta para soportar las fuerzas que puedan generar las cámaras cerradas.

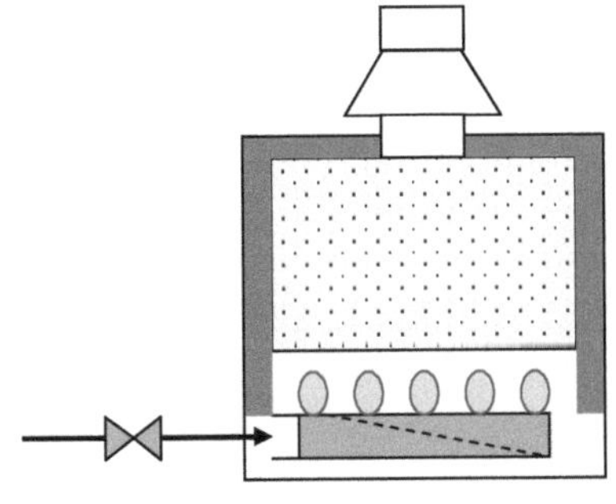

Figura 6.9 Esquema sencillo de la caldera atmosférica de pie

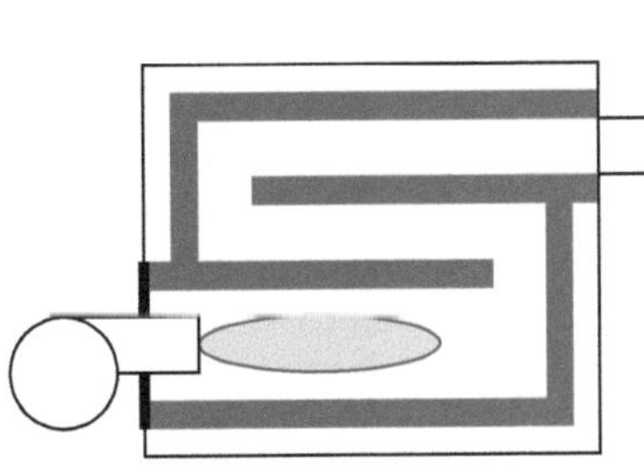

Figura 6.10 Esquema sencillo de la caldera con quemador soplante

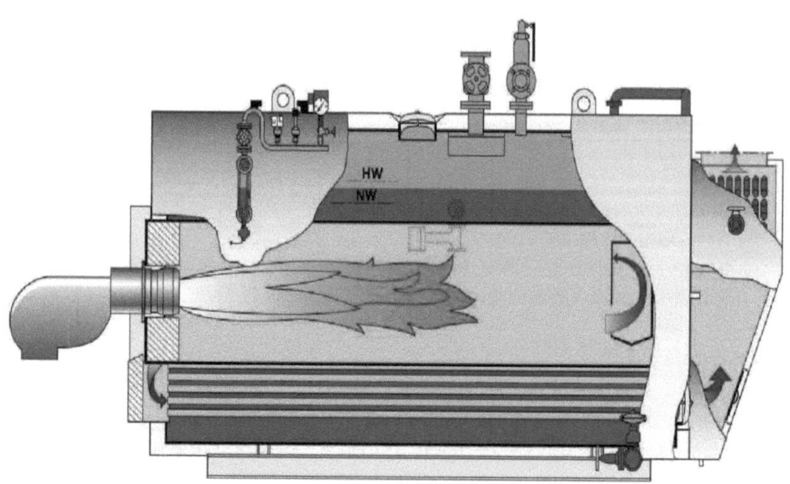

Figura 6.11: Caldera de vapor a 3 pasos con economizador integrado (intercambiador de calor en la salida de los gases de escape para precalentar agua o aire de combustión) Foto: Bosch Termotécnica /8/.

El aparato con cámara abierta requiere una pausa entre dos pruebas de ignición, ya que los gases no quemados de la primera ignición ya tienen ser descargados a la chimenea antes del segundo intento de ignición.

En la caldera de cámara cerrada, el ventilador tiene que evacuar la cámara cada vez antes de que comience el proceso de encendido. Ambas técnicas están diseñadas para evitar una acumulación excesiva de combustible, que puede causar un gran peligro ydaños en el momento de la ignición.

Todas las calderas con ventilador y camera cerrada funcionan con mezclas de gases y también con combustibles líquidos. Estos en cambio, piden quemadores adaptados al combustible y a las diferentes normas de funcionamiento y servicio.

6.2.10 Caldera de condensación

Hasta ahora, nos hemos ocupado de calderas y aparatos en los que los gases de combustión entran en la chimenea a una temperatura mínima de unos 80 °C, lo que evita la condensación del vapor de agua que se produce a temperaturas inferiores a 60 °C. Esto es la única forma de prevenir la formación de ácidos sulfúricos, que pueden ser causadas por pequeñas cantidades de azufre en el combustible.

Las calderas de condensación, por otro lado, tienen intercambiadores de calor y sistemas de evacuación resistentes a la corrosión. Los intercambiadores de calor son hechos de aluminio con silicio, así como de acero inoxidable y vidrio.

Los sistemas de los gases de escape suelen ser de aluminio, pero también hay sistemas de vidrio y plástico que soportan temperaturas de 130 hasta 160°C.
Las calderas están equipadas con dispositivos de control térmico para garantizar que ninguna pieza se sobrecargue.

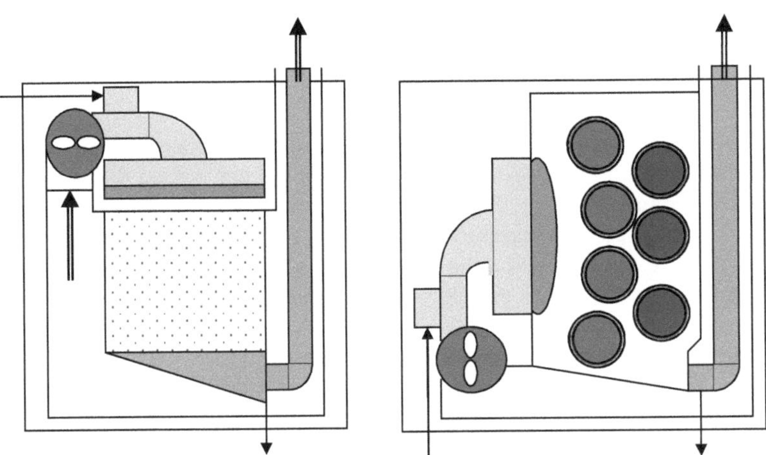

Figura 6.12: Diseños típicos de calderas murales de condensación
<u>izquierda</u>: Quemador radiante encima del bloque de condensación
<u>derecha:</u> Quemador radiante montado al lado del intercambiador

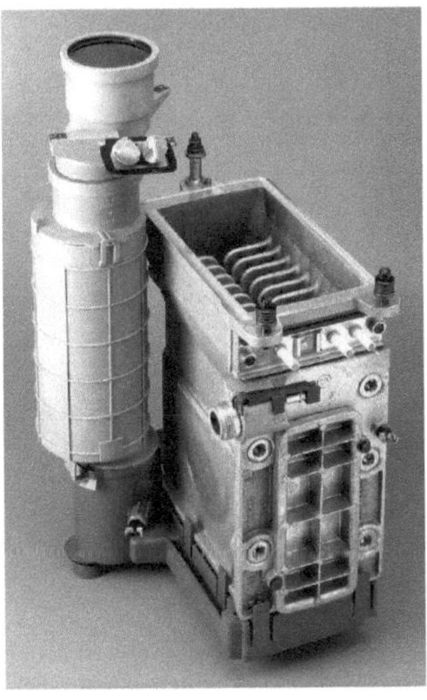

Figuras 6.13:
Bloque Intercambiador de calor hecho de aluminio con silicio, con sifón, salida de humos, chispa de encendido, control térmico y apertura de inspección.
Quemador de gran superficie de reja metálica. Fotos: Bosch Termotécnica /8/

Problemas debidos a la condensación:

Las primeras calderas de condensación murales tenían un segundo intercambiador de calor por encima del primero. Pero el condensado goteó hacía abajo y causó daños por corrosión en el quemador. Dado que la condensación del vapor de agua no procedía la medida esperada se desarrollaron nuevos sistemas en los que los quemadores se colocaron por sobre de, o al lado de todas las demás piezas internas.

Tecnología:

Los gases de escape fluyen hacía abajo a través del intercambiador de calor, donde se enfrían y el vapor de agua se condensa parcialmente por debajo del punto de rocío de aproximadamente 57°C. El condensado se recoge en la parte inferior del dispositivo en un sifón para su eliminación. Dado que el punto de rocío depende en gran medida de la relación de aire de la combustión, se requieren quemadores con ventilador para aumentarlo lo más posible (véase sección 7.5).

Calderas con intercambiadores adicionales:

Para calderas grandes se ofrecen intercambiadores de calor adicionales, que se puede conectar a cualquier tipo de caldera, incluidas a las calderas de gasóleo.
Sin embargo, el aceite produce menos condensado porque la diferencia entre PCS y PCI es menor (véase la Tabla 2.5), lo que se traduce en menos vapor de agua en los gases de escape. También produce ácido sulfúrico, lo que requiere el uso de materiales más resistentes a la corrosión. La Figura 6.14 muestra el diseño básico de una caldera con un intercambiador de calor adicional para aprovechar la condensación de diferentes combustibles.

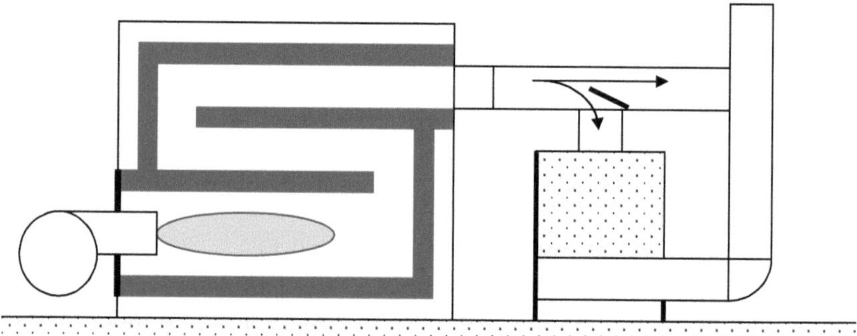

Figura 6.14:
Caldera con intercambiador de calor en línea para diferentes combustibles.

<u>Informe</u>:

La figura 6.14 muestra que se mantienen las pérdidas de calor de la caldera principal. Sin embargo, El condensador adicional puede mejorar la eficiencia condensando los vapores de agua y reduciendo la temperatura de los gases de combustión (ver ejemplo 7.6).

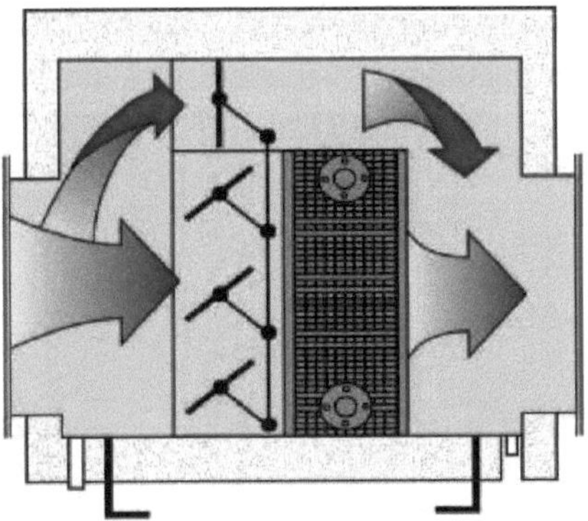

Figura 6.15:
Intercambiador adicional con *baipás* apto para diferentes tipos de
combustibles: Bosch Termotécnica /8/

6.3 Motores y Turbinas

Los motores de combustión alternativos se utilizan como elementos probados y
robustos en automóviles y, hasta ahora, sobre todo en plantas de cogeneración de
calor y electricidad con potencias de alrededor de 5 a 1.000 kW. Las turbinas de los
aviones han ganado mucho terreno en la generación de energía como generadores
de servicios públicos y de respaldo, ya que pueden utilizarse con poca antelación.
Las potencias van desde 45 kW hasta aprox. 150 MW.

6.3.1 Motores alternativos

La mayoría de los motores de gas son *motores Otto,* ya que estos motores pueden
funcionar tanto con gasolina como con gas natural o GLP. En los vehículos que
funcionan alternativamente con gasolina y gas, el carburador debe complementarse
con un sistema de inyección de gas adecuado para funcionar con ambos
combustibles.
Los *motores diésel* que también deben funcionar con gas, requieren un sistema de
encendido. Se trata de una pequeña cantidad de aceite inyectada por el sistema de
inyección del motor, que se enciende por el calor de la comprimida mezcla de gas y
aire.
Gracias a esta tecnología, los motores *diésel* pueden alternar entre el
funcionamiento con aceite y con gas, por ejemplo, en contratos bivalentes o en
casos de emergencia. Cabe mencionar que todos estos motores deben ser de alta
calidad debido al elevado número de horas de funcionamiento en comparación con
su uso en vehículos.

En el pasado, los *motores alternativos* también funcionaban con vapor, que se generaba en los procesos térmicos de las fábricas. Hoy en día, estos funcionan como máquinas de expansión para reducir las altas presiones en el suministro del gas natural en las redes públicas y artesanales donde se puede generar energía con esta tecnología (ver cap.12)

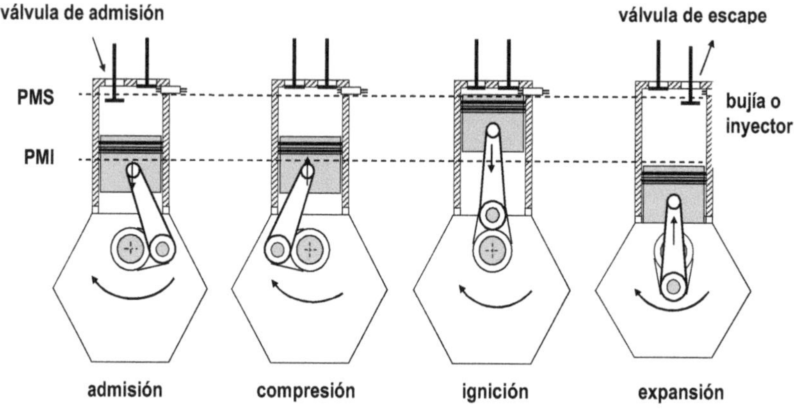

Figura 6.16: Representación esquemática del funcionamiento de un motor de 4 tiempos OTTO (bujía) o DIESEL (inyector) /10/

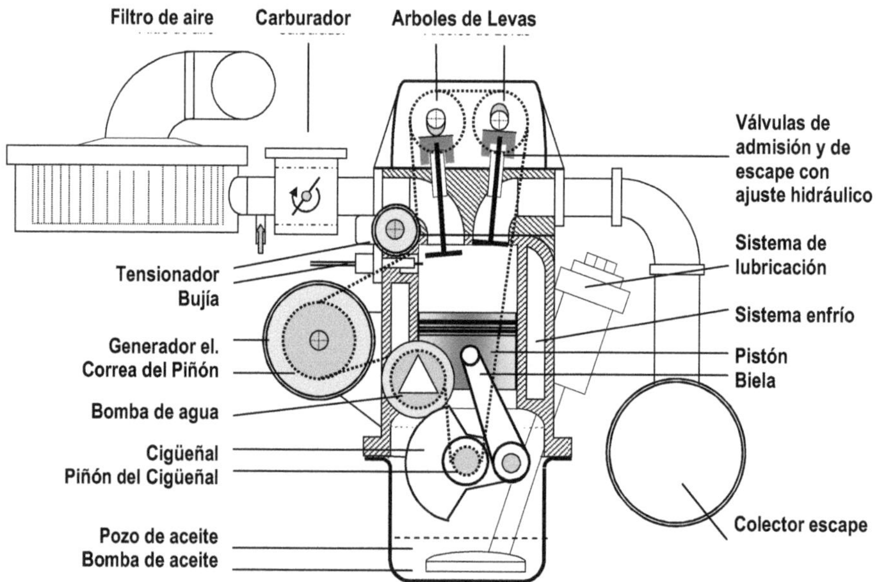

Figura 6.17: Estructura de un motor OTTO de 4 tiempos con accesorios

6.3.2 Turbinas de Gas

Las turbinas de gas no se utilizan en automóviles porque no son adecuadas para los cambios permanentes de carga y velocidad. Sin embargo, se pueden encontrar en una amplia gama de aplicaciones, tanto en la generación de energía como en la propulsión marina. Debido a su diseño simple sin circuito de aceite lubricante, a menudo se utilizan en el campo de la cogeneración a pequeña escala, y también como unidades de potencia eléctrica auxiliar de los aviones.

Funcionamiento

Las máquinas térmicas convierten la energía térmica en energía mecánica para su uso directo o para la generación de electricidad.

La energía térmica puede obtenerse   mediante combustión interna o externa, es decir, mediante el uso de intercambiadores de calor   para transferir calor de una fuente de energía al medio de proceso. Esta técnica se utiliza principalmente en máquinas de ciclo termodinámico cerrado. Todas estas máquinas térmicas requieren los mismos cuatro procesos. La forma en que se pasan estos pasos depende del tipo de máquina, ya sea un motor de pistón o una turbina de gas:

  1 - 2 Compresión del gas en circuito (= admisión de trabajo)
  2 - 3 Ignición y explosión (= suministro de calor)
  3 - 4 Expansión (= ganancia de energía)
  4 - 1 Expulsión de calor (= intercambio gaseoso, enfriamiento)

La secuencia de estos pasos se muestra en los diagramas siguientes para motores de pistones y para turbinas (Figura 6.18).

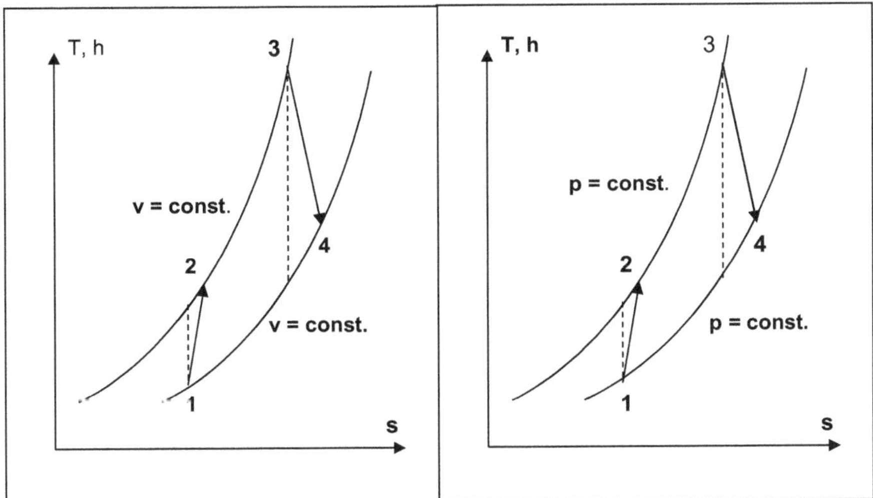

Figuras 6.18: Diagramas idealizados - pV para un motor Diesel (izquierda) y para una turbina de gas (derecha)

Las siguientes figuras muestran una turbina auxiliar (6.19) y una turbina industrial
(6.20). La figura 6.21 muestra el sistema de una turbina de gas de aviación que se
ha convertido para accionar un turbocompresor para el suministro de gas natural: Se
ha añadió un segundo rotor con turbina de expansión para que el chorro de gas
también pueda proporcionar su energía para el funcionamiento del compresor
acoplado.

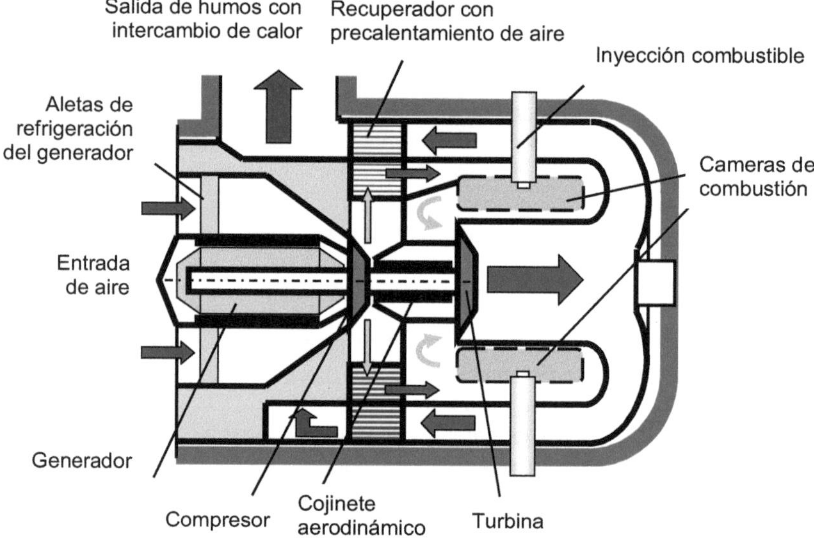

Figura 6.19: Esquema simple de una microturbina con precalentamiento interior /10/

Figura 6.20: Turbina Industrial de última tecnología, Foto: MAN-Turbotécnica /16/

Los diagramas temperatura - entropía (Ts) o entalpía - entropía (hs) son muy fáciles de aplicar porque son diagramas congruentes. Por lo tanto, en el caso del aire, donde la capacidad calorífica como gas ideal es de 1,0 kJ/kgK, y en estos diagramas todas las diferencias de energía, térmicas o mecánicas, aparecen como distancias verticales, se aplica lo siguiente:

$$\Delta h = \Delta q = \Delta w = c_{pm} * \Delta T$$

La aplicación de estos diagramas para la solución del proceso facilita el cálculo, ya que sólo se tienen en cuenta las energías térmicas. Las figuras 6.18 ya mostraban de este modo los procesos para motores alternativos y turbinas.

Turbina industrial

Las primeras turbinas de gas para fines industriales y otros fines de propulsión fueron turbinas de aviación con un segundo rotor de turbina de potencia. En esta segunda etapa de expansión se gana la energía para activar hélices de aviones y buques (turbopropulsor, turbo- hélice) o para servir a generadores en plantas termoeléctricas. Entonces los gases quemados salen con temperatura más baja.

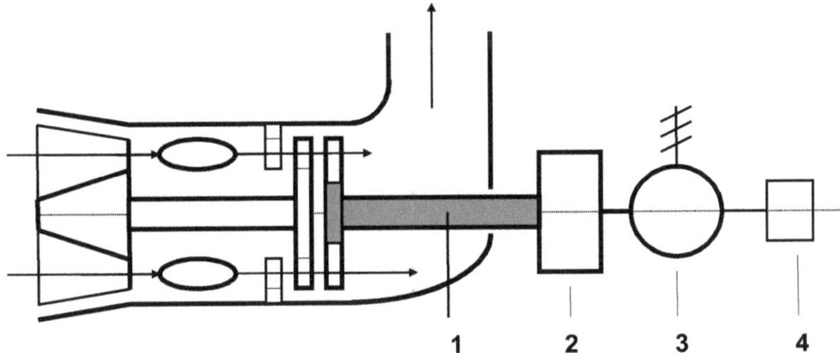

Figura 6.21: Esquema simple de una turbina de avión de dos rotores con: **1** turbina y rotor secundario, **2** cacha de cambio, **3** generador, **4** motor arrancador

A título informativo:

Desde hace algunos años, los sistemas mostrados en la Figura 6.21 han quedado obsoletos: Hoy en día, en muchos casos se utilizan motores eléctricos para accionar los compresores porque permiten adaptarlos fácilmente a necesidades cambiantes de potencia. Las turbinas de gas en cambio favorecen una potencia constante, ya que así se consigue una combustión estable. Por lo tanto, siguen siendo adecuadas para la carga base del transporte de gas, mientras que el accionamiento eléctrico es flexible, puede realizarse con cualquier tipo de energía eléctrica y requiere menos personal y servicio.

7. Eficiencia de calderas

7.1 Sectores de utilización

Hay muchas industrias en los que el gas ha sustituido a la electricidad. En las industrias del aluminio, el cemento, la cerámica, la química y el vidrio, los costes energéticos como porcentaje de los costes totales de producción promedian el 30%, lo que supone un enorme consumo de energía en el sector industrial. Las siguientes son algunas de las aplicaciones del gas:

Calefacción de locales y fábricas:
Esto puede hacerse mediante calefacción por convección, calefacción radiante o calefacción por aire caliente:
Los sistemas de convección calientan el aire ambiente a la temperatura deseada a través de intercambiadores de calor. Son adecuados para calentar salas de producción. Los sistemas radiantes, en cambio, transfieren calor a las personas y los productos y manteniendo el aire a baja temperatura. Por esta razón, es preferible utilizar emisores oscuros y calentadores infrarrojos de gas cerámico para calentar naves de producción. Con estos sistemas radiantes bien ajustados, se puede lograr un ahorro de energía del 5% al 30% en comparación con otros sistemas, ya que las personas y los productos se calientan directamente.

Tecnología de secado:
En el caso de los sistemas de secado, se puede distinguir entre calentamiento directo e indirecto. Cuando se utiliza gas, el calentamiento directo, sin circuitos de calefacción, ahorra energía y reduce las pérdidas gracias a una mejor transferencia de calor. Este es posible en caso del secado de granulados, tejidos, tablas, pinturas (en relación con la limpieza), aire de escape y hornos en la industria cerámica. En procesos extremadamente limpios, se utiliza el calentamiento indirecto mediante quemadores de tubo radiante.

Generación de vapor:
Las calderas industriales producen: vapor a alta temperatura, por ejemplo, para la producción de electricidad, vapor saturado y agua caliente para sistemas de calefacción. También es posible utilizar los gases de escape calientes de motores y turbinas.

Industria metalúrgica:
En la industria metalúrgica, el gas se utiliza para la fundición, el tratamiento térmico y para crear gases o atmósferas protectoras para los materiales. Estas atmósferas se crean, por ejemplo, por la combustión incompleta de gas natural, gas licuado de petróleo o petróleo crudo. Sin embargo, hay que tener en cuenta que el gas natural es el combustible más limpio, dependiendo de su origen, ya que no contiene partículas ni azufre.

Algunos ejemplos de la fabricación de tuberías han demostrado que este sector de la industria pudo reducir el consumo de combustible en casi un 38%.

Cambio de combustible:

El cambio a gas natural o GLP no suele ser sólo un cambio de combustible, sino también una oportunidad para repensar todos los procesos internos, independientemente del tipo de energía. De este modo, los ingenieros y los economistas pueden realizar una revisión de la empresa y tratar los aspectos que conllevan efectos positivos, que también influyen a las inevitables inversiones.

7.2 Potencia y pérdidas de calderas

La energía obtenida del combustible se ve reducida por a las pérdidas de los gases de combustión (productos secos más vapor de agua) y las pérdidas por radiación y/o transmisión de la propia caldera. En la práctica, estas pérdidas se dedican como pérdidas específicas, es decir como porcentaje de la energía utilizada (véanse ecuaciones 7.2 hasta 7.3):

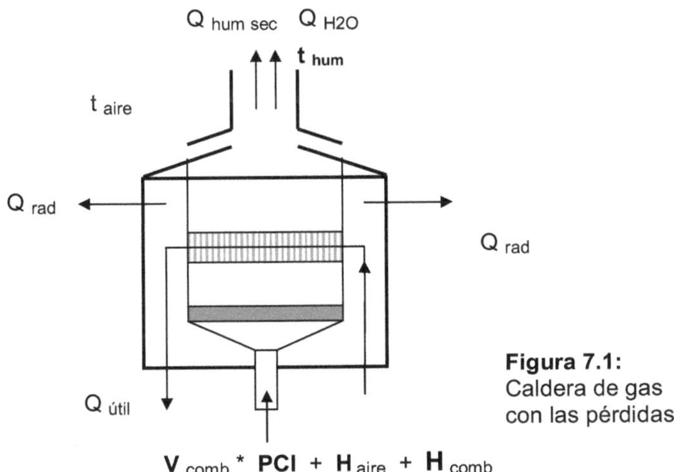

Figura 7.1:
Caldera de gas
con las pérdidas

El rendimiento efectivo

de una caldera se define de acuerdo con la siguiente ecuación, suponiendo un consumo de 1,0 m³ de gas combustible con el contenido energético PCI:

$$\eta_{ef\ PCI} = \frac{Q_{útil}\ /\ m^3}{PCI} \tag{7.1}$$

$$\eta_{ef\ PCI} = \frac{PCI\ -\ Q_{hum}\ -\ Q_{rad}}{PCI} \tag{7.2}$$

Las <u>pérdidas específicas</u> debidas a los gases de escape y a las pérdidas por radiación se definen como:

$$q_{hum\,PCI} = \frac{Q_{hum}}{PCI} \qquad q_{rad\,PCI} = \frac{Q_{rad}}{PCI}$$

y la fórmula 7.2 se simplifica quedando como:

$$\eta_{ef\,PCI} = 1 - q_{hum\,PCI} - q_{rad\,PCI} \tag{7.3}$$

Las pérdidas específicas por radiación y transmisión q_{rad} deberían especificarse en la documentación del producente o se determinan por una medición simple en el caso de calderas de agua caliente, esto se realiza de la siguiente manera:

La caldera debe funcionar durante un tiempo de medición L_{total} sin entregar calor a los consumidores. A continuación, el artefacto intenta mantener su temperatura encendiendo el quemador en incrementos de tiempo que se suman como el tiempo de función L_{quem}.

Este tiempo relativo al tiempo total L_{total} muestra las pérdidas relativas con exactitud suficiente:

$$q_{rad\,PCI} = L_{quem} / L_{total} \tag{7.4}$$

El rendimiento de la combustión:

Para las evaluaciones de las combustiones industriales se usan la llamada *eficiencia de combustión*, que sólo expresa el rendimiento de la cámara de combustión con su sistema de intercambio de calor; no se toma en cuenta las pérdidas por radiación. La energía total suministrada al quemador por $1m^3$ de combustible se compone del contenido energético PCI más las entalpías específicas del aire de combustión y del combustible menos la entalpía de los gases de combustión con su temperatura t_{hum}:

$$\eta_{comb} = \frac{PCI + h_{aire} + h_{comb} - V_{hum}\,\rho_{hum}\,c_{p\,hum}\,(t_{hum} - 0\ °C)}{PCI} \tag{7.5}$$

Recuerden que los datos energéticos de los gases se refieren a una temperatura de 0 °C y que las entalpías a la misma temperatura tienen el valor h = 0 kJ/kg.

La fórmula 7.5 requiere un cálculo de combustión con conocer los volúmenes de los gases de combustión y sus capacidades caloríficas. Además hay que utilizar entalpías del aire (h_{aire})y del combustible (h_{comb})en los cálculos de la eficiencia. Para las calderas convencionales, se han desarrollado fórmulas simplificadas para las inspecciones anuales de los sistemas de calefacción, que se llevan a cabo por los deshollinadores en Alemania en nombre de las autoridades.

La abreviatura de la fórmula 7.3 - para las calderas sin condensación – para controlar solamente la eficiencia de la combustión - es la siguiente, con valores adaptados al tipo del combustible:

$$\eta_{comb\ PCI} = 1 - q_{hum\ PCI} \qquad (7.6)$$

<u>Para las mediciones prácticas de calderas convencionales, las pérdidas de gases de com-bustión se determinan mediante las ecuaciones 7.7 y 7.8 (las denominadas fórmu-las de Siegert) sobre la base de los porcentajes de CO_2 o de O_2 en los secos gases de combustión:</u>

$$q_{humoss\ sec} = \left[\frac{A_1}{CO_2} + B \right] * (t_{hum} - t_{aire}) \qquad (\%) \qquad (7.7)$$

$$q_{humos\ sec} = \left[\frac{A_2}{21 - O_2} + B \right] * (t_{hum} - t_{aire}) \qquad (\%) \qquad (7.8)$$

Los coeficientes A_1, A_2 y B son valores constantes debidos a los diferentes combustibles en los que se repiten las fracciones de humo (ver tabla 7.1).

Tabla 7.1 factores para el cálculo de pérdidas de los humos (Ref. **PCI**) /2/

	Petróleo	Gas natural	Gas ciudad	Gas de coque	Gas licuado comercial	Aire con pro-pano/butano	Propano C3H8	Butano C4H10
A_1	0,50	0,37	0,35	0,29	0,42	0,42	0,42	0,42
A_2	0,68	0,66	0,63	0,60	0,63	0,63	0,63	0,63
B	0,007	0,009	0,011	0,011	0,008	0,008	0,008	0,008

Referencia al PCS:

En muchos países, los rendimientos ya se calculan con el   poder calorífico superior (PCS). Los avances de la tecnología de condensación en respecto al vapor de agua producido durante la combustión hacen más real la definición de eficiencia por PCS, porque la definición con el PCI alcanza valores superiores al 100 %, lo que en realidad es una contradicción.

Por lo tanto, debe introducirse la definición del rendimiento con el PCS, al menos en combinación con calderas de condensación. La condensación del vapor de agua se trata en el apartado 7.5.

Para conseguir la eficiencia a base del PCS, multiplique la ecuación 7.2
por la relación de los valores PCI / PCS:

$$\eta_{ef\,PCS} = \frac{(PCI - Q_{hum} - Q_{rad})}{PCI} * \frac{PCI}{PCS} \qquad (7.9)$$

Introduciendo $PCI = PCS - Q\,H_2O$ y realizando la división por PCI se llega a la formula 7.10, donde aparece ahora también la pérdida específica del vapor de agua:

$$\eta_{ef\,PCS} = 1 - q_{H2O} - q_{hum\,PCS} - q_{rad\,PCS} \qquad (7.10)$$

Las pérdidas específicas por los vapores de agua son entonces idénticas con el calor específico de condensación (tabla 7.2):

$$q_{H2O} = (PCS - PCI)/PCS \qquad (7.11)$$

Las pérdidas específicas de la tabla 7.1 se cambian por la definición con PCS, es decir por multiplicación con la relación PCI / PCS a los valores de la Tabla 7.2.

Transformación de las distintas definiciones:
En general se aplican las siguientes fórmulas de transformación para expresar las eficiencias de acuerdo con las dos definiciones:

$$\eta_{PCS} = \eta_{PCI}(PCI/PCS) \qquad (7.12)$$

Las pérdidas que figuran en la tabla 7.1 se modifican como sigue para la tabla 7.2:

$$q_{PCS} = q_{PCI}(PCI/PCS) \qquad (7.13)$$

Tabla 7.2 factores para el cálculo de las pérdidas de los humos (Ref. **PCS**)

	Petróleo	Gas natural	Gas de ciudad	Gas de coque	Gas licuado	Aire con propano / butano	Propano C3H8	Butano C4H10
A_1	0,497	0,336	0,315	0,263	0,388	0,388	0,388	0,388
A_2	0,676	0,600	0,324	0,544	0,582	0,582	0,582	0,582
B	0,006	0,008	0,010	0,010	0,007	0,007	0,007	0,007
PCI / PCS	0,994	0,909	0,900	0,907	0,921	0,921/0,923	0,921	0,923
q - H_2O	0,068	0,091	0,10	0,093	0,079	0,079/0,077	0,079	0,077

Es evidente que las eficiencias de PCS son menores que las de PCI. La disminución se debe a la entalpía del vapor de agua q_{H2O} (véase la ecuación 7.10).

Esto no afecta a la potencia de una combustión, ya que ésta se calcula con el PCS, que es mayor que el PCI. Utilizando la fórmula simple 7.10, los factores enumerados en la tabla 7.2 deben aplicarse.

7.3 Modernización de equipos e instalaciones

Hemos visto en la sección 7.2, el proceso de conversión de energía da lugar a pérdidas significativas por los gases de escape, pérdidas por la radiación térmica del dispositivo y pérdidas por no completamente quemados del combustible, como las emisiones de CO. La forma de reducir estas pérdidas se analiza en las secciones siguientes 7.4 y 7.5.

Para aprovechar mejor la energía utilizada, además de mejorar la combustión, se deben tomar otras medidas. Estas perspectivas abren un amplio campo de investigación que contiene a todo el sistema energético, en particular lo que se refiere a:

- el proceso de fabricación
- el equipo y herramientas.

Se trata de la reducción del consumo de energía y las emisiones mediante la instalación de nuevos sistemas y técnicas. Con estas medidas, es posible conseguir una reducción de los costes de energía en la producción, obtener programas de inversión y posiblemente programas gubernamentales para apoyar estos cambios.

Modo de operaciones:
Es importante comprobar si los procedimientos técnicos y los procesos de fabricación que han estado descontrolados a acríticos durante mucho tiempo siguen siendo de buena calidad. La evolución del mercado y la idoneidad de los procesos deben ser objecto de un seguimiento constante.

Instalaciones:
Al revisar los procesos de producción, también es importante analizar críticamente todos los equipos e instalaciones, así como los componentes y recursos utilizados. Esta es la única manera de lograr la optimización con correcciones tempranas.

Reducir el consumo:
La pérdida de calor puede reducirse drásticamente tanto mediante el aislamiento total como mediante el aislamiento de componentes singulares de la planta y las tuberías que no han sido aislados. Otra posiblilidad muy importante es la reducción de las pérdidas por transmisión, especialmente en hornos de la industria cerámica.

Recuperación de calor:
Una de las áreas en las que es posible un mayor ahorro energético es la recuperación de calor. Para ello, hay que realizar un estudio detallado:

- Evaluación de los procesos relacionados con el consumo energético
- Uso de intercambiadores de calor y regeneradores
- Bombas de calor para el aprovechamiento del calor a bajas temperaturas
- Calor residual para sistemas de refrigeración por absorción
- La posibilidad de utilizar el calor residual de los gases de escape.

7.4   Precalentamiento del aire y del combustible

Los hornos industriales utilizan altas temperaturas en la producción de sus productos. Esto da como resultado muchas pérdidas debidas a los gases de escape muy calientes.

Precalentar el aire con ayuda de los gases de escape es una técnica práctica para ahorrar energía.

De este modo, parte del combustible se sustituye efectivamente por la energía del aire caliente y posiblemente del combustible caliente, que contienen esta energía extraída de los gases de escape (Figura 7.2).

Precalentar el combustible es posible, pero no puede ofrecer una gran eficiencia adicional debido a la relación combustible - aire de aproximadamente de 1 m^3 de gas por 12 m^3 de aire.

Porlo tanto, como regla general, solo se precalienta normalmente el aire.

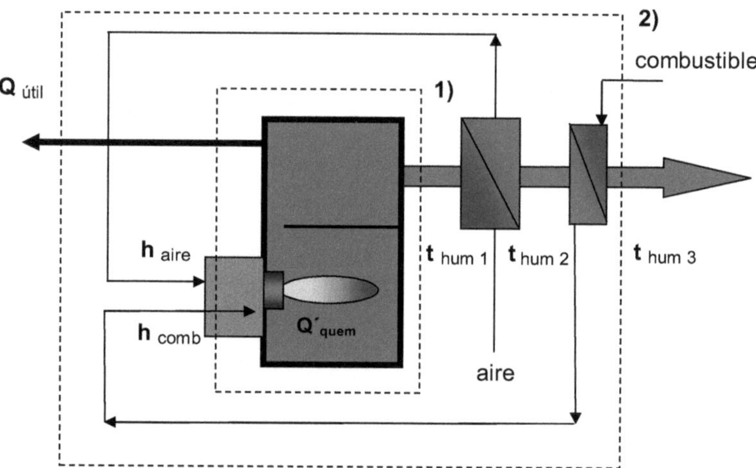

Figura 7.2:   Sistema del precalentamiento para el aire y del combustible
1) sin precalentamiento, 2) con precalentamiento

Prácticas posibles:

1) Al <u>consumo constante</u> de combustible aumenta la potencia
   de combustión, también las temperaturas, las pérdidas de radiación
   así como la formación de NO_x.
2) Para mantener constante la potencia del quemador se reduce el
   consumo de combustible.

El aumento de la eficiencia se consigue reduciendo la temperatura de los gases de escape y puede calcularse utilizando las ecuaciones del 7.7, 7.8 y 7.10. La misma tecnología puede aplicarse para mejorar la eficiencia térmica de turbinas de gas y la potencia total de estas turbinas (ver ecuación 7.7).

En el procesamiento numérico, se debe distinguir entre los siguientes dos efectos:

1) Reducción de las pérdidas de gases de combustión:

Las bajas temperaturas de los gases de combustión reducen las pérdidas específicas (índice 2) según la ecuación 7.7 o 7.8 en comparación con la función sin precalentamiento (índice 1):

$$q_{hum\,2} = q_{hum\,1} \frac{t_{hum\,2} - t_{aire}}{t_{hum\,1} - t_{aire}} \tag{7.14}$$

2) Consumo constante:

En este caso, el dispositivo funciona a más alta potencia, lo que conduce a un aumento de las pérdidas por radiación, que prácticamente resultan de la relación de las diferentes eficiencias de combustión (véase la fórmula 7.15):

$$q_{rad\,2} = q_{rad\,1} \left(\frac{1 - q_{hum\,2}}{1 - q_{hum\,1}} \right)^2 \quad \text{(sólo válido con PCI)} \tag{7.15}$$

Al utilizar el calor de los propios gases de combustión para precalentar el aire de combustión, la eficiencia efectiva es mayor que con un dispositivo sin esta tecnología. Esto significa que se genera más energía utilizable sin aumentar el consumo de combustible (ver el ejemplo 7.4).

$$\eta_{ef\,2} = 1 - q_{hum\,2} - q_{rad\,2} \qquad \text{(Ref. PCI)} \tag{7.16}$$

$$\eta_{ef\,2} = 1 - q_{H2O} - q_{hum\,2} - q_{rad\,2} \qquad \text{(Ref. PCS)} \tag{7.17}$$

El aumento de la potencia activa del dispositivo es el resultado del cambio en las pérdidas específicas.

3) Potencia calorífica constante:

En este caso, la capacidad de la caldera debe mantenerse constante. Esto reduce el consumo de combustible, lo que al mismo tiempo reduce la cantidad de gases de combustión, cuya entalpía es necesaria para mantener constante la potencia calorífica de la caldera. El estudio del problema llega a un balance energético, ya que la energía reducida del combustible (índice 2) más la energía obtenida de los gases de escape deben cubrir la demanda energética original (índice 1):

$$Q'_{comb\ 2} + Q'_{precal} = Q'_{comb\ 1} \qquad \text{o más detallada:} \qquad (7.18)$$

$$V'_{comb\ 2}\ PCI + (v_{hum}\ V'_{comb\ 2}\ C_{pm}\ \Delta T)_{hum} * f_{útil} = V'_{comb\ 1}\ PCI \qquad (7.19)$$

La fórmula 7.19 puede calcularse de términos de consumo de combustible, suponiendo que no hay pérdidas por transferencia de calor en los gases de combustión ($f_{útil} = 1$).

Esto es posible si se pueden utilizar quemadores con intercambiadores de calor incorporados, como se muestra en las figuras 7.5 a 7.7. Del balance de la formula 7.19 sigue la relación de consumo (formula 7.20) y del rendimiento como muestra la formula 7.21.

$$V'_{comb2} / V'_{comb1} = 1 / (1 + v_{hum} * C_{pm\ hum} * \Delta T_{hum} * f_{útil} / PCI) \qquad (7.20)$$

En caso de la transferencia de calor externa por los gases de combustión, se requiere un factor de calidad ($f_{útil}$). Las fórmulas de este capítulo, también se refieren en su definición al consumo de la cantidad básica de un metro cúbico.

Debe ser posible mantener la potencia del quemador constante a través del precalentamiento de menos aire y los reducidos gases de combustión, salen las relaciones siguientes:

$$\eta_{ef\ 2} / \eta_{ef\ 1} = V'_{comb\ 2} / V'_{comb\ 1} \qquad (7.21)$$

En la práctica, la potencia calorífica de los gases de combustión se calcula por separado en las ecuaciones 7.19 - 7.22 para los gases secos y el vapor de agua:

$$v_{hum}\ C_{pm\ hum}\ \Delta T_{hum} = (v_{hum\ sec}\ C_{pm\ hum\ sec} + v_{H2O}\ C_{pm\ H2O})\ \Delta T_{hum} \qquad (7.22)$$

Las capacidades caloríficas en kJ/m^3 se muestran en la Figura 7.3 para los posibles contenidos de CO_2 de los gases de combustión. Los valores medios dentro de la diferencia térmica estimada se indican en la fórmula 3.35 del capítulo 3.

4) Instalación:

Unas soluciones técnicas se verán en las figuras 6.5 hasta 6.7 que muestran recuperadores, y regeneradores externos e internos integrados en los quemadores.

En lugar de Figura 7.3 pueden utilizar las fórmulas empíricas:

$$C_{pm\ H2O} = 1,48 + 0,00024 * t \qquad (kJ/m^3K) \qquad (7.23)$$

$$C_{pm\ hum\ sec} = (1,34 + 0,00013 * t) * (0,1 * CO_2)^{0,1} \qquad (kJ/m^3K) \qquad (7.24)$$

$$C_{pm\ 1-2} = (C_{pm\ 1} * t_1 - C_{pm\ 2} * t_2) / (t_1 - t_2) \qquad (kJ/m^3K) \qquad (7.25)$$

Las temperaturas mucho más bajas de los gases de combustión aumentan la eficacia de la combustión.

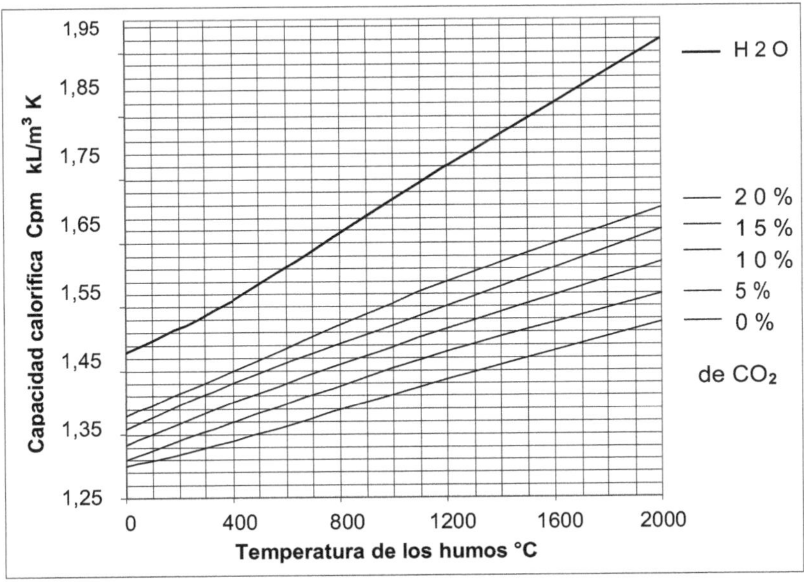

Figura 7.3: Capacidad calorífica C_{pm} kJ/m^{3}K del vapor de agua y de los humos secos a diferentes contenidos de CO_2 /2/

Recuperadores:

Se trata de intercambiadores de calor con medios separados que intervienen en el intercambio de calor, que funcionan en flujo paralelo o contraflujo. Por lo general, se construyen intercambiadores de placas, haz de tubos o espirales el diseño depende del tipo del proceso.

Los recuperadores se usan como tipo externo (central o individual) en todos sistemas y aplicaciones (Figura 7.4 y 7.5).

La recuperación integrada en el quemador se utiliza cada vez más sin canales externos ni pérdidas por radiación. Así la instalación del quemador en el calentador sea muy flexible. Los gases de escape salen la caldera a través del quemador y calientan en su camino el aire de combustión en su camino contrario (Figuras 7.5 y 7.6).

El recuperador de metal o cerámico es resistente a la corrosión a las altas temperaturas que se producen.

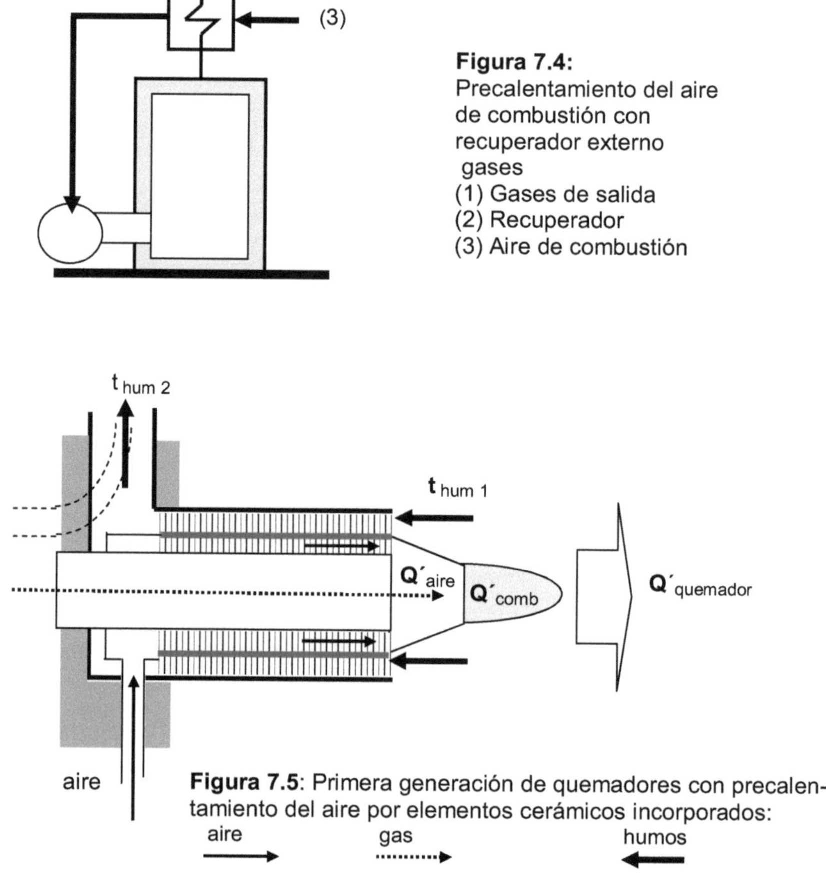

Figura 7.4:
Precalentamiento del aire
de combustión con
recuperador externo
 gases
(1) Gases de salida
(2) Recuperador
(3) Aire de combustión

Figura 7.5: Primera generación de quemadores con precalentamiento del aire por elementos cerámicos incorporados:

aire   gas   humos

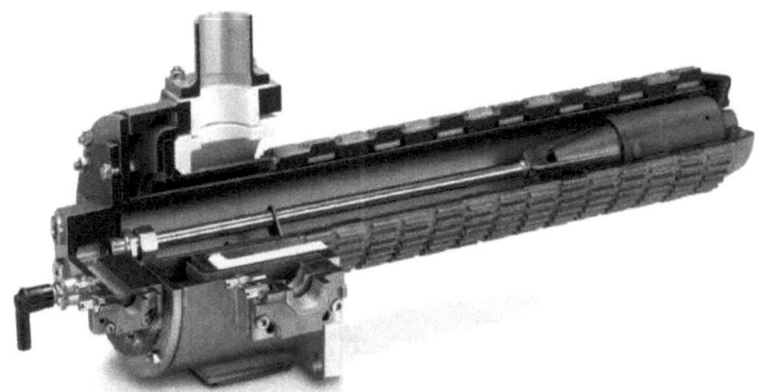

Figura 7.6: Quemador de alta velocidad con recuperación de calor integrada. Modelo ECOMAX, Honeywell - Kromschröder /15/

Regeneradores:

Un regenerador almacena la energía térmica de un medio primario y luego la transfiere a un medio secundario. Los acumuladores, por ejemplo, consisten de masas giratorias pero con el riesgo de fuga de calor, o son masas estáticas, donde se desvian alternativamente los flujos de los medios.

Estos sistemas se utilizan tanto en forma de regeneradores centrales externos como integrados en los quemadores. La Figura 7.7 muestra un sistema de la primera generación de regeneradores centrales con válvulas para conmutar los circuitos de aire y de humos. De esta manera, la masa de almacenamiento se carga alternativamente con los dos medios.

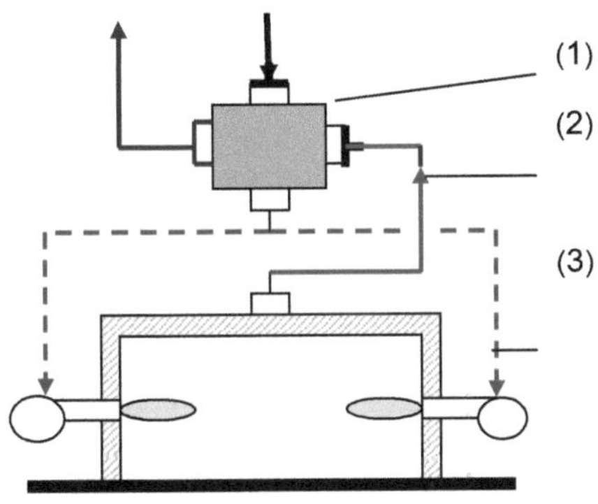

Figura 7.7:
Precalentamiento del aire de combustión por un regenerador externo central:
(1) Regenerador con válvulas de pasos alternativos (2) Gas
(3) Aire de combustión

<u>Más avanzado:</u> Los regeneradores con todas las válvulas necesarias están integrados en el cuerpo del quemador (Figura 7.8). Esto evita pérdidas térmicas, pero hace complicada la construcción.

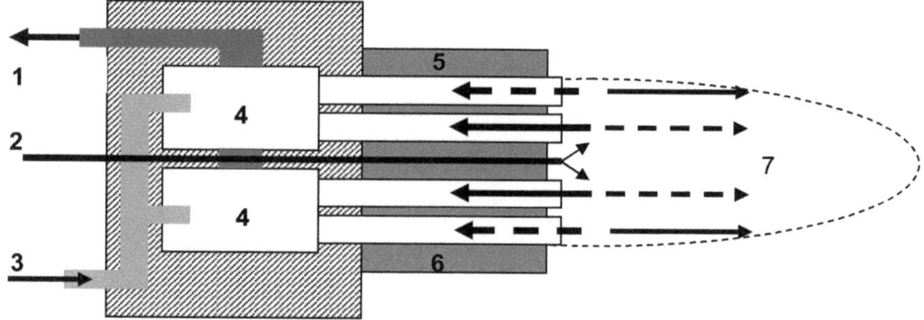

Figura 7.8:
Esquema sencillo de un quemador con precalentamiento del aire de combustión mediante regeneradores integrados y recirculación de los gases de combustión:
(1)   Gases de escape   (2) Gas combustible   (3) Aire
(4) Válvulas de cambio   (5) Masa de almacenamiento
(6) Tubos integrados en el quemador   (7) rayos alternativos

Tabla 7.2: Comparación de la eficiencia de la combustión por el tipo del intercambiador de calor, valores medios (Ref. PCI):

Diseño del intercambiador de calor	Temperatura del aire de combustión	Eficiencia de la combustión	Ahorro de energía
1 sin precalentamiento	20 °C	0,35 %	0 %
2 recuperador central	450 °C	0,45 %	15 %
3 recuperadores particulares	850 °C	0,60 %	25 %
4 regenerador integrado	1250 °C	0,75 %	40 %

Generación del NO_x:

Un *efecto negativo del precalentamiento del aire de combustión* es la elevada formación de óxidos de nitrógeno como resultado de la combustión a alta temperatura. También en este caso, la solución reside en la recirculación interna de los gases de combustión para reducir la formación de óxidos de nitrógeno.

La recirculación puede ser regulada por las válvulas alternativas (ver la Figura 7.8) mientras que los quemadores recuperadores funcionan con reflujos fijos y constantes.

Puesta en servicio:

El quemador se enciende sin reflujo de gases de combustión y sin cambiar los flujos de aire y los gases de combustión. A altas temperaturas del horno, se activan las válvulas de cambio para precalentar el aire e integrar parte del flujo de retorno de los gases de combustión en la zona de combustión. Las altas temperaturas requieren un reflujo extremo de los gases de combustión para reducir las emisiones de NO_x. Como resultado, se produce el fenómeno de la *oxidación sin llama*.

Oxidación sin llama:
En la fase de recirculación extrema de los gases de combustión, la combustión funciona sin formación de llamas. Esta técnica sólo funciona por encima de la temperatura de ignición. En la práctica, se enciende el quemador en funcionamiento normal (con llamas). Después de alcanzar temperaturas de aprox. 850 °C, cambia al modo de oxidación sin llama.

Modo de funcionamiento:
La combustión tiene lugar en la zona de reacción de alta velocidad. Las diferencias térmicas en esta zona son menores que en una llama. Esta es la razón principal de la disminución de los óxidos de nitrógeno térmicos. A temperaturas superiores a 1500 °C, la formación de óxidos de nitrógeno aumenta rápidamente en cada otra sistema de combustión y requiere el uso de técnicas de reducción adecuadas.

7.5 Condensación de los vapores de agua

Esta tecnología puede utilizarse para generar calor a bajas temperaturas, como suministrador de calor para bombas de calor, para calefacción por suelo radiante u otras aplicaciones de calefacción.

Los condensadores de calderas deben resistir los ácidos provenientes de los combustibles, lo que significa que deben estar hechos de materiales como acero fino, aluminio con silicio, plásticos a vidrio industrial.

Sin embargo, la ganancia real de la condensación del vapor de agua depende de diferentes características de la instalación y su funcionamiento. La energía adicional se obtiene mediante la reducción de la temperatura de los gases de combustión (reduciendo las pérdidas) y mediante la condensación parcial del vapor de agua (ver la Figura 7.9).

El primer punto de interés es el punto de rocío del vapor de agua. Cuando se utiliza petróleo, también es importante el punto de rocío del ácido sulfúrico (aprox. 120 °C). Cuando se utiliza gas natural y gas licuado, sólo necesario tener en cuenta el punto de rocío del vapor de agua, que puede calcularse a partir de los valores de la presión parcial del vapor de agua.
El punto de rocío está influenciado por la cantidad de aire de combustión (λ), el contenido de vapor de agua de los gases de combustión (tipo de combustible) y la presión total en la cámara de combustión.

Función de la condensación de vapores de agua

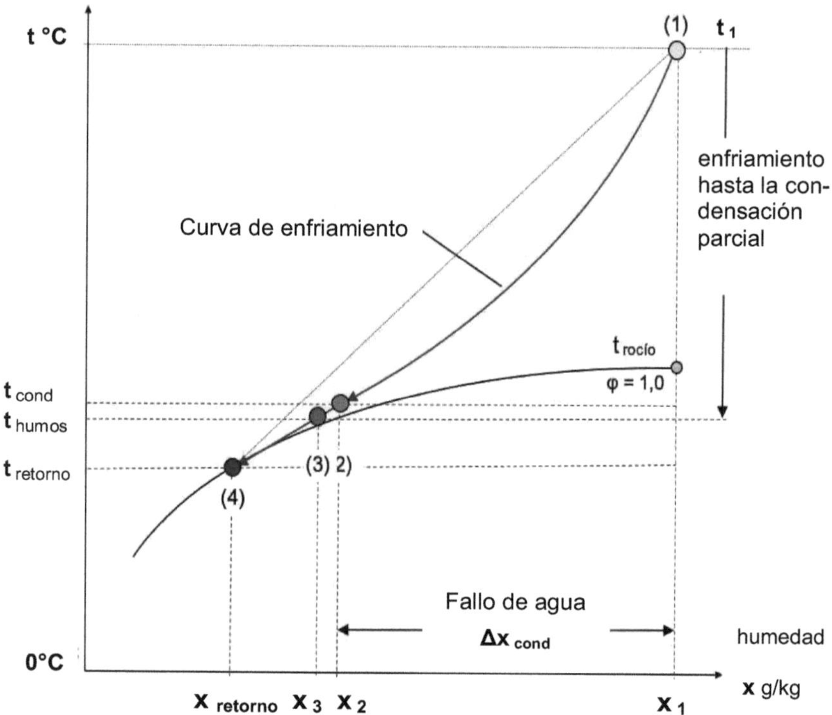

Figura 7.9 enfriamiento y condensación parcial de los humos

De acuerdo con la Figura 7.9, los gases de escape ingresan en el intercambiador de calor de alto rendimiento a la temperatura t_1 punto (1). En su camino a través el intercambiador, sólo algunos de los gases alcanzan las paredes frías del intercambiador de calor (4). De esta forma, se crea la llamada *condensación parcial* que significa:

1) los gases de escape no siguen la línea teórica de (1) a (4)
2) y no alcanzan a la humedad relativa relacionada a la temperatura de retorno (3)

Resultado: La condensación no está perfecta y no corresponde a las condiciones que ofrecen los gases de salida con la temperatura t_3. Por lo tanto, esta no puede servir como la temperatura de condensación correcta para un cálculo.

Por eso es necesario buscar una solución que representa la correcta condensación y eficiencia del condensador.

Por lo tanto, en el modelo de cálculo, introducimos el factor φ de la humedad relativa que se utiliza en la técnica del aire acondicionado. Este factor debería ayudar a presentar una temperatura de condensación t_2 para el flujo total de gases de los gases de escape (véase la ecuación 7.32). Así tenemos en cuenta, tanto la eficiencia del intercambiador de calor, como la presión total en la camera de combustión, ambos responsables en la formación de vapor de agua.

Tabla 7.3: Factores que influyen la condensación de los vapores de agua

Propiedad	Temperatura de rocío	Solución / Propuesta
Cifra de aire		Bajo exceso de aire 1,1 – 1,15
alta baja	baja (-) alta (+)	Quemador con ventilador quemador de premezcla total
Combustible	carbón (-)	Hidrógeno (+++), gas de ciudad (++) Gas natural (++), gas licuado (+)
Presión de la **combustión**	baja (-) alta (+)	Quemador con camera de comb. No apto: artefacto atmosférico combustión cerrada y ventilador

Tratamiento numérico:

El objetivo es crear un modelo matemático para mostrar este comportamiento de las calderas de condensación. La presión parcial del vapor de agua resulta de los valores del cálculo de combustión en con la presión total de la combustión.

$$p_{\text{vapor H2O}} = p_{\text{comb}} \frac{V_{H2O}}{V_{\text{hum}}} \quad (\text{bar}) \qquad (7.26)$$

La presión parcial del vapor de agua saturado se convierte a la temperatura del punto de rocío que se encuentra en las tablas de presión de vapor. Alternativamente, se pueden utilizar fórmulas empíricas como:

$$t_{\text{rocío}} = 20{,}8 \ LN \ (p_{\text{sat}}) + 93{,}5 \quad (^{\circ}C) \qquad (7.27)$$

La densidad de saturación del vapor de agua se puede determinar con tablas, o con suficiente precisión mediante la siguiente ecuación:

$$\rho_{\text{sat}} = 7{,}1 \ast 10^{-7} \ast t^3 - 3 \ast 10^{-5} \ast t^2 + 0{,}0015 \ast t - 0{,}00634 \quad (\text{kg/m}^3) \qquad (7.28)$$

con: p_{sat} = Presión parcial del vapor del agua

           V_{H2O} = Volumen específico del vapor de agua

           V_{hum} = Volumen específico de humos

           t = Temperatura de condensación °C

Mejoramiento de la eficiencia mediante de:

1) Reducción de la temperatura de los gases de salida

La temperatura se reduce de t1 a la temperatura de salida t2 la que reduce las pérdidas de gases de combustión (formulas 7.7 y 7.8), como muestra la ecuación:

$$q_{hum\ cond} = q_{hum,\ sin\ cond} * (t_{hum\ 2} - t_{Aire}) / (t_{hum\ 1} - t_{Aire}) \qquad (7.29)$$

2) Condensación parcial del vapor de agua

Debe conocerse la masa total de agua en los gases de combustión. Se calcula a partir del volumen específico de vapor de agua resultante del cálculo de la combustión:

$$m_{H2O} = v_{H2O} * \rho_{n\ vapor\ H2O} \qquad (kg_{H2O} / m^3_{gas}) \qquad (7.30)$$

El contenido de humedad en los gases es - como lo del aire húmedo - la masa de vapor de agua en relación con la masa de los gases de escape secos:

$$x_1 = m_{H2O} / (v_{hum\ sec} * \rho_{hum\ sec}) \qquad (kg_{H2O}/kg_{hum\ sec}) \qquad (7.31)$$

El contenido x_1 permanece constante, hasta que la condensación del vapor de agua empieza, debajo del punto de rocío de $\varphi < 1{,}0$ hasta valores de humedad relativa de $\varphi = 0{,}90 - 0{,}95$ (estimación o comprobación mediante mediciones del fallo de agua de una caldera de condensación). La fórmula 7.32 está basada en la tecnología del aire húmedo de los sistemas de aire acondicionado, con las masas molares los gases de combustión:

$$x_2 = \frac{M_{H2O}}{M_{hum\ sec}} * \frac{p_{sat} / \varphi}{p_{comb} - p_{sat} / \varphi} \approx 0{,}61 \frac{p_{sat} / \varphi}{p_{comb} - p_{sat} / \varphi} \qquad (7.32)$$

La presión de vapor de saturado en función de la temperatura t_{cond} se puede calcular del siguiente modo:

$$p_{sat} = 0{,}00008 * t_{cond}^2 - 0{,}0023 * t_{cond} + 0{,}0378 \quad (bar) \qquad (7.33)$$

$$con:\ t_{cond} = t_{hum} / \varphi \qquad (7.34)$$

La masa condensada por m³ del gas combustible es la diferencia entre el contenido de humedad de los gases de combustión y los gases de escape de la caldera:

$$m_{H2O\ cond} = (x_1 - x_2) * v_{hum\ sec} * \rho_{hum\ sec} \quad (kg_{H2O} / m^3_{gas}) \qquad (7.35)$$

De estos datos, se puede definir también un factor de eficiencia de la condensación:

$$f_{cond} = m_{H2O\ cond} / m_{H2O} \qquad (7.36)$$

Entonces, la entalpía del condensado calculamos entonces con la temperatura de condensación:

$$h_{cond} = 2501 - 2{,}375 * t_{cond} \qquad (kJ/kg) \qquad (7.37)$$

$$Q_{cond} = h_{cond} * m_{H2O\ cond} \qquad (kJ/m^3_{gas}) \qquad (7.38)$$

$$\Delta\eta_{cond} = \Delta Q_{cond} / PCI = m_{cond} * h_{cond} / PCI \qquad (7.39)$$

3) Reducción de las pérdidas de radiación

Las calderas de condensación tienen pérdidas de radiación muy bajas, pero la industria no da ninguna información al respecto. Tampoco hay información al respecto en la literatura. Por lo tanto, las fórmulas 7.26 a 7.39 se refieren únicamente a la eficiencia de la combustión, que tiene en cuenta solamente las pérdidas de gases de combustión.

a)   Los dispositivos compactos trabajan con pérdidas entre 0,2% y 1,0%.

b)   En las calderas con intercambiadores de calor de condensación conectados en serie (Figura 7.11b), las pérdidas de la caldera principal suelen ser constantes, pero el intercambiador adicional puede provocar pérdidas por radiación relativas (Fórmula 7.40).

c)   Los valores de pérdida se pueden determinar en forma de las pérdidas sin suministro de agua caliente, de acuerdo con la formula 7.4.

d)   SÍ estos valores no se pueden determinar, la siguiente fórmula puede ser útil para cualquier dispositivo con superficie caliente (consulte el ejemplo 7.6).

$$q_{rad} = \frac{A_{caldera}\ (m^2) * \left[\left(T_{superficie} / T_{aire} \right)^4 - 1 \right]}{f_{rad} * PCI} \ \% \qquad (7.40)$$

4) Eficiencia de combustión para calderas condensadoras

Los fabricantes solo publican las eficiencias de combustión de las calderas de condensación. Ya que las pérdidas por radiación y transmisión son muy bajas y sólo pueden determinarse mediante un balance energético completo. La fórmula 7.40 permitiría determinar el factor f_{rad} del dispositivo.

Finalmente, la eficiencia de combustión de la caldera condensadora se obtiene mediante la ecuación 7.6, extendida por la ganancia de condensación:

$$\eta_{comb\ cond} = 100 - q_{hum\ cond} + \Delta\eta_{cond} \qquad (7.41)$$

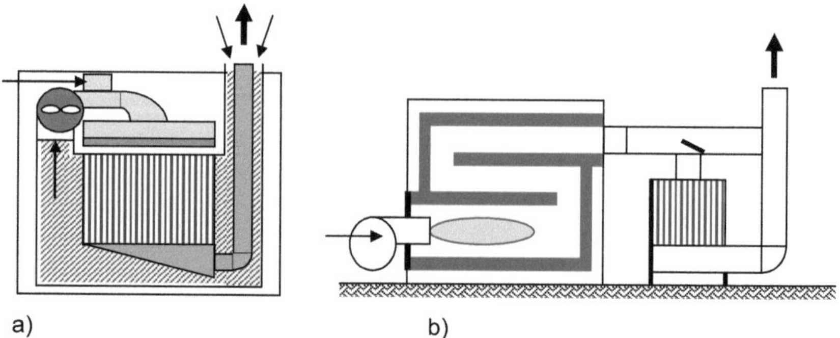

Figura 7.10

a) El aire de combustión recupera las pérdidas de radiación del cambiador

b) El intercambiador conectado produce a su vez pérdidas de radiación

La Figura 7.10 a) muestra el diseño típico de una unidad montada en la pared en que el quemador se coloca sobre el intercambiador. De modo que el condensado puede fluir por este, sin interferir con la combustión y sin causar daños por corrosión.

El aire de combustión entra a través de un sistema de aire-humos, por lo tanto, recibe parte del calor de los gases de combustión (precalentamiento).
Por el contrario, la caldera convencional (Figura 7.10 b) está equipada con un inter-cambiador de calor adicional, que también puede funcionar con combustibles sulfurosos que normalmente dañan los recuperadores convencionales.

7.6 Eficiencia de la caldera a potencia constante

Los rendimientos mencionados hasta ahora se refieren al funcionamiento continuo de las calderas a potencia constante. En los períodos de funcionamiento sin entrega de calor al sistema, el quemador solo funciona para mantener su nivel térmico.
Sin embargo, en estas fases de tiempo, también se producen pérdidas por radiación y transferencias de calor. Estas llamadas pérdidas de espera q_{esp} suelen corresponder a las perdidas por radiación operacional q_{rad}. La determinación es posible por una sencilla medición:

Sí se bloquea la salida de calor a los consumidores, los períodos en los que el quemador entra en funcionamiento (L_{quem}) se miden y suman dentro de un tiempo de medición (L_{med}). La relación entre estos tiempos representa las pérdidas específicas de radiación con exactitud suficiente.

$$q_{rad} = L_{quem} / L_{med} \quad \text{(equivalente a ecuación. 6.4)} \quad (7.43)$$

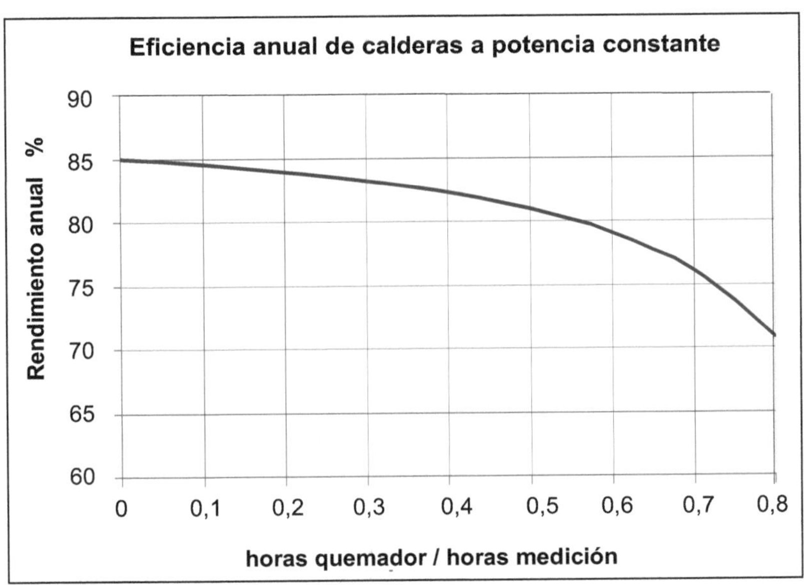

Figura 7.11: Eficiencia anual de calderas relacionada a horas de servicio

Estas horas en que la caldera está encendida pero no proporciona calor útil reducen la eficiencia anual efectiva anual de la caldera (Figura 7.11).

La efectividad por todo el ano (η_{anual}) se calcula mediante la formula siguiente, con todos los datos sobre las horas de puesta, del suministro y del consumo:

$$\eta_{anual} = \frac{\eta_{ef}}{(horas_{esp} / horas_{total}) * q_{esp} + 1} \tag{7.44}$$

Eficiencia anual de la caldera de potencia variable

Los eficiencias útiles o anuales de varias tipos de calderas, también con potencias ajustables, se ven en la Figura 7.12.

Explicaciones detalladas de la Figura 7.12:

4) La caldera estándar o atmosférico funciona con un tiraje constante de la chimenea. La reducción de la potencia del quemador con este volumen constante de aire reduce la potencia relativa y, por lo tanto, el rendimiento de la caldera.

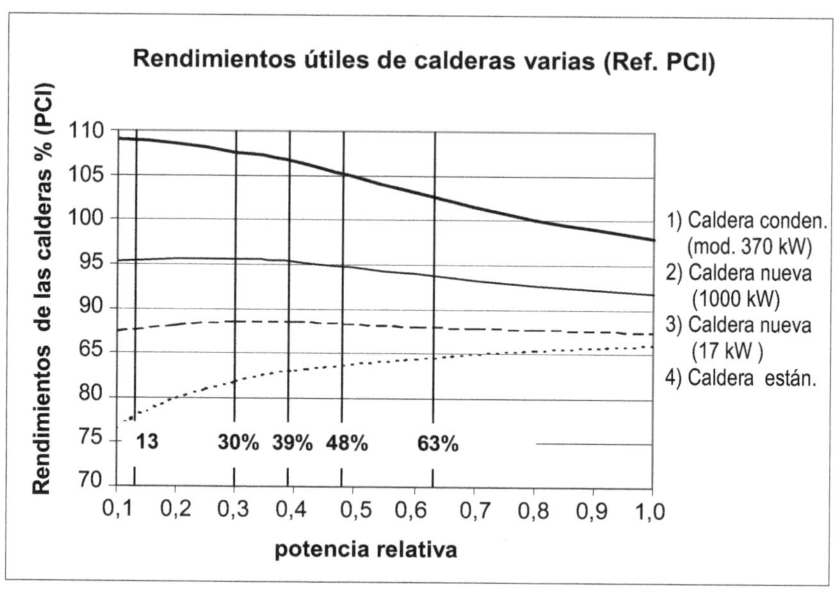

Figura 7.12: Características y rendimientos relativos de diferentes calderas

3) Una caldera más nueva de este tipo funciona con regulación del aire a través de una válvula mariposa, lo que evita este problema. Por otro lado, la eficiencia de la combustión aumenta cuando se reduce la potencia del quemador, porque la combustión reducida se enfrenta con un <u>intercambiador de calor relativamente más grande</u>.

2) Este efecto crece intensivamente cuando se utilizan calderas con ajuste a la potencia de la demanda real.

1) Un paso más es la caldera de condensación, que es la única que puede funcionar con la condensación del vapor de agua, que las demás no toleraban.
Todos rendimientos mostrados en la Figura 7.12 se derivan de los rendimientos parciales η_i según fórmula 7.45:

$$\eta_{\text{anual útil}} = \frac{5}{\Sigma \ (1 / \eta_i)} \tag{7.45}$$

Los rendimientos efectivos singulares se miden a las cargas parciales que se muestran en la Figura 7.12 con los porcentajes 13%, 30%, 39%, 48% y 63%.

Las calderas modernas pueden adaptar la potencia a la demanda de calor ajustando la combustión entre el 10 % y un máximo del 100 % de modulación. Por lo tanto, es necesario definir el rendimiento de estas calderas en función de su funcionamiento con potencia variable, es decir, a potencias que representen el funcionamiento real. Con esta adecuación, se define un rendimiento utilizable en función de 5 mediciones a cargas parciales típicas para utilizarlas en la fórmula 7.45.

7.7 Comparación y transformación de rendimientos

Con el fin de tratar el rendimiento de las calderas de condensación de una manera práctica, utilizamos la curva de la caldera de condensación como modelo y la convertimos en una ecuación matemática que se puede adaptar para otros dispositivos (Figura 7.12):

Ver la curva modelo generado por la formula 7.46: El rendimiento mínimo a potencia máxima (sin condensación = 98%) depende únicamente de las pérdidas causadas por los gases de combustión. Por lo tanto, esta curva puede ser la base para formar curvas de rendimientos de otras calderas. Los pasos del procedimiento muestran las siguientes ecuaciones:

$$\eta_{original} = x^3 * 2,4 * 10^{-5} - x^2 * 0,004 + x * 0,06 + 108 \qquad (7.46)$$

$$\Delta\eta_{original} = (\eta_{original} - 98) \qquad (7.47)$$

$$\Delta\eta_{nuevo} = \Delta\eta_{original} * (\eta_{max} - \eta_{min}) / \Delta\eta_{max\ original} \qquad (7.48)$$

$$\eta_{nuevo} = \eta_{mínimo} + \Delta\eta_{nuevo} \qquad (7.49)$$

Ahora es posible, crear las curvas de los rendimientos de otras calderas en función de las características del modelo, donde el rendimiento mínimo es el rendimiento de la combustión:

$$\eta_{comb\ mín} = 100 - q_{humos\ máx} \qquad (7.50)$$

Los rendimientos máximos y mínimos se utilizan para ajustar los pasos de la ecuación 7.45 a las nuevas diferencias de rendimientos y para calcular la nueva curva:

$$\eta_{máx} = 100 - q_{humos\ mín} + \Delta\eta_{cond} \qquad (7.51)$$

Estos dos rendimientos se utilizan para ajustar los pasos de la ecuación 7.45 a las nuevas diferencias de rendimientos y para calcular la nueva curva:
La curva nueva en la Figura 7.13 muestra el resultado de un ajustamiento con rendimientos con los 97% y 104%.

Ahora, aplicamos la fórmula 7.45 para determinar la eficiencia anual real en función de las eficiencias parciales.

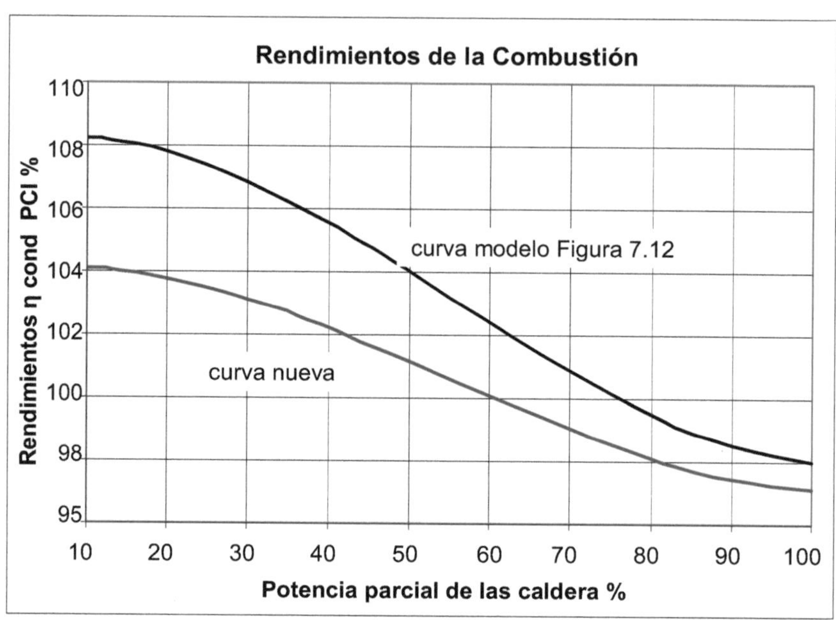

Figura 7.13 Rendimientos de dos calderas con las siguientes características:
curva modelo: η comb máx   = **108** %;   η comb mín = **98** %
Curva nueva: η comb máx = **104** %;   η comb mín = **97** %

Sin embargo, la medición de rendimientos en potencias específicas particulares es un aumento costosa. Las mediciones pueden evitarse utilizando las ecuaciones 7.46 a 7.51 para calcular el rendimiento de cada caldera como solución práctica.

Utilizando el modelo matemático de la curva de la Figura 7.52, la eficiencia anual se puede calcular muy fácilmente (ver el ejemplo 7.7):

$$\eta_{anual} = \eta_{mín} + 0{,}82 * (\eta_{max} - \eta_{min}) \tag{7.52}$$

7.8 Rendimientos de Motores y Turbinas de Gas

Ya se mencionó que los ciclos termodinámicos se pueden estudiar fácilmente utilizando los diagramas entalpía/entropía. En estos diagramas, las líneas de presión y volumen constantes aparecen como curvas logarítmicas paralelas con espaciado horizontal según relaciones de presión y/o volumen.

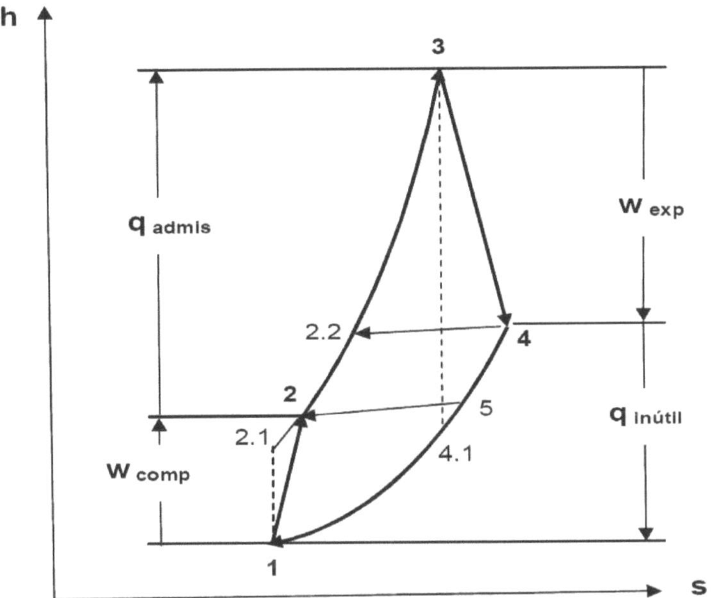

Figura 7.14: Ciclo termodinámico de una turbina de gas con dos
con precalentamiento del aire comprimido por los
gases de salida

El ciclo comienza con la entrada de aire (1) lo cual se comprime en un proceso real. Esto da lugar a pérdidas por fricción interna, que requiere más energía y genera temperaturas más altas (2) que en el proceso ideal (2.1).

El combustible desarrolla su calor en las cameras de combustión. A continuación, los gases de combustión se mezclan posiblemente con un resto del aire comprimido, y alcanzan así la temperatura deseada de entrada para la turbina de expansión (3). Luego, los gases comienzan a expandirse en la turbina y convierten su energía en trabajo mecánico, también un proceso real similar a la compresión (4).

Para facilitar el manejo del esquema, se supone que el gas del ciclo es un gas ideal en forma el aire. A continuación, se encontrará el ciclo de una turbina de gas con sus características básicas y las posibilidades de mejorar el propio circuito y aprovechar mejor los gases de combustión. Este último se aplica también a los motores alternativos OTTO y DIESEL.
La eficiencia interna de compresión y expansión se expresan con la ayuda de los procesos adiabáticos, que aparecen verticalmente en el diagrama y no tienen pérdidas:

Compresión: $\eta_{comp} = \dfrac{h_{1-2.1}}{h_{1-2}}$ Expansión: $\eta_{exp} = \dfrac{h_{3-4}}{h_{3-4.1}}$ (7.53)

Todos los valores específicos de energía valen para 1,0 kg de gas en circulante se pueden tomar como distancias verticales del diagrama 7.15:

trabajo real del compresor: $\qquad w_{comp} = h_{1-2}$ (kJ/kg) (7.54)

trabajo real de la expansión: $\qquad w_{exp} = h_{3-4}$ (kJ/kg) (7.55)

trabajo interior: $\qquad w_{int} = w_{exp} - w_{comp}$ (7.56)

admisión de calor $\qquad q_{admis} = h_{2-3}$ (kJ/kg) (7.57)

rendimiento termodinámica: $\qquad \eta_{term\ int} = w_{int} / q_{admis}$ (7.58)

Todos los valores de energía específicos – válidos para 1,0 kg de gas circulante se cambiarán en potencias reales multiplicándolas por el flujo másico m´ (kg/s) que fluye a través de la máquina:

Potencia activa interna: $\qquad P_{int} = w_{int} * m´$ (kW) (7.59)

Potencia mecánica: $\qquad P_{mec} = P_{int} * \eta_{mec}$ (kW) (7.60)

Potencia generada: $\qquad P_{el} = P_{mec} * \eta_{gen}$ (kW) (7.61)

Potencia calorífica: $\qquad Q´_{admis} = q_{admis} * m´$ (kW) (7.62)

Rendimiento efectivo: $\qquad \eta_{ef} = P_{mec} / Q´_{admis}$ (7.63)

Mejora del ciclo termodinámico:

1. Precalentamiento del aire comprimido

Esta tecnología se puede encontrar en plantas con turbinas de gas estacionarias, en todas las turbinas modernas hasta en microturbinas auxiliares de aeronaves, tal como en quemadores para calderas industriales. Sin embargo, esto sólo es posible si la temperatura del gas de escape (4) es superior a la del aire comprimido (véase la Figura 7.14).
A continuación, se puede utilizar parte de la energía de escape (4-5) para precalentar el aire comprimido hasta un punto (2.2) y así enfriar los gases de combustión hasta un punto (5).

2. Compresión escalonada con enfriamiento:

La compresión a entropía constante - aunque sea sin pérdidas - requiere más
energía que la compresión isotérmica aproximada, que se podría realizar en
compresores estacionarios de doble camisa con un circuito de enfriamiento.

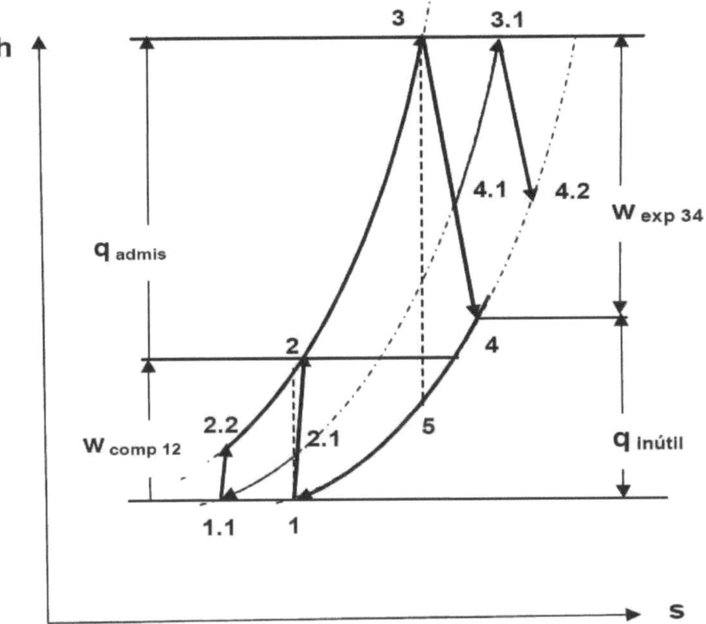

Figura 7.15: Ciclo termodinámico de una turbina de gas con dos
compresiones y enfriamiento intermedio y expansión
en dos etapas con calentamiento intermedio

Para acercarse a una compresión isotérmica, es común comprimir el aire en varias
etapas con enfriamiento intermedio. Hay que tener en cuenta que esta tecnología no
se puede aplicar en plantas con turbinas convencionales simples, ya que se
necesitaría construcciones avanzadas.

En la Figura 7.15 muestra a la izquierda la trayectoria de compresión en dos etapas
(1 – 2.1 y 1.1 – 2.2) con enfriamiento entremedio por un flujo de aire frío (2.1 – 1.1).
La suma de la compresión de dos etapas es entonces menor que el trabajo de la
compresión en una sola etapa desde el punto (1) al punto (2) y la eficiencia mejora.

3. Expansión escalonada y calentamiento entremedio

Del mismo modo, la expansión se puede aproximar a la expansión isotérmica utilizando múltiples etapas de expansión y calentamiento intermedio adicional para aumentar la ganancia de energía mecánica y la temperatura final para le utilización del calor.
La Figura 7.15 muestra a la derecha esta tecnología en forma simplificada:

expansión **1**	de	3 - 4.1
calentamiento	de	4.1 - 3.1
expansión **2**	de	3.1 - 4.2

La expansión produce más energía y, finalmente produce más calor (4.2) que se puede utilizar para precalentar el aire comprimido y para otras aplicaciones térmicas. En resumen, el rendimiento se puede aumentar hasta en un 15% en comparación con la turbina simple.

4. Aprovechamiento del calor de los gases de salida:

Además, hay que tener en cuenta que todos los motores y turbinas emiten enormes cantidades de energía con sus gases de escape. Por lo tanto, todas las centra-les eléctricas deben considerar el uso de la energía residual, como es, por ejemplo, el caso de las plantas de cogeneración (véase el capítulo 11).
Por esta razón, tanto las turbinas como los motores deben ser equipados con intercambiadores de calor para generar vapor, agua caliente y/o calor. Es obvio que la realización de estos objetivos depende de la presencia de clientes con la demanda energética al respecto.

Importante:
Los intercambiadores de calor, en muchos casos, necesitan drenajes de agua, porque deben dejar salir los condensados producido a temperaturas inferiores a 60°C (gas natural). Al usar gas natural, los gases de escape pueden tener un contenido de vapor de agua de hasta el 18%. Ya había locales con instalaciones de calderas de condensación que sufrieron de inundaciones notables.

Aprovechando de la energía de los gases de escape, el rendimiento efectivo cambia de la siguiente manera, ya que no sólo se tiene en cuenta la potencia mecánica (véanse las figuras 7.14 y 7.15):

rendimiento efectivo total:
$$\eta_{ef\ tot} = \frac{P_{mec} + q_{4-5} * m'_{H2O}}{Q'_{admis}} \tag{7.64}$$

Todos los efectos comentados se verán en el ejemplo 7.6 en el que se analiza un ciclo básico de una turbina de gas, demostrando paso a paso las posibilidades de mejora y sus consecuencias.

Ejemplo 7.1:

Al examinar una caldera de gas licuado disponible comercialmente, se miden estos datos:

t_{aire} = 24,0°C; t_{humos} = 145°C; Vol O_2 = 3,5 %. El fabricante indica las pérdidas por la radiación de un 4,0 %.

Calcule la potencia efectiva de la caldera (PCS)

Solución:

Las pérdidas específicas de la caldera se calculan con la ecuación 7.8: %

$$q_{humos} = [\frac{A_2}{21 - O_2} + B] * (t_{humos} - t_{aire})$$

con los datos de gas licuado Tabla 2.6:

$$q_{humos} = [\frac{0,582}{21 - 3,5} + 0,007] * (145 - 24) = \underline{\textbf{6,80}} \%$$

El rendimiento efectivo de la caldera corresponde entonces a la fórmula 7.3:

$$\eta_{ef} = 1 - q_{H2O} - q_{gs} - q_{rad} = 1 - 0,079 - 0,068 - 0,04 = \underline{\textbf{0,813}}$$

Para convertir la eficiencia en relación con el poder calorífico inferior, divídela por la relación de los valores de los poderes caloríficos (Ec. 7.12):

$$\eta_{ef\,PCI} = \eta_{ef\,PCS} / (PCI / PCS) = 0,813 / 0,921 = \underline{\textbf{0,883}}$$

Ejemplo 7.2:

Durante la examinación de una caldera industrial de gas natural falla un canal del dispositivo de medición y sólo muestra el contenido de dióxido de carbono. Los gases de escape alcanzan los 140°C.

La temperatura del aire es de 20°C y el contenido de CO_2 en los gases de combustión se midieron en 9,5% antes de la falla. Calcular las pérdidas por los gases de escapa y el contenido de oxígeno a partir de los datos medidos y de la tabla 7.1.

$$q_{hum} = [\frac{A_1}{CO_2} + B] * (t_{hum} - t_{aire})$$

$$q_{hum} = \left[\frac{0,37}{9,5} + 0,009 \right] * (140°C - 20°C) \quad = \underline{\textbf{5,75}} \%$$

Para determinar el contenido de oxígeno, se utilizan las dos ecuaciones 7.7 y 7.8 para el cálculo. Como ambas deben dar el mismo resultado, obtenemos de ellas la siguiente relación:

$$\textbf{O}_2 = 21 - \textbf{CO}_2 * \textbf{A}_2 / \textbf{A}_1 = 21 - 9,5 * 0,66 / 0,37 \quad = \underline{\textbf{4,05}} \%$$

Una comparación de las pérdidas de gases de escape debería verifica el resultado:

$$q_{hum} = \left[\frac{\textbf{A}_2}{21 - O_2} + \textbf{B} \right] * (t_{hum} - t_{aire})$$

$$q_{hum} = \left[\frac{0,66}{21 - 4,05} + 0,009 \right] * (140°C - 20°C) = \underline{\textbf{5,75}} \% = \text{correcto}$$

Ejemplo 7.3

Una caldera a gas natural debe entregar la potencia efectiva de **500** kW con una eficiencia del **92**% (PCI). Basándose en la información de la placa de identificación y en sus propias mediciones, encontraron los valores de calor específicos relacionadas PCI y PCS, pero no se conocen las pérdidas por radiación.

Datos de gas y combustión:
PCI = 9,5 kWh/m³; PCS = 10,45 kWh/m³; A1 = 0,37; B = 0,009; CO_2 = 10,5%.
t_{humos} = 131°C; t_{aire} = 18°C; Consumo de gas = 57,4 m³/h; m'_{agua} = 1,5 kg/s;
cp_{agua} = 4,19 kJ/kgK; Δt_{agua} = 80°C

Solución:

Rendimiento efectivo (PCI): $\eta_{ef} = (m' * cp * \Delta T)_{agua} / (PCI * V')_{gas}$ =

= 1,5 kg/s * 4,19 kJ/kgK * 80 K / (9,5 kWh/m³ * 57,4 m³/h) = 0,922 = **92,2** %

Pérdidas por de los gases de escape: $q_{hum} = ((A1 / CO2) + B) * (t_{hum} - t_{aire})$

= ((0,37 / 10,5) + 0,009) * (131°C - 18°C) = **5,0%**

Pérdidas por radiación:

$$q_{rad} = 1 - \eta_{ef} - q_{hum} = 1 - 92,2 / 100 - 5,0 / 100 = 0,028 = \underline{\mathbf{2,8}} \%$$

$$Q'_{comb} = V'_{comb} * PCI = 57,4 \ m^3/h * 9,5 \ kWh/m^3 = \mathbf{545,3} \ kW$$

$$Q'_{caldera} = Q'_{ef} = Q'_{comb} * \eta_{ef} = 545,3 \ kW * 0,922 = \mathbf{502,8} \ kW$$

Rendimiento efectivo al PCS:

$$\eta_{ef\,PCS} = \eta_{ef\,PCI} * PCI / PCS = 92,2 \% * 9,5 \ kWh/m^3 / 10,45 \ kWh/m^3 = \underline{\mathbf{83,8}} \%$$

Ejemplo 7.4:

Está previsto sustituir el quemador convencional de una caldera industrial de gas licuado (GLP) con 500 kW $_{útil}$ por quemadores con precalentamiento interno del aíre de combustión. Esto debería permitir que el sistema funcione con 500 kW y más a través de la potencia de precalentamiento. Está prevista la instalación de 5 quemadores recuperadores con una potencia de 100 kW cada uno.

Los gases de combustión deben ser enfriados de 400°C a 125°C lo que calienta el aire de combustión por unos 125°C. Las pérdidas por radiación de la caldera original se midieron al 3,0% (PCI).

El fabricante de los quemadores le promete un ahorro energético del 10% del consumo de combustible. Las características de combustión siguen siendo las mismas que antes.

Los datos serían:
Gas licuado: propano 65% y butano 35% (propiedades físicas: ver Tabla 2.6)

$$V_{hum\,sec} = 26,8 \ m^3/m^3{}_{comb} \quad C_{pm} = 1,40 \ kJ/m^3K$$
$$V_{H2O} = 4,3 \ m^3/m^3{}_{comb} \quad C_{pm} = 1,48 \ kJ/m^3K$$
$$t_{hum\,1} = 400 \ °C; \quad t_{hum\,2} = 125 \ °C ; \quad CO_2 = 11,8 \%$$

Calcule los datos representativos con las fórmulas PCI y PCS (para A):

  A) Consumo y potencia de la caldera original
  B) Rendimiento y potencia útil de la caldera a la potencia máxima
  C) Consumo / ahorro y rendimiento de la caldera para potencia constante
  D) El ahorro financiero en €/a a las condiciones:
  E) Horas de función 7885 h/a; precio del combustible **0,35 €/kg**

Datos generales para la mezcla CLP con datos de la Tabla 2.6:

$$PCS = 0,65 * PCS - propano + 0,35 * PCS - butano$$

$$= 0,65 * 28,09 \ kWh/m^3 + 0,35 * 37,25 \ kWh/m^3 = \mathbf{31,30} \ kWh/m^3$$

$$\text{PCI} \quad = \quad 0{,}65 * \text{PCI} - \text{propano} \quad + \; 0{,}35 * \text{PCI} - \text{butano}$$

$$= \; 0{,}65 * 25{,}8 \; \text{kWh/m}^3 \quad + \; 0{,}35 * 34{,}4 \; \text{kWh/m}^3 \qquad = \mathbf{28{,}85} \qquad \text{kWh/m}^3$$

$$\text{PCI / PCS} \; = \; 28{,}85 \; \text{kWh/m}^3 \, / \, 31{,}30 \; \text{kWh/m}^3 \qquad = \mathbf{0{,}922}$$

$$\rho_{\text{GLP}} \; = \; 0{,}65 \; * \; 2{,}01 \; \text{kg/m}^3 \quad + \; 0{,}35 \; * \; 2{,}71 \; \text{kg/m}^3 \qquad = \mathbf{2{,}255} \; \text{kg/m}_n^3$$

A) Caldera Original:

1) <u>Rendimiento efectivo</u>:   formulas 7.7 y 7.11, más datos de la tabla 7.1:

$$q_{\text{hum sec 1}} \quad = \quad [\; \frac{A_1}{CO_2} \; + \; \mathbf{B} \;] \; * \; (\, t_{\text{hum 1}} - t_{\text{aire}} \,)$$

$$= \; [\, (\, 0{,}42 \, / \, 11{,}8 \,) + 0{,}008 \,] * (\, 400°C - 17{,}0\,°C \,) \quad = \mathbf{16{,}70} \; \%$$

$$\eta_{\text{ef 1 PCI}} \quad = \quad 1 \; - \; q_{\text{humos sec}} \; - \; q_{\text{rad}} \qquad (\text{formula } 7.3)$$

$$= \; 1 - 0{,}167 - 0{,}03 \; = \; \underline{\mathbf{0{,}803}}$$

$$\eta_{\text{ef 1 PCS}} \quad = \quad \eta_{\text{ef 1 PCI}} \; * \, (\, \text{PCI / PCS} \,) \; = 0{,}803 * 0{,}922 \; = \; \underline{\mathbf{0{,}740}}$$

2)   <u>Potencia y consumo del quemador original</u>:

$$Q'_{\text{comb 1}} = \; Q'_{\text{cald}} \, / \, \eta_{\text{ef 1 PCS}} \quad = \; 500 \; \text{kW} \, / \, 0{,}803 \qquad = \underline{\mathbf{622{,}7}} \; \text{kW}_{\text{PCI}}$$

$$V'_{\text{comb 1}} = \; Q'_{\text{comb1-PCI}} \, / \, \text{PCI} \; = \; 622{,}7 \; \text{kW} \, / \, 28{,}85 \; \text{kWh/m}^3 \; = \; \underline{\mathbf{21{,}58}} \; \text{m}^3/\text{h}$$

B) Caldera modificada a potencia máxima (2):

La combustión se realiza con la misma cantidad de combustible más la entalpía del aire precalentado. Al mismo tiempo, las pérdidas por los gases de combustión se reducen debido a las temperaturas más bajas y las pérdidas de radiación aumentan debido al suministro de energía adicional.

$$q_{\text{hum 2}} \quad = \quad [\; \frac{A_1}{CO_2} \; + \; \mathbf{B} \;] \; * \; (\, t_{\text{hum 2}} - t_{\text{aire}} \,)$$

$$= \; [\, (\, 0{,}42 \, / \, 11{,}8 \,) + 0{,}008 \,] * (\, 125°C - 17{,}0\,°C \,) \qquad = \mathbf{4{,}71} \; (\%)$$

$$q_{\text{rad 2}} \quad = \quad q_{\text{rad 1}} \left(\frac{\eta_{\text{hum 2}}}{\eta_{\text{hum 1}}} \right)^2 \qquad (\text{fórmula } 7.15)$$

$$= \quad 0{,}03 \left(\frac{1 - 0{,}0471}{1 - 0{,}167} \right)^2 \; = \; \mathbf{0{,}0393} \; \approx \mathbf{3{,}93}\,\%$$

$$\eta_{ef\,2\,PCI} = 1 - q_{hum\,2} - q_{rad} \qquad \text{(fórmula 7.3)}$$

$$= 1 - 0{,}0471 - 0{,}0393 = \underline{\mathbf{0{,}914}}\,_{PCI}$$

La potencia efectiva de la caldera con recuperador está entonces:

$$Q'_{cald\,2} = P_{comb\,1} * \eta_{ef\,2\,PCI} = 622.7 * 0{,}914 = \underline{\mathbf{569.1}}\ kW_{PCI}$$

$$\text{Mejora} = 100 * (569{,}1\ kW - 500\ kW) / 500\ kW = \underline{\mathbf{13{,}82}}\%$$

C) Modificación de la caldera para reducir el consumo a potencia constante

Para calcular la energía suministrada por el aire a través del enfriamiento de los gases de escape se requiere un flujo volumétrico reducido de los gases de combustión. Esta reducción de los gases de combustión en comparación con las soluciones (A y B) se registrará en el siguiente balance energético:

$$Q'_{comb\,1} = Q'_{comb\,3} + Q'_{precal} = \text{constante} = 622{,}7\ kW \qquad (7.18)$$

$$\frac{V'_{comb\,3}}{V'_{comb\,1}} = \frac{PCI}{PCI + (v_{hum\,sec} * Cpm_{hum\,sec} + v_{H20} * Cpm_{H2O}) * \Delta T_{hum} * f_{útil})} \qquad (7.20)$$

$$\frac{28{,}85\ kWh * 3600\ s/h}{28{,}85 * 3600 + (26{,}8\ m^3/m^3comb * 1{,}4\ kJ/m^3 + 4{,}3\ m^3/m^3comb * 1{,}48\ kJ/m^3) * 275\ K} = \underline{\mathbf{0{,}896}}$$

$$V'_{comb\,3} = 21{,}58\ m^3/h * 0{,}896 = \underline{\mathbf{19{,}33}}\ m^3/h = -\underline{\mathbf{10{,}43}}\ \%$$

$$Q'_{comb\,3} = V'_{comb\,3} * PCI = 19{,}33\ m^3/h * 28{,}8\ kWh/m^3 = \underline{\mathbf{557{,}7}}\ kW$$

$$Q'_{precal} = Q'_{comb\,1} - Q'_{comb\,3} = 622{,}7\ kW - 557{,}7\ kW = \underline{\mathbf{65{,}0}}\ kW$$

Diferentes formas de calcular la eficiencia:

$$\eta_{ef\,3\,PCI} = \eta_{ef\,1} * (V'_{comb\,1} / V'_{comb\,3}) = 0{,}803 / 0{,}896 = \underline{\mathbf{0{,}896}}$$

$$= Q'_{cald\,1} / Q'_{comb\,3} = 500\ kW / 557{,}7\ kW = \underline{\mathbf{0{,}897}}$$

$$= Q'_{cald\,1} / Q'_{comb1} - Q'_{precal} = 500\ kW / (622{,}7 - 65) = \underline{\mathbf{0{,}897}}$$

Ahorro:

Gas: $\Delta V'_{comb} = 21{,}58\ m^3_{comb1}/h - 19{,}33\ m^3_{comb3}/h = \underline{\mathbf{2{,}25}}\ m^3_{comb}/h = \mathbf{10{,}43}\ \%$

financeiro: $= \Delta V'_{comb} * \rho_{n\,GL} * h/a * precio_{comb} =$

$$= 2{,}25\ m^3/h * 7885\ h/a * 0{,}35\ €/kg_{comb} * 2{,}255\ kg/m^3 = \underline{\mathbf{14000}}\ €/a$$

Ejemplo 7.5:

Para investigar la validez del modelo matemático de la caldera de condensación, estamos utilizando mediciones realizadas en un laboratorio de la universidad MUAS. De esta manera, los resultados de la termodinámica teórica se pueden comparar con nuestro modelo práctico. Datos sobre las mediciones y los resultados /2/:

p_{comb} = 1,03 bar, $v_{hum\,sec}$ = 9,53 m³/m³ $_{comb}$, v_{H2O} =1,98 m³/m³ $_{comb}$, CO_2 = 10,7%

t_{humos} = 40°C, t_{aire} = 12°C, $m_{H2O\,cond}$ = **0,800** kg/m³$_{comb}$, η_{comb} = **104,1** %

PCI_{gas} = **9,99** kWh/m³$_{gas}$ $\rho_{hum\,sec}$ = **1,33** kg/m³

$M_{hum\,sec}$ = 29,8 kg/kmol M_{H2O} = 18 kg/kmol

El objetivo será adaptar el factor φ_{cond} a la producción de condensado para acercarse lo más posible al rendimiento de combustión η_{comb} = 104,1 calculado allí.

1) Pérdidas por gases de combustión en la caldera:

$$q_{hum} = (0,37 / 10,7 + 0,009) * (40 - 12)\,°C = \underline{\mathbf{1,22}}\%$$

2) Condensación del vapor de agua:

$$m_{H2O\,humos} = v_{H2O} * \rho_{n\,H2O} = v_{H2O} * (M_{H2O} / V_{n\,molar}) =$$

$$= 1,98\ m³/m³_{comb} * (2 + 16)\ kg/kmol / 22,41\ m³/kmol = \underline{\mathbf{1,59}}\ kg/m³_{comb}$$

3) Contenido específico de agua en los gases de escape en los puntos (1) y (2) :

$$x_1 = m_{H2O\,comb} / m³_{hum\,sec} =$$

$$= 1,59\ kg/m³_{comb} / (9,53\ m³/m³_{comb} * 1,33\ kg/m³) = \underline{\mathbf{125,5}}\ g/m³$$

Ahora necesitamos el contenido específico de agua en el punto de la condensación. Utilizamos ecuaciones 7.32 - 7.34 y la humedad relativa a una temperatura de la condensación basada en φ = 0,92 yaqué la caldera no es tan moderna.

$$x_2 = \frac{M_{hum\,sec}}{M_{H2O}} * \frac{p_{sat} / \varphi}{p_{comb} - p_{sat} / \varphi} = 0,61\ \frac{p_{sat} / \varphi}{p_{comb} - p_{sat} / \varphi} \qquad (7.32)$$

$$t_{cond\,x2} = t_{hum} / \varphi = 40°C / 0,92 = \underline{\mathbf{43,5}}\ °C \qquad (7.33)$$

p_{sat} con la temperatura $t_{cond\,x2}$ =

$$= p_{sat} = 0,00008 * t^2 - 0,0023 * t + 0,0378\ (bar) = \underline{\mathbf{0,089}}\ bar \qquad (7.34)$$

$$\mathbf{x_2} \quad = (18 / 29,8) * (0,089 / 0,92) / (0,980 - 0,089 / 0,92) \quad = \underline{\mathbf{62,62}} \text{ g/m}^3$$

$$\mathbf{m}_{\text{H2O cond}} = (\mathbf{x_1} - \mathbf{x_2}) * \text{m}_{\text{hum sec}} = \quad\quad (7.35)$$

$$= (125,5 - 62,6) \text{ g/m}^3 * (9,53 \text{ m}^3/\text{m}^3_{\text{comb}} * 1,33 \text{ kg/m}^3) = \mathbf{0,796} \text{ kg/m}^3$$

Con este resultado, más o menos hemos conseguido el fallo de condensado esperado de los 0,800 kg, ahora falta la comprobación la eficiencia:

$$\mathbf{h}_{\text{cond}} = 2501 - 2,375 * \text{t}_{\text{cond}} = 2501 - 2,375 * 43,5°C \quad = \underline{\mathbf{2398}} \text{ kJ/kg}$$

calor específico debido a la condensación:

$$\mathbf{q}_{\text{cond}} = \mathbf{h}_{\text{cond}} * \mathbf{m}_{\text{H2O cond}} = 2398 \text{ kJ/kg} * 0,796 \text{ kg/m}^3 = \underline{\mathbf{1909}} \text{ kJ/m}^3_{\text{comb}}$$

Con la formula 7.39, la ganancia de calor se puede convertir en un aumento de la eficiencia:

$$\Delta\eta_{\text{cond}} = \mathbf{q}_{\text{cond}} / \text{PCI} = 100 * 1909 \text{ kJ/m}^3_{\text{comb}} / (9,99 \text{ kWh/m}^3 * 3600 \text{ s/h}) = \mathbf{5,31} \text{ \%}$$

El rendimiento de combustión según la ecuación 7.41 con condensación sería entonces:

$$\eta_{\text{comb cond PCI}} = \mathbf{100} - \mathbf{q}_{\text{hum cond}} + \Delta\eta_{\text{cond}}$$

$$= \mathbf{100} - \mathbf{1,22} + \mathbf{5,31} = \mathbf{104,1} \text{ \%}$$

El resultado presenta el 104,1% que se muestra en el libro /1/. Dado que este ejemplo ya aparece en el libro hace varias ediciones, cabe suponer que el artefacto no es un muy moderno y, por tanto, el factor φ con el valor de **0,92** trae el resultado correcto.

El modelo matemático funciona suficientemente y permite utilizarlo en la realidad.

Ejemplo 7.6:

Una caldera de gas natural se complementa con un intercambiador adicional para calentar agua de 25°C, que corresponde a la temperatura de flujo del intercambiador de calor. Como resultado, la temperatura de los gases de combustión descien-de de 145°C hasta 35°C.

El contenido del CO_2 de los gases de salida permanece constante en $CO_2 = 9,0$ %,

$\text{t}_{\text{aire}} = 15°C$, los factores de la ecuación 7.7: A = 0,37, B = 0,009 (ref. PCI), estimamos: $\varphi_{\text{cond}} = 0,95$

Las pérdidas por radiación de la caldera calcularon a través de 1,5 minutos del quemador en funcionamiento por hora. La superficie del intercambiador es de 1,70 m² a 29°C.

Mas información:

Gas natural: PCS = 10,81 kWh/m³; PCI = 9,75 kWh/m³; $t_{retorno}$ = 25°C; un cálculo de combustión reveló:

v_{H_2O} = 1,98 m³$_{H_2O}$/m³$_{comb}$; $v_{hum\,sec}$ = 9,53 m³/m³$_{comb}$; p_{comb} = 980 mbar;

$\rho_{hum\,sec}$ = 1,33 kg/m³, $M_{hum\,sec}$ = 29,8 kg/kmol M_{H_2O} = 18 kg/kmol

¡Compare el rendimiento de la caldera original con el de la caldera con condensador!

Solución 7.6:

<u>Pérdidas de la caldera original por los gases de combustión:</u>

$$q_{hum\,sec\,1} = [\; \frac{A_1}{CO_2} + B\;] * (t_{hum\,sec} - t_{aire})$$

$$= [\,(0,37/9,0) + 0,009\,] * (145°C - 15°C) = \underline{\textbf{6,5}}\ \%$$

<u>Pérdidas de la caldera por radiación y transmisión:</u>

$$q_{rad\,PCI} = 1,2\ min\,/\,60\ min = 0,02 = \textbf{2,0}\ \%$$

<u>Rendimiento efectivo de la caldera sin condensador:</u>

$$\eta_{ef\,PCI} = 1 - q_{hum\,sec} - q_{rad} = 100\% - 6,5\% - 2,0\% = \underline{\textbf{91,5}}\ \%$$

<u>Efectividad de la caldera con condensador:</u>

Presión parcial del vapor de agua según ecuación 7.26:

$$p_{vapor\,H_2O} = p_{comb} * v_{H_2O}/v_{hum} = 980\ mbar * 1,98/(9,53 + 1,98) = \underline{\textbf{0,169}}\ bar$$

La temperatura de rocío de acuerdo con la ecuación 7.24 como información adicional:

$$t_{rocío} = 20,8 * LN(p_{vapor\,H_2O}) + 93,5 = 20,8\ LN(0,169) + 93,5 = \underline{\textbf{56,50}}\ °C$$

la masa de agua en los gases de escape con la densidad según la ecuación:

$$\rho_{n\,H_2O} = M_{H_2O}\ kg/kmol\,/\,V_{m,n}\ m^3/kmol = (2 + 16)/22,41 = \underline{\textbf{0,803}}\ kg/m^3_{comb}$$

$$m_{H_2O} = v_{H_2O} * \rho_{n\,vapor} = 1,98\ m^3/m^3_{comb} * 0,803\ kg/m^3 = \underline{\textbf{1,59}}\ kg_{H_2O}/m^3_{comb}$$

La cantidad del condensado se calcula a partir del contenido específico (x_1 - x_2) multiplicado por la masa de los gases secos: (ver Ec. 7.35)

x_1 = m_{H2O} / $m_{hum\ sec}$ = 1,59 kgH_2O / (9,53 $m^3_{hum\ sec}$ * 1,33 kg/m^3) = **125,5** g/kg

x_2 = (M_{H2O} / M_{hum}) * (p_{cond} / φ) / (p_{comb} - φ / p_{cond}) donde (ver Ec. 7.33)

t_{X2} = $t_{hum\ salida}$ / φ = 35 °C / 0,95 = **36,8** °C (ver Ec. 7.34)

$p_{sat\ cond}$ = 0,00008 * t^2 - 0,0023 * t + 0,0378 = **0,062** bar

x_2 = (18/29,8) (0,062 bar / 0,95) / (0,980 bar – 0,062 / 0,95) = **42,83** g/kg $_{hum\ sec}$

de la misma fórmula, x_3 en la entrada en el intercambiador: x_3 = **20,9** g/kg $_{hum\ sec}$

cantidad de condensado: $m_{H2O\ cond}$ = (x_1 – x_2) * $m_{hum\ sec}$

= (125,5 – 42,83) g/kg $_{hum\ sec}$ 9,53 m^3 $_{hum\ sec}$ * 1,33 kg/m^3_{comb} = **1,047** kg/m^3_{comb}

La eficiencia del intercambiador de calor es la condensación real en relación con la condensación teóricamente posible de la siguiente manera:

$\eta_{intercambiador}$ = (x_1 – x_2) / (x_1 - x_3) = **0,79**

Ganancia por la condensación:

Entalpía de condensados: h = 2501 - 2,375 * t_{cond} = **2414** kJ/kg

q_{cond} = $m_{cond\ real}$ * h_{cond} = 1,047 kg/m^3_{comb} * 2414 kJ/kgK = **2527** kJ/m^3_{comb}

$\Delta\eta_{cond}$ = Q_{cond} / PCI = 2515 J/m^3_{comb} / (9,75 kWh * 3600 s/h) = **0,072** ≈ **7,20** %

Al combinar la caldera con un condensador, todo el sistema se ha convertido en una caldera de condensación, de modo que las pérdidas de gases de combustión se calculan ahora con la temperatura de 35°C:

Pérdidas por gases de escape: $q_{humos\ sec\ 2}$ en comparación con $q_{humos\ sec\ 1}$:

$$q_{humos\ sec\ 2} = [\frac{A_1}{CO_2} + B] * (t_{humos\ sec\ 2} - t_{aire})$$

$$= [(0,37 / 9,0) + 0,009] * (35°C – 15°C) = \mathbf{1,00} \%$$

Las mediciones detalladas mostraron un rendimiento efectivo a base al PCI de **103%**. El factor f_{rad} de la formula 7.31 ahora se puede estudiar para otros cálculos posteriores de las pérdidas por radiación.

Las pérdidas de radiación, causadas por la superficie del condensador, $q_{rad\ 3}$ salen entonces como resultado del equilibrio siguiente:

$$\eta_{\text{ef cond PCI}} = 100 - q_{\text{hum sec 2}} - q_{\text{rad 2}} - q_{\text{rad 3}} + \Delta\eta_{\text{cond}} \quad \text{convertir en:}$$

$$q_{\text{rad 3}} = 100 - \eta_{\text{ef cond PCI}} - q_{\text{humos sec 2}} - q_{\text{rad 2}} + \Delta\eta_{\text{cond}}$$

$$= 100\% - 1{,}0\% - 2{,}0\% - 103{,}0\% + 7{,}2\% = \mathbf{1{,}20\%}$$

Ahora la formula 7.31 necesita ser ajustada para obtener un porcentaje de 1,20 % como pérdida de radiación:

$$q_{\text{rad 3}} = A_{\text{condensador}}\ (m^2) * ((T_{\text{superficie}} / T_{\text{aire}})^4) / (PCI * f_{\text{rad}}) \quad \text{(formula 7.31)}$$

$$f_{\text{rad}} = \left[\mathbf{1{,}70} * ((273 + \mathbf{33}\ K) / (273 + \mathbf{15}\ K))^4 - 1 \right] / (9{,}75 * \mathbf{1{,}20\%}) = \mathbf{0{,}10}$$

Con este factor, el condensador se puede adaptar a otras condiciones de funcionamiento o de temperatura del medio ambiente. Aquí el rendimiento total:

$$q_{\text{rad total}} = q_{\text{rad 2}} + q_{\text{rad 3}} = \mathbf{2{,}0}\% + \mathbf{1{,}20}\% = \mathbf{3{,}20}\%$$

<u>Rendimientos y</u> beneficios por la reducción de las pérdidas y la condensación:

$$\eta_{\text{ef cond PCI}} = 100 - q_{\text{hum 2}} - q_{\text{rad total}} + \Delta\eta_{\text{cond}}$$

$$= 100 - 0{,}10 - 3{,}20 + 7{,}20 = \underline{\mathbf{103{,}0}}\%$$

<u>Mejora del rendimiento:</u> $\qquad \Delta\eta_{\text{ef PCI}} = 104{,}0\% - 91{,}5\% = \underline{\mathbf{11{,}5}}\%$

<u>El rendimiento definido por PCS sería:</u>

$$\eta_{\text{ef PCS}} = \eta_{\text{ef cond PCI}} * (PCI / PCS) = \mathbf{103{,}0} * 9{,}75 / 10{,}81 = \underline{\mathbf{92{,}9}}\%$$

Mejora del rendimiento: $\qquad \Delta\eta_{\text{ef PCS}} = \mathbf{11{,}5}\% * 9{,}75 / 10{,}81 = \underline{\mathbf{10{,}4}}\%$

Ejemplo 7.7

En el caso de una caldera de condensación, buscamos el rendimiento útil o anual en condiciones reales de funcionamiento. Tenemos la posibilidad de la medición directa o la aplicación de las fórmulas 7.46 a 7.49, que ofrecen una solución sencilla y bastante correcta.

$PCI = 9{,}75$ kWh/m³; $PCS = 10{,}81$ kWh/m³, $q_{\text{humos min}} = 1{,}0\%$; $q_{\text{humos máx}} = 3{,}0\%$, $\Delta\eta_{\text{condensación}} = 5{,}0\%$

Los valores límites del rendimiento de combustión son:

$$\eta_{\text{comb mín}} = 100 - 3{,}0\% = \mathbf{97}\%$$

$$\eta_{\text{comb máx}} = 100 - 1{,}0\% + 5{,}0\% = \mathbf{104}\% \quad \text{la diferencia es:}\ \mathbf{\Delta\eta} = \mathbf{7{,}0}\%$$

Ahora necesitamos las diferencias ajustadas según la ecuación 7.46 para aumentar el rendimiento mínimo:

$\eta_{original}$ = a potencias relativas de: 13%   30%   39%   48%   63%

$\qquad\qquad\qquad\qquad\qquad\qquad\qquad$ 108,2 106,8 105,7 104,3 101,9 % (Ec. 7.46)

$\Delta\eta_{original} = \eta_{original} - \eta_{min} = $ **11,2 9,80 8,70 7,30 4,90** % (Ec. 7.47)

Caldera original (modelo) Rendimiento anual = **105,34** $\qquad\qquad$ (Ec. 7.45)

La ecuación 6.48 ajusta los valores de $\Delta\eta_{original}$ a los nuevos valores nuevos $\Delta\eta_{nuevo}$:

$\Delta\eta_{nuevo} = \Delta\eta_{original} * (104 - 97)/10,2 = $ **7,69 6,73 5,97 5,01 3,36** % (Ec. 7.48)

Estas nuevas diferencias de rendimientos $\Delta\eta_{nuevo}$ forman, junto con el rendimiento mínimo los rendimientos nuevos:

$\qquad\qquad\qquad\qquad\qquad\qquad\qquad$ **97,0   97,0   97,0   97,0   97,0**

$\qquad\qquad\qquad\qquad\qquad$ + **7,69   6,73   5,97   5,01   3,36**

Los rendimientos nuevos: $\qquad\qquad$ = **104,7 103,7 103,0 102,0 100,4**

(Ec. 7.49) forman el rendimiento útil anual por la ecuación 7.45:

$$\eta_{útil} = \frac{5}{1/\,104,7 + 1/\,103,73 + 1/\,102,97 + 1/\,102 + 1/\,100,4} = \underline{\mathbf{102,73}}\ \%$$

Sin embargo, la solución más corta la ofrece la ecuación 7.52 a base del modelo:

$\eta_{anual} = \eta_{min} + $ **0,82** $ * \Delta\eta_{comb} = 97,0\% + 0,82 * (104,0\% - 97,0\%) = $ **102,74** %

Ejemplo 7.8

Calcule fácilmente la eficiencia anual de una caldera de condensación con las siguientes características de funcionamiento:

Datos: $t_{humos\,max} = 85°C$; $t_{humos\,min} = 40°C$; $t_{aire} = 20\ °C$

$CO_2 = 10\ \%$; $\Delta\eta_{cond\,max} = $ **6,0%** ;

$q_{hum\,max} = (\,0,37\,/\,10\ + 0,009\,) * (\,85°C - 20°C\,) = $ **3,0** %

$q_{hum\,mín} = (\,0,37\,/\,10\ + 0,009\,) * (\,40°C - 20"C\,)\ = $ **0,92%**

$\eta_{comb\,mín\,PCI} = 100 - $ **3,0** $ \% = $ **97,0** % porque no hay condensación

$\eta_{comb\,max\,PCI} = 100 - $ **0,92** $ + $ **6,0** $ \% = $ **105,4** %

$\eta_{anual} \qquad = $ **97,0** $\% + $ **0,82** $ * ($ **105,4** $\% - $ **97,0** $\%) = $ **103,9** % $\qquad$ (Ec. 7.52)

8. Regulación y Medición (ERM)

Debido a las diferentes características de los sistemas de abastecimiento, es necesario regular la presión entre ellos y medir los caudales. Se construyen distintos tipos de estaciones para satisfacer las necesidades de suministro en términos de presión, volumen y seguridad:

- Estación con una sola línea de control: interrupción siempre posible
- Estación con dos sistemas de control: interrupciones excepcionales
- Estación con dos líneas de control con línea de emergencia — interrupciones posibles en en caso de grandes clientes (Figura 8.1)

8.1 Diseño básico de la estación

El control se realiza generalmente por medio de válvulas de bola, cuya finalidad y tarea se discutirá a continuación. Sin embargo, en instalaciones de alta capacidad, tanto los clientes como las distribuidoras concienciadas con el medio ambiente también deberían utilizar máquinas de expansión para generar energía mecánica (ver apartado 11.3).

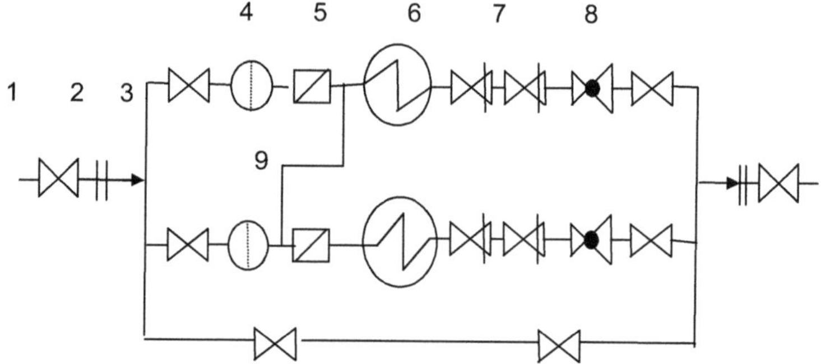

Figura 8.1: Esquema simple de un sistema de control y medición doble con una línea de emergencia para y la regulación control manuales:
(1) válvula de cierre (2) conexión dieléctrica (separación de la protección catódica) (3) reducción (4) Filtro (5) Medidor de alta presión (6) Precalentador (7) válvulas de seguridad (8) Válvula reguladora (9) control y comparación de los contadores.

Funcionamiento de la estación ERM

El gas entra a través de la válvula de bola (1) y la conexión dieléctrica (2) y logra a una reducción de diámetro (3). Los filtros (4) eliminan las partículas antes de que el gas se calienta (6) para pasar a través de la válvula de regulación (8). En la Figura 8.1, el contador de volumen (5) se encuentra delante del válvula reductora. Esto se hace por razones económicas en estaciones con alta capacidad para poder utilizar también contadores pequeños. Las líneas de control se completan con varias

131

válvulas de cierre (para fines de instalación y mantenimiento) y dispositivos de seguridad (7) que vigilan la presión de salida. Las conexiones entre las líneas (9) permiten comparar la precisión de los contadores.

8.2 Medidores de gas

En el uso doméstico y comercial predominan hasta un caudal medio de 100 m³/h ($\approx$ 1000 kW) los medidores de pared deformable, también conocidos como contadores domésticos. Los contadores ultrasónicos (no mostrados aquí) se usan cada vez más por su facilidad de instalación y funcionamiento (ver Figura 8.2)

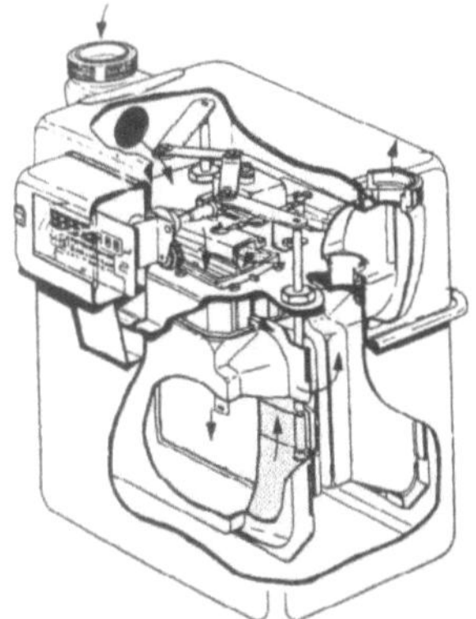

Figura 8.2 Contadores de pared deformables y clases de tipo /1/

Clases	V'_{min} m³/h	V'_n m³/h	V'_{max} m³/h
G 1,6	0,016	1,6	2,5
G 2,5	0,025	2,5	4,0
G 4	0,04	4,0	6,6
G 6	0,06	6,0	10
G 10	0,10	10	16
G 16	0,16	16	25
G 25	0,25	25	40
G 40	0,40	40	65
G 65	0,65	65	100
G 100	1,0	100	160

Las grandes estaciones mencionadas en el apartado 8.1 funcionan con los siguientes tipos de medidores con alta presión y fluyo extensivo:

- Medidores de pistones rotativos
- Medidores de turbina (figura 8.3)
- Medidores de turbulencias
- Contadores ultrasónicos (sin pérdida de carga)

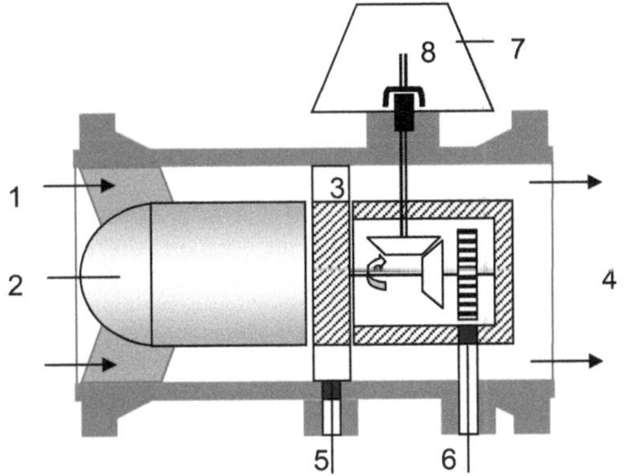

Figura 8.3
Medidor de turbina: esquema de funcionamiento sencilla con:
(1) Entrada gas,
(2) Distribuidor,
(3) Hélice,
(4) Salida gas,
(5) Pulso alta frecuencia
(6) Pulso de referencia,
(7) Totalizador,
(8) Acoplamiento magnético

8.3 Corrección del caudal volumétrico

El medidor mide el volumen en condiciones de funcionamiento en función de presión y temperatura. Si la presión aumenta, el volumen normalizado circulante de gas también se aumenta, mientras que la temperatura causa el efecto contrario. Por lo tanto, el volumen tiene corregirse a efectos de facturación, lo que requiere la conversión al volumen normalizado o a otro volumen de referencia adecuado:

$$V'_n = V'_{med} \frac{(p_e + p_{atm} + \varphi\, p_s)\, T_n}{p_n\, T\, K_m} = V'_{med} \frac{\rho}{\rho_n} \qquad (8.1)$$

V'_n = Volumen normalizado
V'_{med} = Volumen medido
p_n = Presión normalizada   1,01325 bar (1 atmósfera)
T_n = Temperatura normalizada   273,15 K (0°C)
p_e = Presión medida
p_{atm} = Presión atmosférica
T = Temperatura del gas en Kelvin (273,15 + t °C)
φ = Humedad relativa del gas
p_s = Presión de vapor de agua saturada a la temperatura del gas
K = Z / Z_0 factor de compresibilidad
ρ = Densidad medida
ρ_n = Densidad del gas a condiciones estándar

Para convertir el volumen en valores normalizados, también se mide la presión y la temperatura del gas o la densidad efectiva. Lo más interesante en este sector es la aplicación de esta corrección para distintos clientes:

1) Los <u>distribuidores</u> aplican la ecuación 8.1 en la facturación con los reales valores de presión, temperatura y la humedad relativa en sus ventas y compras entre ellos.
2) Los <u>clientes industriales y profesionales</u> introducen la supercompresibilidad y utilizan valores efectivos de presión y temperatura, mediante dispositivos con errores inferiores al 0,5 %.
   En este caso no se tiene cuenta la influencia de la humedad relativa.

3) El consumo de baja presión, por ejemplo, por parte de los <u>clientes domésticos</u>, se calcula de acuerdo con la fórmula simplificada utilizando valores de referencia para la ecuación 8.1.

Esta corrección del volumen y del poder calorífico efectivo (véase la tabla 2.6) también se denomina "facturación térmica" y es base de todas las facturas que se envían a los consumidores.

Por consiguiente, el consumo doméstico se calcula a partir del volumen del contador, multiplicado por un factor fijo, sin tener en cuenta los efectos de las temperaturas y presiones reales:

Los clientes que reciben su gas a temperaturas inferiores de la temperatura de referencia ganan un volumen de gas, los otros pierden.

$$V'_n = V'_{med} * \frac{(p_m + p_{atm})\, T_n}{p_n\, T} = V'_{med}\, \frac{p_{ref}}{p_n}\, \frac{T_n}{T_{ref}} \tag{8.2}$$

donde: p_m = Presión media del gas de suministro

p_{ref} = Presión total del suministro del gas componiéndose de la presión atmosférica media del año (según la altura geográfica) y de la presión de suministro del gas

T_{ref} = Temperatura de referencia del gas (se mantiene constante)

Otra aplicación de esta conversión es la conversión del poder calorífico del gas (véanse las ecuaciones 3.19 – 3.22) según las condiciones de entrega cuando el cliente debe pagar por el consumo de energía en lugar de por los metros cúbicos:

$$PC = PC_n\, \frac{(p_m + p_{atm})\, T_n}{p_n\, T} \tag{8.3}$$

El consumo de la energía del gas sería entonces:

$$Q'_{gas} = PC * V' \tag{8.4}$$

8.4 Precalentamiento del gas

Los gases reales reducen su temperatura cuando la presión es bajada por válvulas (ver Figura 8.4). Este comportamiento se denomina *efecto Joule-Thompson*, que se produce cuando hay grandes diferencias de presión controladas.

Para evitar la condensación de vapor de agua a temperaturas debajo del punto de rocío, el gas debe precalentarse para que ningún condensado pueda dañar los sistemas de control y seguridad. Los pasos de este proceso se muestran en la Figura 8.5 con precalentamiento 1 -> 2 y estrangulamiento 2 -> 3, para que el gas vuelva a la temperatura inicial o a otra temperatura deseada en la salida.

La necesidad de este tratamiento depende de las condiciones del gas, de caída de presión y de las temperaturas del ambiente.

Al calcular la potencia de los calefactores, deben respetarse las siguientes condiciones:

134

1. Temperatura final mínima que el gas debe tener después la expansión: (t_3).
2. Reducción de la temperatura debido al efecto Joule-Thompson (ΔT_{JT})
3. Potencia calorífica de la caldera (1) de t_1 a t_2 $= Q'_1$
4. Potencia calorífica de la caldera (2) de t_{min} a $t_s = Q'_2$

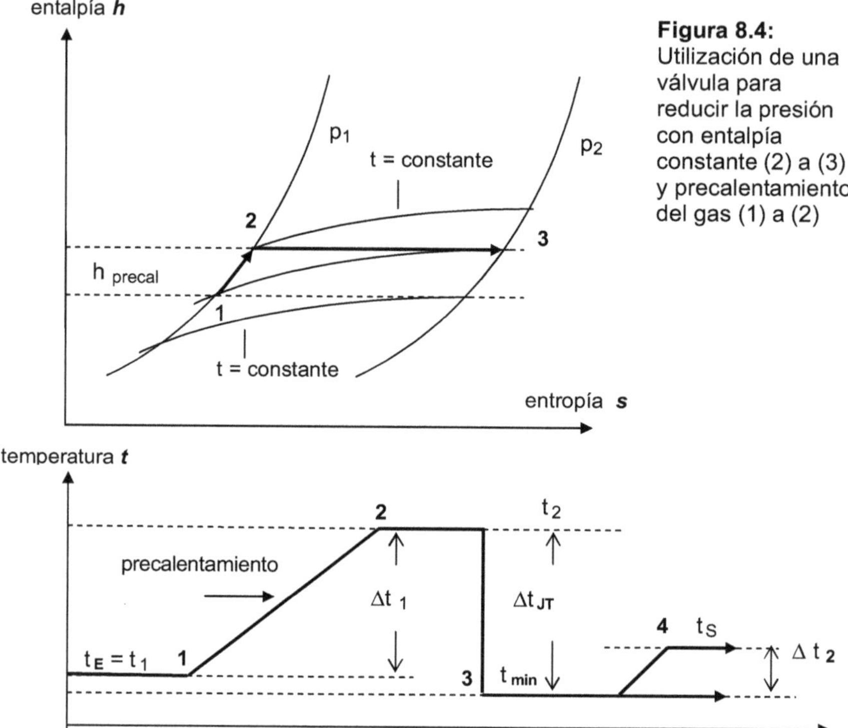

Figura 8.4: Utilización de una válvula para reducir la presión con entalpía constante (2) a (3) y precalentamiento del gas (1) a (2)

Figura 8.5: Secuencia de temperaturas: precalentamiento Δt_1 y calentamiento final Δt_2

El calentamiento en dos etapas ofrece la posibilidad de utilizar dos niveles de calor bajos, lo que facilita la utilización de calor residual.

$$t_{m\ precal} = 0{,}5 * (t_2 + t_1) \tag{8.5}$$

$$p_{m\ abs} = 0{,}5 * (p_{1\ abs} + p_{2\ abs}) \tag{8.6}$$

$$Q'_1 = V'_{\rho n}\ c_{p\ 1\text{-}2}\ (t_2 - t_1) \tag{8.7}$$

$$\Delta t_{JT} = t_2 - t_3 = (p_1 - p_2)\ \mu_{JT} \tag{8.8}$$

$$Q'_2 = V'_{\rho n}\ c_{p\ 3\text{-}4}\ (t_s - t_3) \tag{8.9}$$

donde: μ_{JT} = Coeficiente Joule-Thompson = 0,45 ... 0,65 K/bar
t_E = Temperatura de gas a la entrada
t_S = Temperatura de gas a la salida
V'_n = Caudal normalizado
ρ_n = Densidad normalizada
c_p = Capacidad calorífica
p_1, p_2 = Presión de gas entrada / salida

La selección del sistema de calefacción requiere el conocimiento del posible suministro de calor, ya que la potencia de la combustión depende del rendimiento efectivo de la caldera y del sistema de calefacción:

$$Q'_{cald} = (Q'_1 + Q'_2) / \eta_{sum} \tag{8.10}$$

$$Q'_{comb} = Q'_{cald} / \eta_{cald} = (Q'_1 + Q'_2) / (\eta_{sum} * \eta_{cald}) \tag{8.11}$$

donde: Q'_{cald} = potencia calorífica del calentador
Q'_{comb} = potencia de la combustión
η_{sum} = eficiencia del suministro de calor (0,95 ... 0,98)
η_{cald} = rendimiento del calentador (PCI: 0,95 ... 1,06)

Para ajustar los valores de calor específico, como para especificar el llamado *coeficiente Joule Thompson* μ_{JT} se pueden utilizar las siguientes fórmulas empíricas, que se basan en las normas alemanas de GN DVGW-G 499 y que muestran estas valores en función de las temperaturas y presiones /11/.

$$c_{pm} = f(t,p) = c_{pn} \left(\frac{273 + t_m}{273} \right)^{0,52} + \left\{ (p_{m\,abs} * 2,0) \right\}^{exp1} * 10^{-5} \; kJ/kgK \tag{8.12}$$

$$exp1 = 2,25 \left(\frac{273}{273 + t_m} \right)^{0,55} \tag{8.13}$$

$$\mu_{JT} = \frac{R}{750} \left(\frac{273}{273 + t} \right)^{2,5} - \left(\frac{p_{m,\,abs}}{200} \right)^{exp2} \; K/bar \tag{8.14}$$

$$exp2 = 1,5 \left(\frac{273 + t}{273} \right)^{3,2} \tag{8.15}$$

Las fórmulas 8.12 hasta 8.15, desarrolladas en este sentido pueden utilizarse en lugar de los diagramas figuras 8.4 y 8.5 entre 20°C hasta 100°C y para presiones absolutas entre 0 y 120 bar como ejemplos de un gas natural con un elevado PCI.

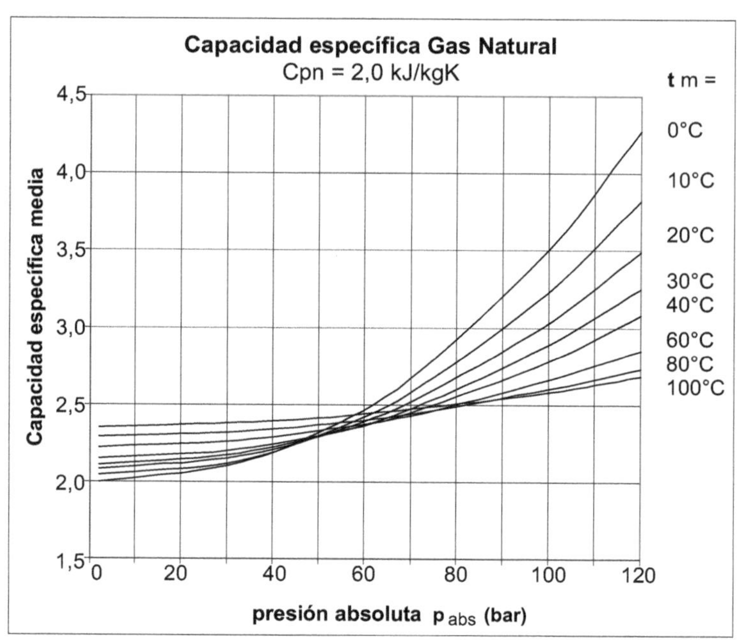

Figura 8.6: Curvas de capacidad calorífica media del gas natural /11/

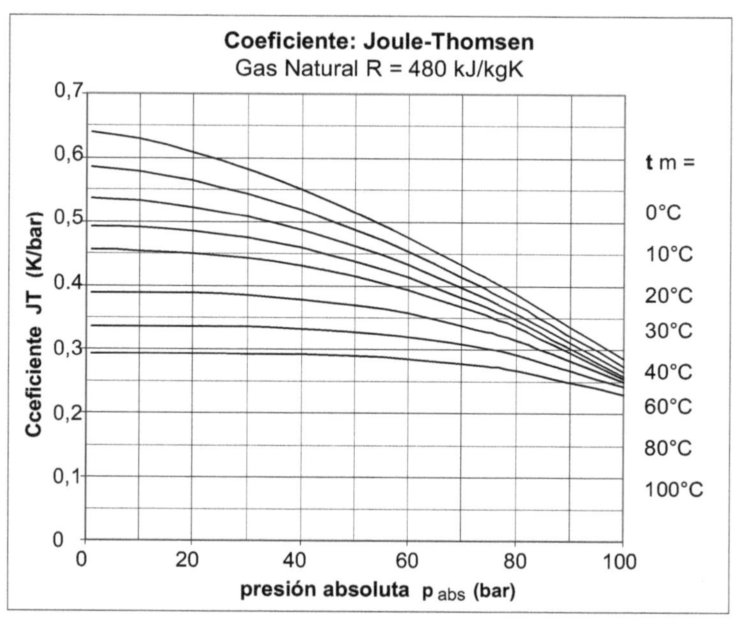

Figura 8.7: Características del coeficiente Joule-Thomsen para el GN

El diseño de una planta real requiere siempre la aplicación de la normativa vigente en el país donde se va a instalar. Por lo tanto, la forma propuesta aquí al planificar un sistema de control de gas es sólo conocer los problemas básicos.

Figura 8.6: Reducción de presión en una línea de regulación

Figura 8.7: Caldera de condensación para calentar el gas

8.5 Aplicaciones numéricas del capítulo 8:

Ejemplo 8.1: Estación de regulación y control

Un cliente industrial necesita un volumen de gas natural de V_n = 5.000 m³/h a una temperatura del gas de 15°C. En la estación de transferencia, la presión del gas debe reducirse de 29,0 bar a 4,0 bar (sobrepresión). El gas llega a temperatura de 8°C, la temperatura mínima tras la reducción de la presión debe ser de 5,0°C.

R = 485 kJ/kgK, PCI = 9,73 kWh/m³; c_{pn} = 2,0 kJ/kgK, η_{cald} = 0,90, η_{camb} = 0,95
t_1 = 10 °C, t_{salida} = 15°C, $t_{gas\ min}$ = 10°C, $t_{2\ esperada}$ = 33°C, ρ_{gas} = 0,755 kg/m$_n$³

Calculen:
- el coeficiente Joule Thomson y la capacidad calorífica del gas
- la diferencia térmica de la regulación
- Temperatura antes de la regulación
- la potencia calórica de los intercambiadores de calor
- el consumo de gas natural de la caldera

Solución:

Para el coeficiente μ_{JT} se necesitan la presión de expansión y la temperatura media prevista. Para la entrada de calor $q_{entrada\ 1\text{-}2}$ se necesita la temperatura media del calentamiento para determinar la capacidad específica de calor. Pueden utilizarse los diagramas de las figuras 8.4 y 8.5 o las fórmulas correspondientes. En cualquier caso, compruebe la temperatura estimada t_2 antes de aceptar su estimación. Entonces son válidos los valores siguientes:

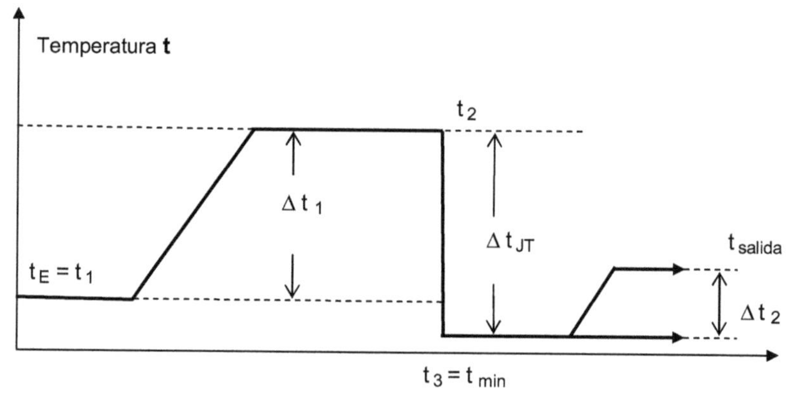

Esquema de trayecto de las temperaturas (ver Figura 8.5)

Temperaturas y presiones medias de control:

$$t_{m\,1-2} = 0.5 * (10 + \mathbf{33}) = \underline{\mathbf{21{,}5}}\ °C,$$

$$p_{1\,abs} = \mathbf{44}\ bar + \mathbf{1{,}0}\ bar = \underline{\mathbf{45}}\ bar$$

$$p_{2\,abs} = \mathbf{4{,}0}\ bar + \mathbf{1{,}0}\ bar = \underline{\mathbf{5{,}0}}\ bar$$

$$p_{m\,abs} = 0.5 * (45 + 5.0) = \underline{\mathbf{25}}\ bar$$

$$t_{m\,2-3} = 0.5 * (\mathbf{10\ °C + 33°C}) = \underline{\mathbf{21{,}5}}\ °C$$

$$\mu_{JT} = \frac{\mathbf{485}}{750}\left(\frac{273}{273+21{,}5}\right)^{2{,}5} - \left(\frac{25}{200}\right)^{exp2} = \underline{\mathbf{0{,}516}}\ K/bar \qquad (Ec.\ 8.14)$$

$$exp2 = 1.5\left(\frac{273+21{,}5}{273}\right)^{3{,}2} = 1{,}912 \qquad (Ec.\ 8.15)$$

$$\Delta t_{JT} * (p_1 - p_2) * \mu_{JT} = 0{,}555 * (45 - 5) = \mathbf{23{,}2}\ °C$$

$$t_2 = t_{min} + \Delta t_{JT} = 10\ °C + 23{,}2\ C = \mathbf{33{,}2}\ °C$$

La temperatura t_2 esperada cumple con este resultado, no es necesario cambiar.

$$t_{m\,1-2} = (10 + 33{,}2) * 0{,}5 = \mathbf{21{,}6}\ °C$$

$$c_{pm}\ f(t,p) = \mathbf{2{,}0}\left(\frac{273+\mathbf{14{,}8}}{273}\right)^{0{,}52} + \left\{(\mathbf{30\ bar * 2{,}0})\right\}^{2{,}166} * 10^{-5} = \underline{\mathbf{2{,}15}}\ kJ/kgK$$

$$exp\ 1 = 2{,}25\left(\frac{273}{273+\mathbf{21{,}6}}\right)^{0{,}5} = \underline{2{,}166} \qquad (Ec.\ 8.12\ y\ 8.13)$$

La potencia de los calderas (ecuaciones 8.3 y 8.5):

$$Q'_1 = V'\rho_n\ c_p\ [t_2 - t_1] = \frac{9000\ m^3/h}{3600\ s/h}\ 0{,}755\ kg/m^3\ 2{,}15\ kJ/kgK\ (33{,}2 - 10)\ °C - \underline{\mathbf{94{,}3\ kW}}$$

$$Q'_2 = V'\rho_n\ c_p\ [t_{sal} - t_3] = \frac{5000\ m^3/h}{3600\ s/h}\ 0{,}755\ kg/m^3\ 2{,}15\ kg/m^3\ (15 - 10)\ °C = \underline{\mathbf{20{,}3\ kW}}$$

Potencia efectiva de la caldera: (ec 8.10)

$$Q'_{cald} = (Q'_1 + Q'_2) / \eta_{intercamb} = (94,3 \text{ kW} + 20,3 \text{ kW}) / 0,95 = \underline{\mathbf{120,6 \text{ kW}}}$$

Potencia de la combustión:

$$Q'_{comb} = Q'_{cald} / \eta_{cald} = 120,6 \text{ kW} / \mathbf{0,90} = \underline{\mathbf{134,0 \text{ kW}}}$$

Consumo de gas combustible:

$$V'_{comb} = Q'_{comb} / PCI = 134,0 \text{ kW} / 9,73 \text{ kWh/m}^3 = \underline{\mathbf{13,77}} \text{ m}_n^3/h$$

Tipo de caldera:

Para aumentar la eficiencia del precalentamiento, es decir, para reducir el consumo de gas, se podría utilizar una caldera de condensación. Esta tecnología se utiliza desde muchos años, ya que el nivel térmico casi exige su uso.

Por lo tanto, estos tipos de calderas deberían ser la norma en este sector, donde las bajas temperaturas del sistema facilitan la condensación.

En el caso actual una caldera condensadora con una eficiencia del **104,0** % (PCI) ya puede suponer un importante ahorro hasta de **13,5%.**

Ejemplo 8.2:   Facturación térmica

El medidor de un cliente mide un consumo de 285 m³/mes de gas natural.

1)   Calcule el volumen normalizado si la factura de gas se refiere a los datos:
p_e = 22,5 mbar; p_{atm} = 965 mbar; p_n = 1013,25 mbar; T_n = 273,15 K;
$t_{gas\ ref}$ = 18 °C

2)   ¿Para qué cantidad de gas pagaría el cliente si se utilizara la temperatura real del gas de 25°C en la facturación?

Solución:

1) Conversión del volumen según la ecuación 3.19 donde K = 1; φ = 0

$$V_n = V * (p\ T_n) / (p_n\ T)$$

$$= 285 \text{ m}^3/\text{mes} \ \frac{(965 \text{ mbar} + 22,5 \text{ mbar}) * 273,15 \text{ K}}{(1013,25 \text{ mbar}) * (273,15 \text{ K} + \mathbf{18} \text{ K})} = \underline{\mathbf{260,59}} \text{ m}^3$$

2) Facturación térmica

$$V_n = 285 \text{ m}^3/\text{mes} \ \frac{(965 \text{ mbar} + 22,5 \text{ mbar}) * 273,15 \text{ K}}{(1013,25 \text{ mbar}) * (273,15 \text{ K} + \mathbf{25} \text{ K})} = \underline{\mathbf{254,47}} \text{ m}^3$$

El cliente consume una cantidad reducida de unos 2,4% y así paga demasiado.

Ejemplo 8.3: Facturación térmica de gas en la industria

Una empresa industrial compra 500.000 m³ de gas natural normalizado al año.
Los datos son: p_e = 31,15 bar; humedad del gas 10%; temperatura 15 °C.

Presión atmosférica es de 990 mbar, el factor de compresibilidad se puede calcular simplemente como K = 1 – p / 500. La presión de saturación p_{sat} del vapor de agua a 15 °C es de 17,057 mbar.

1) Calcule el volumen correcto que el contador tendría que mostrar.
2) Muestre la influencia de a) la compresibilidad b) la humedad en el cálculo.

> **Solución:** Transformación del volumen según ecuación 3.20 considerando la humedad relativa y la compresibilidad **K** del gas real:

1): **K** = 1 - (31,15 + 0,990) / 500 = 0,9357

$$p_{gas\ seco} = p_e + p_{atm} - \varphi * p_{sat}$$

= 31,15 bar + 0,990 bar - 0,10 * 0,017057 bar = 32,1383 bar

$$\textbf{V-1} = V_n \frac{p \quad T_n}{p_n \quad T} * K =$$

$$= 500.000\ m^3/a \ \frac{1,01325\ bar\ (273,15 + 15\ K)}{32,1383\ bar\ \ 273,15\ K}\ 0,9357 = \underline{\textbf{15560,63}}\ m^3/año$$

2 a) Sin factor de compresibilidad "K" ocurre un error:

V-2a = V-1 / K = 15560,63 m³ / 0,9357 = **16629,58** m³/año

diferencia = V-2a V-1 = 16629,58 m³ - 15560,63 m³ = **+1068,95** m³/año

error % = **+ 6,87** %

2 b) Sin la humedad relativa, hay un error marginal, pero es importante para grandes ventas o compras:

$$Error_{relativo} = \varphi * p_{sat} / p$$

= 0,017057 / 32,1383 = 0,000053 ≡ 0,0053 %

Respecto a la cantidad de compra este error genera un volumen de **26,54** m³/año.

La facturación al cliente puede mostrar el consumo en cantidades o en energía.
Sin embargo, la mencionada facturación térmica con las fórmulas utilizadas siempre forma parte de las facturas que llegan al cliente.

9. Gasoductos

9.1 Red del suministro

La red de suministro de gas natural está formada por los gasoductos de importación, los gasoductos nacionales y regionales y de las redes de distribución final. Se complementa con tanques de almacenamiento, estaciones de control y medición de presión, estaciones de compresión y un sistema de seguridad eficiente. El suministro y la venta del gas requieren una variedad de datos y características, como se ha señalado en los capítulos anteriores.

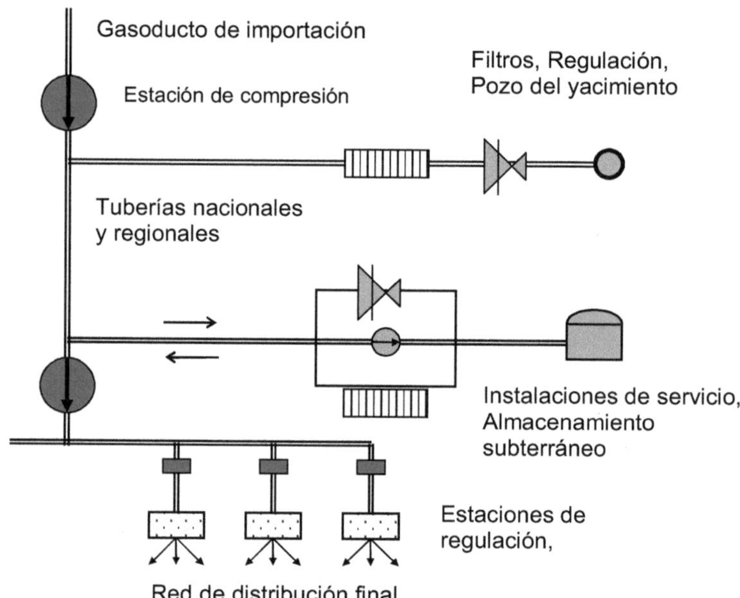

Figura 9.1: Esquema de la distribución de gas natural en Europa

Tipo de tubería	DN (mm)	PN (bar)
Tuberías submarinas	- 1500	- 200
Importación	500 - 1200	- 80
Transportes regionales	200 - 400	40 - 80
Distribución regional	100 - 200	4 - 40
Distribución final	80 - 150	1 - 4
Clientes industriales	- 400	- 40

Tabla 9.1: La estructura de la red pública de distribución de gas con respecto a los diámetros de los tuberías de gas y niveles de presión valores medios.

143

La construcción de tuberías de gas de alta presión se lleva a cabo con tuberías de acero y tuberías de plástico PE, ya que las tuberías de hierro fundido gris ya no se pueden usar desde los accidentes en la década de 1970. El polietileno PE-HD se permiten hasta presiones de 16/20 bar, mientras que el acero no está limitado.

Las siguientes imágenes dan una impresión de la construcción de una tubería cerca de Sevilla por parte de la empresa compañía Max Streicher GmbH, Alemania.

Transporte de los tubos…

el dispositivo de posicionamiento…

…que se pone dentro los tubos …

… como ajuste antes de soldar.

Soldando en todas posiciones

Inicio de la colocación de la tubería

Figuras 9.2: Construcción de una tubería de gas natural en España cerca de Sevilla

9.2 Cálculo de tuberías

El objetivo del cálculo es determinar las pérdidas de presión y/o el diámetro mínimo de la tubería sobre la base de los datos de funcionamiento esperados.
La presión y la pérdida de presión afectan a todos los parámetros físicos del gas. Estos se pueden manejar mediante del enfoque de Darcy-Weisbach, que sin embargo vale en caso de los gases reales solo para una sección corta de dL:

$$\int dp = -\int \lambda \, dL \, \rho \, V^2 / (2\,d) \tag{9.1}$$

siendo:
$$
\begin{array}{llll}
\lambda & = & \text{Coeficiente de rozamiento} & (\,\text{-}\,) \\
dL & = & \text{Incremento de longitud} & (\text{m}) \\
\rho & = & \text{Densidad de funcionamiento} & (\text{kg/m}^3) \\
V & = & \text{Velocidad del gas} & (\text{m/s}) \\
d & = & \text{Diámetro interior} & (\text{m}) \\
V' & = & \text{Flujo volumétrico (ec. 9.2)} & (\text{m}^3/\text{s})
\end{array}
$$

En todos los cálculos se usa las leyes del flujo de masa constante: $m_1 = m_2$ con sus formas conocidas:

$$V'_1 \, \rho_1 = V'_2 \, \rho_2 \tag{9.2}$$

$$A_1 V_1 \, \rho_1 = A_2 V_2 \, \rho_2 \tag{9.3}$$

con A_1 y A_2 como corte transversal de la tubería en los puntos (1) y (2)

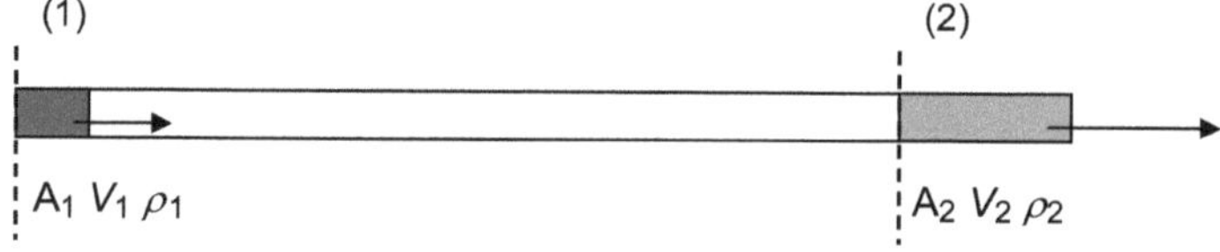

Figura 9.3: Expansión del flujo volumétrico durante el transporte

La integración de la ecuación 9.1 conduce a la ecuación 9.4 teniendo en cuenta la expansión del gas (Figura 9.3). El comportamiento real del gas se tiene en cuenta por el número de compresibilidad promedio K_m:

$$p_1^2 - p_2^2 = \lambda \, \frac{L \, \rho \, p \, V^2}{d} \, \frac{T_2}{T_1} \, K_m \tag{9.4}$$

A continuación, esta ecuación se adapta a las condiciones de operación:

9.2.1 Sistema de alta presión

En tuberías de gas a presiones altas aparecen cambios significantes de la densidad y de la velocidad a lo largo del transporte en la tubería causados por la reducción de la presión. El gas se expande y la velocidad tiene que crecer durante su marcha por la tubería y las pérdidas totales y la velocidad aumentan exponencialmente.

En las tuberías que ya están operando al límite de su capacidad, se observa el siguiente efecto:

Incluso con pequeños aumentos más en el caudal volumétrico, el sistema colapsa (ver la Figura 9.4).

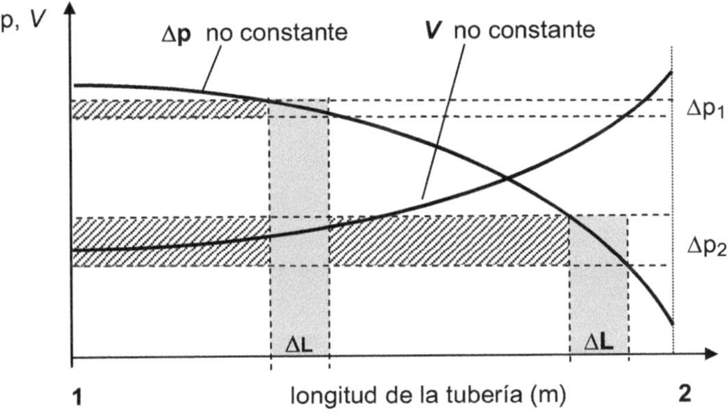

Figura 9.4: Curva de presión (p) a lo largo de la tubería a alta presión y a plena carga con el cambio de densidad y velocidad (V)

Utilizando de los valores del gas ideal y la ecuación 9.4, existe un método práctico para calcular la caída de presión con los valores al principio (1) o al final (2) de la línea. El factor de la compresibilidad sirve para integrar el comportamiento real:

Valores al principio del gasoducto (Índice **1**):

$$\Delta p = p_1 \left[1 - \sqrt{1 - \lambda \frac{L}{d} \frac{\rho_{1i}}{p_1} V^2_{1i} K_m} \right] \tag{9.5}$$

Valores al final del gasoducto (Índice **2**):

$$\Delta p = p_2 \left[\sqrt{1 + \lambda \frac{L}{d} \frac{\rho_{2i}}{p_2} V^2_{2i} K_m} - 1 \right] \tag{9.6}$$

Para aplicar las ecuaciones 9.5 y 9.6 se hace lo siguientes (ver ejemplo 9.2):

1. Se calculan con los valores ideales de gas ρ_i y V_i
2. Luego, se puede representar un comportamiento real con K_m
3. A presiones superiores de 4,0 bar se calculan con la compresibilidad K_m para evitar errores de más del 1,0 %
4. K_m se obtiene con la presión media a lo largo de la tubería, utilizando la estimada pérdida de presión para un primer cálculo:

$$K_m = 1 - p_m / (450 \dots 550) \qquad \text{Gás Natural} \qquad (9.7)$$

con la presión media:

$$p_m = 2/3\, (p_1^3 - p_2^3) / p_1^2 - p_2^3) \quad \text{(exacta)} \qquad (9.8)$$

$$p_m = 0{,}5 * (p_1 + p_2) \qquad \text{(aproximada)} \qquad (9.9)$$

9.2.2 Sistemas de baja presión

La caída de presión en líneas de baja presión en cambio se puede calcular utilizando la ecuación 9.10 y la velocidad o el caudal volumétrico constante:

$$\Delta p = \lambda\, \frac{L\, \rho\, V^2}{2\, d} = \lambda\, \frac{8\, L\, \rho\, V'^2}{\pi^2\, d^5} \qquad (9.10)$$

donde la velocidad y la densidad permanecen constantes:

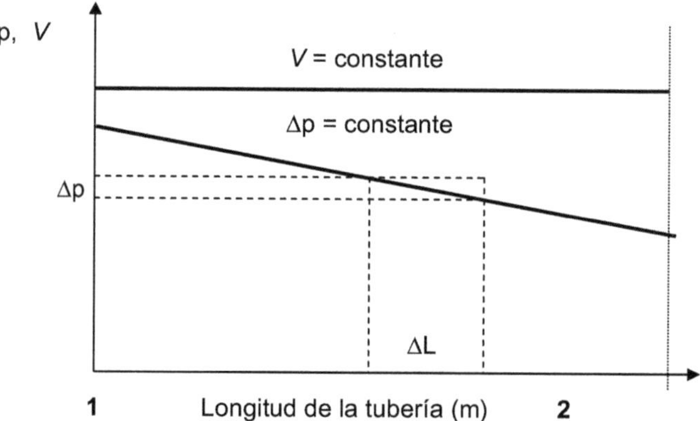

Figura 9.5:
Velocidad (V) y curva de presión (p) a baja presión a lo largo de la tubería, manteniendo la densidad y la velocidad del medio casi constante.

9.2.3 Coeficiente de rozamiento

Es necesario determinar el coeficiente de rozamiento **f** cuyo valor se puede ganar a partir de fórmulas siguientes o del diagrama de Moody (Figura 9.7):

Nikuradse: $1 / \lambda^{0,5} = 2 \log (d / k) + 1,14$ (9.11)

Prandtl u.
Colebrook: $1 / \lambda^{0,5} = -2 \log [\dfrac{2,51}{Re * f^{0,5}} + \dfrac{k}{d^{0,5}} 0,269)]$ (9.12)

fórmula empírica simple según *Colebrook* *) *Cte variable:*

$$\lambda = Cte * [1 + (20000 \ (k / d) + 10^{6} / Re)^{1/3}]$$ (9.13)

fórmula de *Zanke* para la aplicación flexible:

$$\lambda = \left[-2 \log \ (2,7 \dfrac{(\log Re)^{1,2}}{Re} + \dfrac{k^{-2}}{3,71 \ d}) \right]$$ (9.14)

Tuberías hidráulicamente lisas, cobre y acero inoxidable en instalación doméstica:

$$\lambda = 0,3164 * Re^{-0,25}$$ (9.15)

con: $Re = V \ d \ \rho / \eta$ (9.16)

donde:
λ	= Coeficiente de rozamiento	(-)
V	= Velocidad	(m/s)
d	= Diámetro interior del tubo	(mm)
k	= Rugosidad física	(mm)
η	= Viscosidad dinámica	(kg/ms)
ρ	= Densidad en servicio	(kg/m³)
Cte	= 0,006 diámetro pequeño	
	= 0,005 diámetro grande (fórmula 9.13)	

9.2.4 Rugosidad física

La rugosidad **física,** aquí denotada por k, depende solo del material de la tubería y la condición de la superficie interna, que puede cambiar debido al envejecimiento y las condiciones de funcionamiento. Algunos valores medios se muestran en Tabla 9.3. **Cuidado:** no confundir la *rugosidad física* **k** con el *número de compesibilidad* **K**.

Tabla 9.2: Viscosidad dinámica respecto la temperatura (10^{-6} kg/ms)

Temperatura °C	Gas natural alto PC	Gas natural bajo PC	Gas de ciudad
0	10,25	11,25	12,35
10	10,50	11,60	12,74
20	10,76	11,90	13,00

Tabla 9.3: Valores medios de la rugosidad física k de tubos (mm)

Material de tubo	Tubo nuevo	Tubo viejo	con aluviones
Fundición gris	0,15	0,5 ... 1,5	1,5 ... 4,0
Acero desconocido	0,2 ... 0,5		
Acero cinco	0,1 ... 0,15	0,2 ... 0,5	0,5 ... 1,0
Acero revestido	0,05 ... 0,08		
Cobre	0,002		
Polietileno	0,007		

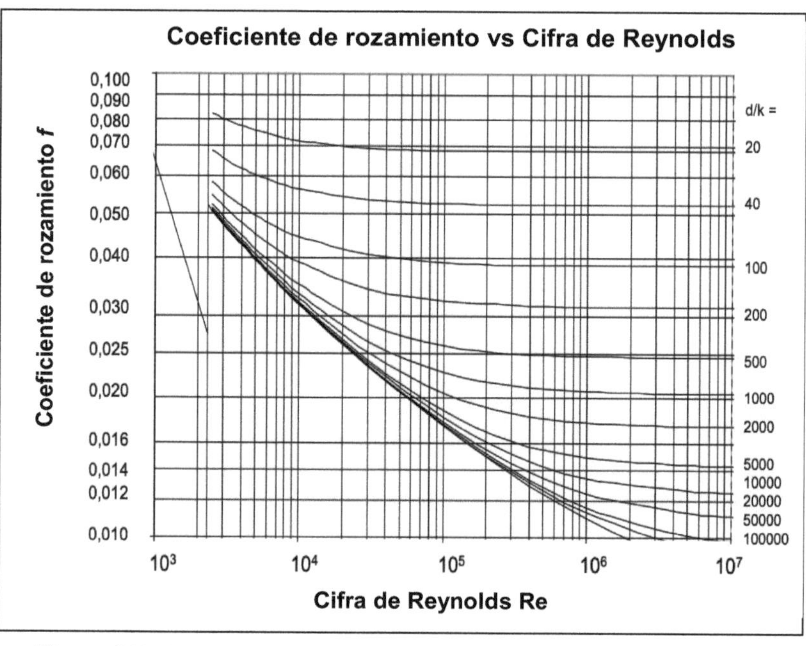

Figura 9.7: Imagen de coeficientes de rozamiento y la cifra de Reynolds (en la práctica mejor usar las fórmulas 9.11 hasta 9.15)

9.2.5 Velocidad del gas en tuberías

Muchas aplicaciones de gas requieren una limitación de la velocidad del gas. Las razones pueden ser económicas, acústicas o prácticas. La Tabla 9.4 muestra algunos valores promedio para la reducción del ruido o para minimizar el transporte de polvo, que puede resolverse en tuberías viejas debido a altas velocidades del gas.

Tabla 9.4: Valores medios de velocidades recomendadas en instalaciones de gas:

tipo de tubería y servicio	velocidad (m/s)	comentario
instalaciones domésticas y sus acometidas	1,0 ... 3,0 2,0 ... 5,0	presión baja tuberías viejas
suministro cliente	3,0 ... 10,0	tuberías plásticas
distribución y transporte	5,0 ... 20,0	tuberías nuevas (acero y plástico)
estaciones de regulación	20 ... 30	(con protección acústica)

9.2.6 Piezas incorporadas y accesorios

Los sistemas de tuberías requieren piezas incorporadas para sus tareas de transporte. Estos incluyen, por ejemplo, ángulos, curvas, ramas, válvulas, filtros. La suma de pérdidas generalmente se calcula en la tubería de la siguiente manera:

$$\Delta p_{acc} = \Sigma \zeta * (\rho V^2 / 2) \tag{9.17}$$

Donde $\Sigma \zeta$ es la suma de los coeficientes de resistencia de las partes de instalación en una sección de la línea.

Sin embargo, debido a la creciente complejidad de las instalaciones de gas en términos de sus dispositivos y dispositivos de seguridad, los fabricantes ya no podían ofrecer coeficientes de resistencia, por lo que cambiaron a un sistema de longitudes adicionales para las piezas incorporadas, que se agregan a las longitudes rectas de la tubería.

$$\Delta p_{tubo + acc} = \lambda \frac{(L_{tubo} + L_{equiv})\, \rho\, V^2}{2\, d} \tag{9.18}$$

La pérdida de presión en una cadena de tubería se compone entonces de acuerdo con la Ecuación 9.18, así que pueden utilizar en la instalación doméstica las longitudes de tubería equivalentes a los valores que se muestran en Tabla 9.5:

Porcentajes de longitudes adicionales en suma de accesorios se ven en la Tabla 9.6 y la ecuación 9.19 muestra su aplicación:

Tabla 9.5: Longitudes equivalentes de las piezas incorporadas como sustitución a los coeficientes de resistencia ζ (GN)

reducción		0,5	m
curva 90°		0,4	m
curva 45°		0,3	m
codo 90°		1,0	m
codo 45°		0,7	m
T - bifurcación		1,0	m
válvula esférica recta		2,0	m
válvula esférica angular		4,5	m
válvula esférica recta	con CT	4,5	m
válvula esférica angular	con CT	9,5	m
válvula magnética		3,0	m
válvula cierre térmica	CT	3,0	m
cierre automático GS (Gas-Stop)		3,0	m

Si se conoce la pérdida de presión específica de los tubos rectos en mbar/m, la pérdida de presión de las piezas incorporadas se puede calcular con ella:

$$\Delta p_{\ acc} = \Sigma\, L_{equival} * \Delta p_{esp\ tubo} \qquad (9.19)$$

Tabla 9.6: Porcentaje de longitud adicional para accesorios en instalaciones domésticas.

Instalaciones domésticas		
tubos de acero	10	... 30 %
tubos de cobre / acero fino	20	... 50 %
acometidas de gas	5	... 20 %
red exterior	0	... 5 %

En el caso de solo unas pocas piezas incorporadas, por ejemplo, en gasoductos, las compañías de gas no calculan con piezas de instalación individuales, sino que simplemente aumentan la rugosidad física hasta un nivel adecuado. Esto se llaman *rugosidad integral*, cuyo valor puede determinarse mediante mediciones.

Rugosidad integral

Para el diseño de tuberías de transporte regional tan como local no se tomen en cuenta accesorios singulares. Las empresas miden las pérdidas de presión de unos sistemas de tuberías existentes a carga alta. Junto con las características de la tubería, calculan la mencionada rugosidad integral k_i la que incluye entonces las resistencias de todas las piezas montadas. Estos valores prácticos les sirven entonces para el diseño de nuevas tuberías.

9.3 Aplicaciones numéricas del capítulo 9

Ejemplo 9.1:

Deben planificar una línea de conexión (GN) para un edificio comercial que tendrá una demanda de calor efectiva de 100 kW. La tubería debe ser de cobre con una diferencia de altura (desnivel) de **-5,0** m (rugosidad k = **0,002** mm).

Datos:

$Q'_{cal,ef}$ = 100 kW	PCS = 11,2 kWh/m_n^3	t_{Gas} = 18 °C
p_{atm} = 950 mbar	η_{cald} = 0,80 (ref. PCS)	$\rho_{Gas,n}$ = 0,75 kg/m_n^3
L_{acom} = 80 m	d_{int} = 39,0 mm	η_{Gas} = 10,6 * 10^{-6}
p_{e1} = 28 mbar	Δp_{admis} = 3,0 mbar = 300 Pa	$\rho_{aire,n}$ = 1,28 kg/m^3

Componentes: 10 codos, 1 válvula bola, 1 válvula térmica, 1 GasStop (Tabla 9.5)
Calcule los siguientes valores para ver entonces sí la suma de las pérdidas cumple como valor permitido:
- Volumen de gas y densidad efectiva en las condiciones del servicio
- Velocidad efectiva del gas
- Factor de rozamiento
- Pérdida de presión Δp_{total} dentro de los tubos rectos, de los accesorios y debido a la diferencia de altura
- Longitud equivalente por la suma de las piezas montadas.

Solución:

Es una tubería de baja presión, por lo que la ecuación 9.10 se puede usar con valores constantes de densidad y velocidad. Sin embargo, los valores estándar deben convertirse en los valores operativos:

caudal normalizado (ec. 5.1):

$$V'_n = Q'_{cal\,ef} / (PCS * \eta_{cald}) = 100 \text{ kW} / (11,2 \text{ kWh/}m_n^3 * 0,80) = \underline{\mathbf{11,16}} \ m_n^3/h$$

caudal efectivo (ec. 3.18):

$$V'_{ef} = V'_n \frac{p_n * T}{p * T_n} = 11,16 \ m_n^3/h \ \frac{1013 \text{ mbar} * (273 + 18) \text{ K}}{(950 + 25) \text{ mbar} * 273 \text{ K}} = \underline{\mathbf{12,36}} \ m^3/h$$

$$= \underline{\mathbf{0,0034}} \ m^3/s$$

densidad efectiva:

La densidad efectiva se la puede calcularse por ecuación 3.22 o por la relación entre los volúmenes ya conocidos:

$$\rho = \rho_n * V'_n / V' = 0{,}75 \text{ kg/m}^3 * 11{,}16 \text{ m}_n^3/\text{h} / 12{,}36 \text{ m}^3/\text{h} = \underline{\textbf{0,68}} \text{ kg/m}^3$$

velocidad efectiva:

$$V = V' / A = \frac{4 * V'}{\pi * d_i^2} = \frac{4 * 0{,}0034 \text{ m}^3/\text{s}}{\pi * 0{,}039^2 \text{ m}^2} = \underline{\textbf{2,85}} \text{ m/s}$$

factor de rozamiento f :

$$Re = \frac{V * d_i * \rho}{\eta} = \frac{2{,}85 \text{ m/s} * 0{,}039 \text{ m} * 0{,}68 \text{ kg/m}^3}{10{,}6 * 10^{-6}} = \underline{\textbf{7121}}$$

El coeficiente de fricción se puede obtener, por ejemplo, de la ecuación empírica 9.13 de Colebrook con:

$$d_i / k = 39 \text{ mm} / 0{,}002 \text{ mm} = 19500$$

$$\lambda = \textbf{C} * [\, 1 + (20000\,(k/D) + 10^6 / Re\,)^{1/3}\,] \quad (C = \textbf{0,0060} \text{ diámetros bajos})$$

$$= 0{,}0060 * [\, 1 + (20000\,(1/19500) + 10^6 / 10053\,)^{1/3}\,] = \underline{\textbf{0,037}}$$

Δp – tubos (ec. 8.10):

$$\Delta p = \lambda * \frac{L\,\rho\,V^2}{2\,d} = 0{,}037 \,\frac{80 \text{ m} * 0{,}68 \text{ kg/m}^3 * 2{,}85^2 \,(\text{m/s})^2}{2 * 0{,}039 \text{ m}} = \underline{\textbf{209}} \text{ Pa}$$

La pérdida de fricción específica de la tubería, sale como resultado 226,0 Pa / 80 m

$$= \underline{\textbf{2,61}} \text{ Pa/m}$$

A continuación, se utiliza el cálculo con longitudes de tubería equivalentes.

Pérdidas de presión: Δp – accesorios (ec. 9.17):

Piezas montadas:	número	longitud equivalente	suma
Codo	10	1,0 m	10,0 m
Válvula bola	1	2,0 m	2,0 m
Válvula térmica	1	3,0 m	4,5 m
GasStop	1	3,0 m	3,0 m
		Suma =	**19,5 m**

$$\Delta p_{acc} = \Sigma L_{eqiv} * \Delta p_{esp} = \textbf{19,5 m} * \textbf{2,61 Pa/m} = \underline{\textbf{51}} \text{ Pa}$$

Pérdida de presión: Δp – por desnivel:

Debido a la diferente gravedad específica entre el gas en la tubería y el aire en el ambiente, hay ganancias de presión o pérdidas de presión en el sistema, que deben tenerse en cuenta debida a las bajas pérdidas de presión total permitidas (véase fórmula 10.6 o tabla 10.3):

$$\Delta p = - \Delta p / m * \Delta z = \textbf{- 0,4} \; Pa/m * \textbf{- 5,0} \; m = \underline{\textbf{20,0}} \; Pa$$

El resultado positivo significa una pérdida de presión que ocurre a en unas tuberías verticales descendentes, en caso de gases más ligeras en comparación con el aire alrededor.

pérdida de presión total:

$$\Delta p_{total} = \Delta p_{tubos} + \Delta p_{accesorios} + \Delta p_{desnivel} = 209 \; Pa + 51 \; Pa + 20 \; Pa = \underline{\textbf{280}} \; Pa$$

$$= \underline{\textbf{2,8}} \; mbar$$

Sobrepresión en el extremo de la tubería acometida:

$$p_{e2} = p_{e1} - \Delta p_{total} = \textbf{28} \; mbar - \textbf{2,8} \; mbar = \underline{\textbf{25,2}} \; mbar$$

$$= \text{suficiente para la instalación interior}$$

Longitud equivalente:

La pérdida de **51** Pa debido a los accesorios y la diferencia de altura en comparación con los 209 Pa de las tuberías rectas da un porcentaje que sirve ganar la longitud adicional para lograr el mismo resultado:

$$(\Delta p_{accesorios} + \Delta p_{desnivel}) / \Delta p_{tubos} = (51 \; Pa + 20 \; Pa) / 209 \; Pa = \textbf{33,9} \; \% \; \Delta p_{tubos}$$

$$L_{equiv} = L_{tubo} * \% \; \Delta p_{tubos} = 80 \; m * 0,339 = \textbf{27,2} \; m$$

Prueba:

$$\Delta p_{total} = 2,61 \; Pa/m * (80 + 27,2) = \underline{\textbf{280}} \; Pa$$

Comentario:
En caso de acometidas para calderas singulares bastaría prolongar la conexión por unos 20 - 40% para respetar las pérdidas de carga debidas a accesorios y desniveles.

Ejemplo 9.2:

El gasoducto de *Gas Atacama* (desde la frontera argentina hasta Mejillones en Chile) tiene una longitud de 400 km. Se espera que su volumen máximo de carga sea de **8,5 millones de metros cúbicos por día** cuando se complete. Hasta que se instalan los compresores, el volumen de entrega es solo el 30% del transporte final.
Datos técnicos:

L = **400** km; d = **0,5** m; rugosidad integrada: k = **0,06** mm; p_{e2} = **20** bar (presión de entrega en Mejillones); ρ_n = **0,75** kg/m³; K = 1 − p_m / 450; viscosidad dinámica = **10,6** $*10^6$ kg/s; t_{gas} = **20°C**; presión atm. p_{atm} = **0,880** bar

Calcule la caída de presión, la sobrepresión mínima requerida a la entrada del gas (sin compresores). Para el uso del número de compresibilidad K, se requiere una estimación de la pérdida de presión y la consideración de si es necesario corregir el valor asumido.

Solución:

Debido a la presión requerida al final de la tubería, se calcula las pérdidas a través de los datos del gas ideal al final de la tubería para aplicar después la ecuación 9.6. Densidad según ecuación 3.22 siendo K = 1 para gas ideal:

$$\rho_{2i} = \rho_n \frac{p\ T_n}{p_n\ T}\ \frac{1}{K} = \frac{(\ 20 + 0,880\ )\ bar * 273\ °K}{1,013\ bar * (\ 273 + 20\ )\ °K} = \underline{\mathbf{14,4}}\ kg/m³$$

Caudal volumétrico normalizado sin estaciones compresoras:

$$V'_{n\ real} = V'_{max}\ (m_n³/día) * 0,30/24\ h/d = \mathbf{8,5} * 10^6 * 0,30/24 = \underline{\mathbf{106250}}\ m_n³/h$$

Caudal volumétrico del gas ideal al fin del gasoducto según ecuación 3.19 (K = 1):

$$V'_{2i} = V_n \frac{p_n\ T}{p\ T_n}\ K = \frac{106250\ m_n³/h * 1,013\ bar * 293\ °K}{3600\ s/h\ *\ 20.88\ bar\ *\ 273\ °K} = \underline{\mathbf{1,537}}\ m³/s$$

Velocidad del gas ideal al final de la línea:

$$V_{2i} = \frac{4\ V_{2i}}{\pi\ d^2} = \frac{4 * 1,537\ m³/s}{\pi * 0,5^2\ m^2} = \underline{\mathbf{7,83}}\ m/s$$

Para calcular la caída de presión, se necesita el factor de fricción, que se basa tanto en la rugosidad física como en el número de Reynolds (ec. 9.16):

$$Re = \frac{V_{2i} * d * \rho_{2i}}{\eta} = \frac{7,83\ m/s * 0,5\ m * 14,4\ kg/m³}{10,6 * 10^{-6}} = \underline{\mathbf{5,32 * 10^6}}$$

La rugosidad física relativa: $k\,/\,d = 0,06\ mm\,/\,500\ mm$ $= \underline{\textbf{0,00012}}$

Luego se obtiene entonces el factor de rozamiento p. ej. utilizando formula 9.13 adaptada a grandes diámetros por utilizar C = 0,0050:

$$\lambda = \mathbf{Cte} * [\,1 + (20000 * (k\,/\,d) + 10^{6}\,/\,Re\,)^{1/3}\,]$$

$$= \mathbf{0,0050} * [\,1 + (20000 * (0,00012) + 10^{6}\,/\,5,32 * 10^{6}\,)^{1/3}\,] = \underline{\textbf{0,015}}$$

La pérdida de presión

resulta de la ecuación 9.6 con el coeficiente de compresibilidad medio Km, para lo cual se debe conocer la presión media a lo largo de la tubería. Esto significa que primero debe estimar la pérdida de presión para obtener un número de compresión aplicable:

La pérdida de presión se estima en $\Delta p = \mathbf{30}$ bar, lo que significa que $p_2 = (20 + 0,88)$ bar y:

$$K_m = 1 - p_m\,/\,450 = 1 - (\,p_2 + 0,5 * \Delta p)\,/\,450 = 1 - (20,88 + \underline{15}\,)\,/\,450 = \underline{\textbf{0,920}}$$

$$\Delta p = p_2\,[\,\sqrt{1 + \lambda\ \frac{L\ \rho_{2i}}{d_i\ p_2}\ V^2_{2i}\ K_m} - 1]\qquad (\,\text{formula 9.6}\,)$$

$$= 20,88\ bar\,\sqrt{[1 + 0,015\ \frac{400.000\ m\ \ 14,4\ kg/m^3}{0,50\ m\ \ 20,88\ bar\ \ 10^5\ Pa/bar}\ 7,83^{2}\ (m/s)^2\ 0,920} - 1\,]$$

$$= \underline{\textbf{28,80}}\ bar$$

¿Corregir la pérdida estimada?

No es necesaria, porque tiene una influencia extremadamente pequeña en la determinación de Km y su aplicación en la ecuación 9.6.

Incluso, si asume la pérdida de presión esperada como $\Delta p = 0$, aún obtiene un resultado final de 29.6 bar, correspondiente a una desviación de **0,7** bar.

Por lo tanto, nada puede salir mal con la estimación de la pérdida de presión y el tratamiento en un programa de hoja de cálculo ayuda enormemente. Pero, por otro lado, si se descuida la compresibilidad totalmente, hay un error del 7%, que no se puede tolerar.

Entonces, la presión mínima al inicio de la línea para alcanzar la presión final de p e1 = 20 bar debe ser la siguiente:

$$p_{e1} = p_{e2} + \Delta p = 20\ bar + 28,8\ bar = \underline{\textbf{48,8}}\ bar$$

10. Suministro de clientes

Gases como el GLP y el gas natural, que seguramente se mezclarán con una proporción cada vez mayor de hidrógeno en el futuro, serán un combustible esencial para abastecer a los clientes actuales. Por esta razón parece importante presentar los principios básicos de los sistemas de para edificaciones. Para ello, deben observarse las respectivas normas nacionales vigentes. Dado que estos pueden ser diferentes, aquí sólo se presentan ideas básicas, que luego se pueden adaptar a las condiciones especiales.

10.1 Consumo de gas

El consumo de gas se define como el consumo gas en metros cúbicos estándar (GN) o por el consumo de másico en kg (GLP) a la potencia efectiva del dispositivo. Las tasas de consumo estándar se enumeran en las descripciones de los dispositivos o se puede calcularse para combustibles gaseosos y líquidos de la siguiente manera:

flujo volumétrico:
$$V'_{gas} = \frac{Q'_{comb}}{PC_{GN}} = \frac{Q'_{útil}}{PC_{GN}\ \eta_{PC}} \qquad (10.1)$$

flujo másico:
$$m'_{GLP} = \frac{Q'_{comb}}{PC_{GLP}} = \frac{Q'_{útil}}{PC_{GLP}\ \eta_{PC}} \qquad (10.2)$$

Q'_{comb} = Potencia calorífica de la combustión
$Q'_{útil}$ = Potencia efectiva del artefacto
PC_{GN} = Poder calorífico del gas de suministro (kWh/m_n^3)
PC_{GLP} = Poder calorífico del gas licuado (kWh/kg)
$\eta_{ef\ PC}$ = Rendimiento efectivo del aparato, definición PC

Tabla 10.1: consumos aproximados de los diversos aparatos de gas
*) valores a poderes caloríficos bajos

Tipo de aparato	Gas natural m_n^3/h	Propano kg/h	Butano kg/h
Cocina a gas (4 llamas + horno)	0,8 ... 1,2 *)	0,8	0,5
Calentador mixto (25 – 28 kW)	2,5 ... 3,0 *)	2,2 – 2,5	2,0
otros artefactos	0,1 ... 0,25 *) m_n^3/kW	0,08 kg/kW	0,05 kg/kW

Las fórmulas 10.1 y 10.2 se pueden usar con PCI o PCS, pero con las eficiencias asociadas. En la tabla 10.1 figuran también los valores medios de consumo de los aparatos de gas comunes:

10.2 Simultaneidad del consumo

Cuando se examina la red de gas de un edificio con varios apartamentos, rápidamente se da cuenta de que no todos los dispositivos funcionan al mismo tiempo. Esto significa que los flujos de medios efectivos en las secciones de línea individuales están por debajo de los flujos de volumen de la suma de los dispositivos conectados.

Este efecto se describe mediante la llamada simultaneidad y, en cualquier caso, se tiene en cuenta por los factores correspondientes. Estos se definen de manera diferente en todos los países y deben cumplir con los estándares actuales.

Estos son algunos ejemplos:

Cálculo detallado:

El caudal volumétrico de cada sección de línea consiste en la suma de las corrientes máximas para cada tipo de dispositivo multiplicadas por un factor de simultaneidad correspondiente al número de los mismos dispositivos:

$$
\begin{aligned}
V'_{tot} = \ & n_{cocinas} \quad * \ V'_{cocina} \quad * \ S_{cocinas} \quad + \\
& n_{calentadores} * V'_{calentador} * S_{calentadores} + \\
& n_{calderas} \quad * V'_{caldera} \quad * S_{calderas} \quad + \\
& n_{acumuladores} * V'_{acumulador} * S_{acumuladores} \cdots
\end{aligned}
$$

siendo:
n = Número de aparatos por tipo
V' = Caudal singular del aparato
S = Factor de simultaneidad según número y tipo de artefactos

Tabla 10.2: Factores de simultaneidad para aparatos domésticos /11/

Cocinas de Gas:	S_{cocina}	$= 0,8 \ n_{cocinas}^{-0,4}$
Calentador / Califont:	$S_{calentador}$	$= 1,0 \ n_{calentadores}^{-0,6}$
Catalíticos:	$S_{catalítico}$	$= 1,0 \ n_{catalitos}^{-0,3}$
Caldera / Acumuladores:	$S_{caldera}$	$= 1,0 \ n_{calderas}^{-0,20}$

Cálculo simplificado:

Se pueden resumir los volúmenes de los principales consumidores y sumar una parte de los pequeños consumidores:

$$
\text{Linares /13/:} \quad V'_{tot} = V'_1 + V'_2 + 0,5 * (V'_3 + V'_4 \ .... \ ) \ m^3/h \quad (10.3)
$$

$$
\text{DVGW /11/:} \quad Q'_{tot} = \Sigma Q'_{>50\,kW} + 0,40 * \Sigma Q'_{<50} \quad (10.4)
$$

Consumo simultaneo para secciones individuales y comunitarias (DVGW-Alemania):

Uniones de Artefactos singulares	$S = 1{,}0$
Ramales interiores y verticales Consejo: se puede adaptar la formula según las necesidades del proyecto	$\mathbf{Q'_{PCI}} < \mathbf{50\ kW}$: $S = 0{,}9$ (10.5a) $\mathbf{Q'_{PCI}} => \mathbf{50\ kW}$: $S = 2{,}4 * (\Sigma\ Q')^{-0{,}25}$ (10.5b)

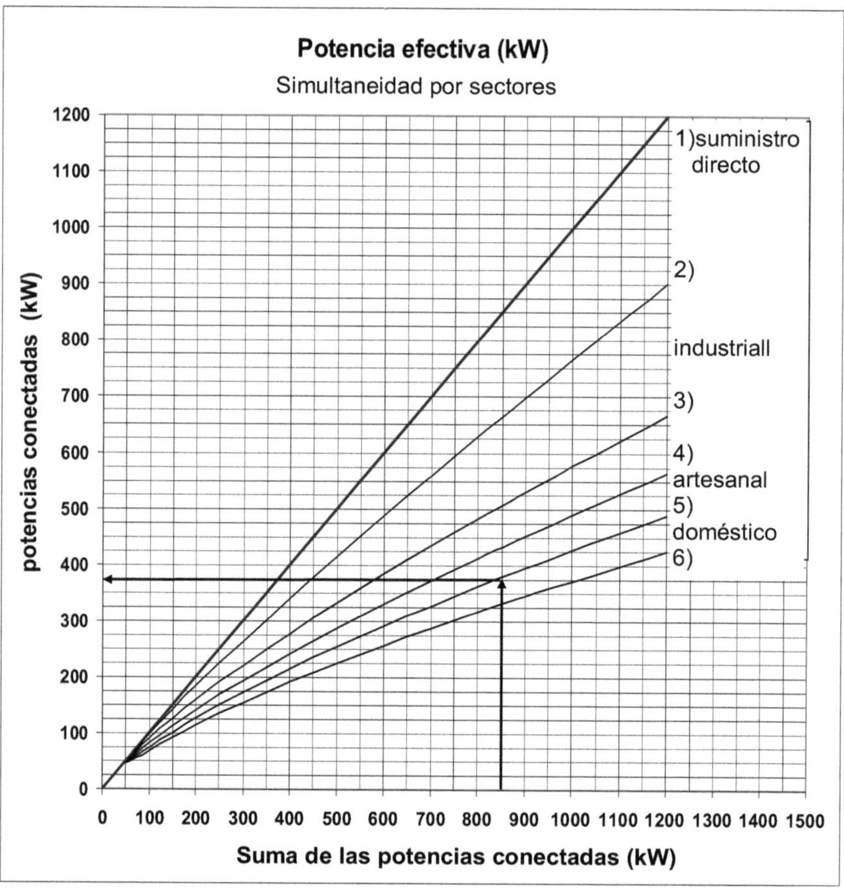

Figura: 10.1: Ejemplos de la simultaneidad **S** para diferentes sectores del uso

La simultaneidad también puede ser adaptada a las necesidades del proyecto, es decir al sector de utilización. Figura 10.1 muestra estos efectos en forma de varias fórmulas para diferentes sectores de aplicaciones.

Estos son los valores de simultaneidad de la Figura 10.1 mediante de ecuaciones:

(1) $S = 1,0$ (2) $S = 1,7 * \Sigma P^{-0,115}$

(3) $S = 2,3 * \Sigma P^{-0,2}$ (4) $S = 2,4 * \Sigma P^{-0,23}$

(5) $S = 2,4 * \Sigma P^{-0,25}$ (6) $S = 2,4 * \Sigma P^{-0,27}$

10.3 Sistemas del suministro al consumidor

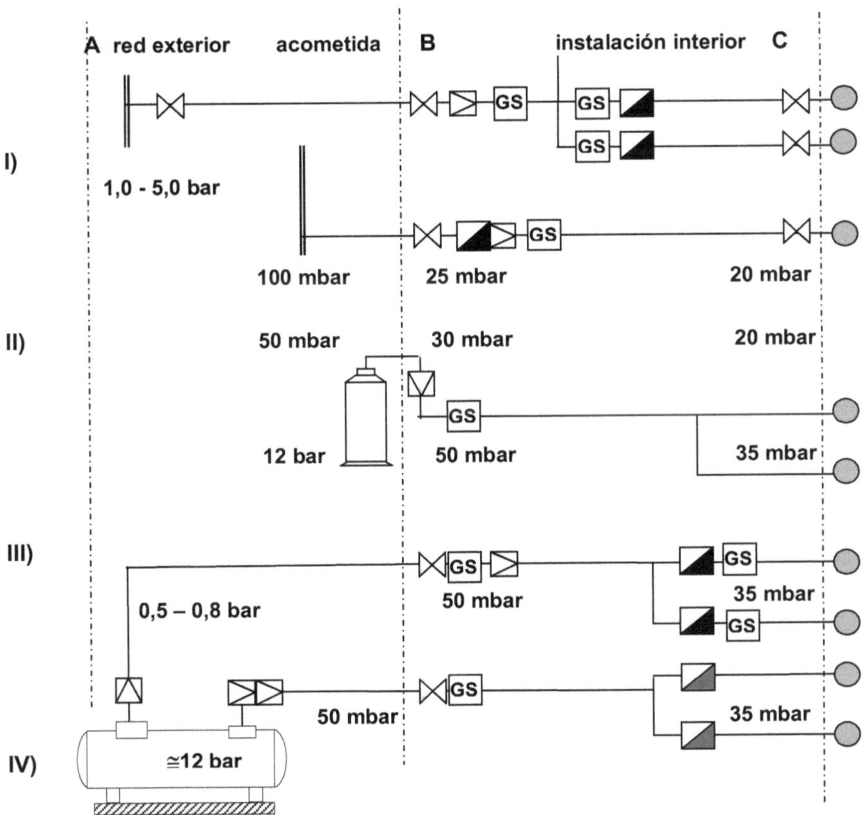

Figura 10.2: Esquemas de instalaciones para gas natural (I, II) y gas licuado (III, IV) con presiones y pérdidas de carga admisibles:

  I) Gas natural, acometida 0,1 – 5,0 bar, seguridad: Gas Stop (GS)
  II) Gas natural, acometida + Cierre Térmico (CT)
  II) Gas natural, acometida 50 mbar
  III) Gas licuado del cilindro: Instalación interior   50 mbar
  IV) Gas licuado del estanque: Presión acometida 0,5 – 0,8 bar
       Instalación interior 50 mbar

Para las pérdidas de presión permitidas de los gases individuales (C) véanse las tablas 10.5 y 10.6.

Atención:
Todas las instalaciones y aparatos a gas tienen que cumplir las normas según los reglamentos vigentes del abastecimiento público para los gases combustibles del país de referencia. Dado que estos pueden ser diferentes, aquí veremos ejemplos generalizados para conocer el asunto y llegar a soluciones adecuadas.

10.3.1 Pérdidas de carga en tramos verticales

Debido a la diferencia del peso específico entre el gas combustible dentro del tubo en comparación con al aire alrededor ocurren pérdidas o ganancias de presión:

$$\Delta p = (\rho_{gas} - \rho_{aire})(z_2 - z_1) g \qquad (10.6)$$

donde:
ρ_{gas} = Densidad del gas
ρ_{aire} = Densidad del aire
z_1 = Nivel primero
z_2 = Nivel segundo
g = Cte. gravitacional 9,81 m/s^2

Tabla 10.3: pérdidas de cargas medias por desnivel

Combustible:	mbar / m	mm ca/m	Pa
gas natural:	- 0,04	- 0,4	- 4,0
gas de ciudad:	- 0,06	- 0,6	- 6,0
aire con propano:	+ 0,02	+ 0,2	+ 2,0
gas licuado LPG:	+ 0,07	+ 0,7	+ 7,0

El gas natural tanto como el gas de coque produce ganancia de presión en tramos verticales (-Δp) mientras los gases licuados aumentarán la pérdida de carga (+ Δp).

10.3.2 Gas natural
El gas natural proviene de la red pública de suministro de gas, donde se lo ofrece a sobrepresión entre 0,25 mbar y 5,0 bar dependiendo de las condiciones de distribución (ver Figuras 10.3 y 10.4). Para presiones de entrada > 100 mbar, se utilizan reguladores adicionales para reducir la presión por debajo de 100 mbar, la presión normalmente permitida de la instalación doméstica.

Figuras 10.3 y 10.4: La válvula de cierre en la línea principal (1) con acceso al eje de inspección (2) alimenta la línea de conexión (3). Cada vez con más frecuencia, se instala una válvula de seguridad automática (Gas-Stop **GS**) en la conexión (4) para interrumpir el flujo de gas en caso de daños en esta línea. Los dispositivos de medida y regulación (5) pueden ubicarse en el límite de la propiedad donde se instalan en una caja separada, en la pared del edificio, o por ejemplo en el sótano.

Otras soluciones incluyen habitaciones separadas y acordonadas con acceso para el personal de la empresa de para facilitar los trabajos de inspección y servicio.

La acometida entra en el edificio mediante la unidad *pasa muro* (6) la cual cuenta con un tubo de protección – en caso de acometidas metálicas con unión dieléctrica - y termina con la válvula de cierre principal del edificio (7). Sigue la instalación interior.

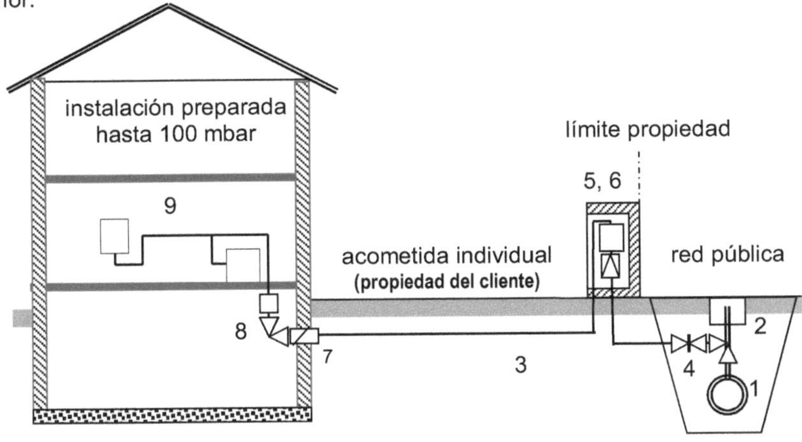

Figura 10.3: Unión de la instalación particular a la red de gas natural público: (1) red pública, presión 50 – 100 mbar con cámara de inspección (2) acceso a la caja de inspección (3) acometida (4) válvula de cierre automático (equipo extra) (5,6) regulador de la presión interior y contador (7) pasa muro con unión dieléctrica (8) válvula principal (9) instalación interior.

La acometida a baja presión puede suministrar directamente la instalación de la casa. La reducción de presión se lleva a cabo en combinación con el medidor después de la entrada en la casa (Figura 10.4, 7, 8). En este caso la acometida se queda normalmente en la propiedad de la empresa distribuidora (ver también Figura 10.2 I). Las instalaciones de regulación y medición (E.R.M) siempre son propiedad de la compañía de gas, incluso si se encuentran en el sector privado desde el límite de propiedad hasta el interior del edificio.

En propiedad privada puede transferirse la acometida con toda la responsabilidad al usuario o propietario cuando el medidor está instalado en el límite de la propiedad (véanse Figuras 10.3 números 5 y 6).

Pero, también en este caso, las instalaciones de regulación y medición (E.R.M) siempre quedan propiedad de la compañía de gas, incluso si se encuentran en el sector privado desde el límite de propiedad hasta el interior del edificio. so si se encuentran en el sector privado desde el límite de propiedad hasta el interior del edificio.

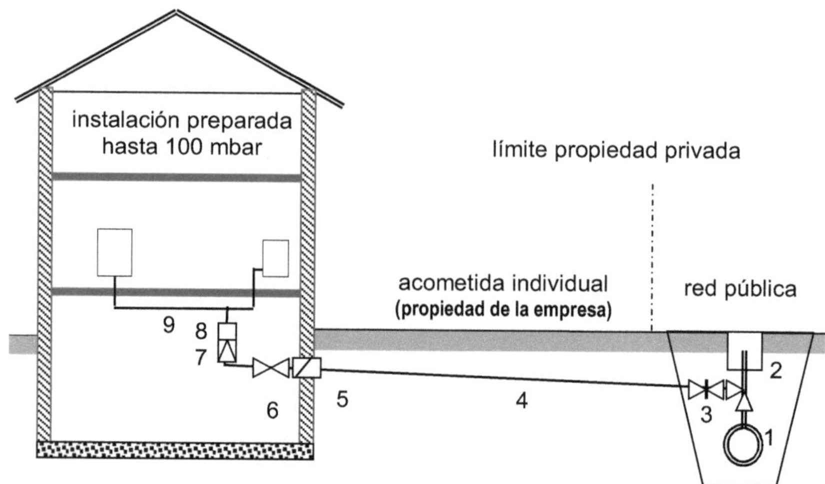

Figura 10.4: Unión de la instalación particular a la red pública de gas natural: (1) red pública, presión > 50 ... 100 mbar con (2) cámara de inspección, (3) válvula de cierre acometida automático (equipo extra) (4) acometida (5) pasa muro con unión dieléctrica, (6) válvula principal, (7, 8) regulador de presión y contador, (9) instalación interior: <u>propiedad privada.</u>

10.3.3 Gas licuado (GLP)

Las instalaciones de gas licuado componen de las redes interiores domésticas y de las instalaciones afueras que pueden persistir, por ejemplo, de cilindros de gas, de baterías de botellas, de almacenamientos de alta capacidad o de una red propia.

La presión dentro de un depósito de gas licuado, la denominada presión de vapor saturado depende solamente de la temperatura y de la composición del gas licuado. En caso de 50°C puede llegar a la presión efectiva entre unos 16 bares (100% propano) y de unos 5 bares (100% butano) como muestra la Figura 10.6.

En cada caso será necesario un grupo regulador para bajar la presión del cilindro de unos 12 bares a la presión practicable. Por razones técnicas y de seguridad se realizan la reducción de la presión en dos pasos a través de dos reguladores (figuras 10.5 y 10.7).

La misma tecnología se aplican en el suministro por cilindros y baterías de cilindros: El gas sale a presión alta y será reducida por dos reguladores a la presión de la instalación doméstica (Figura 10.7).

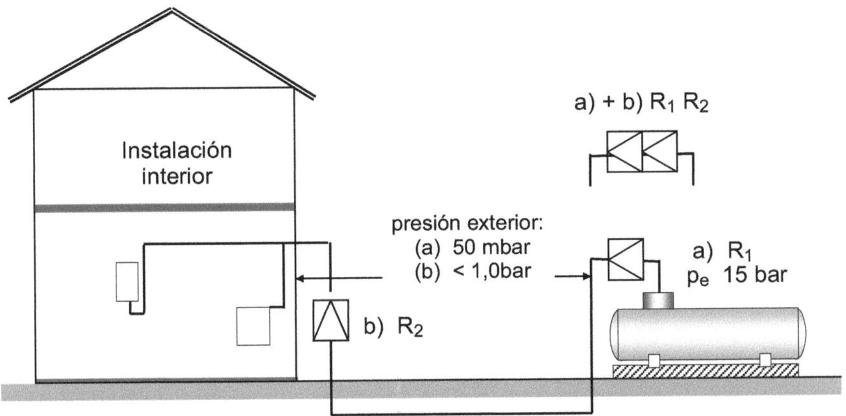

Figura 10.5: Esquema de las instalaciones exteriores de gas licuado con depósitos de alta capacidad y con valores medios de las presiones practicables:
a) Reguladores de la presión combinados con el depósito:
   La acometida de baja presión de unos 50 mbar es parte de la instalación interior
b) Reguladores separados: acometida de media presión < 1,0 bar para: consumos elevados, acometidas largas a la casa

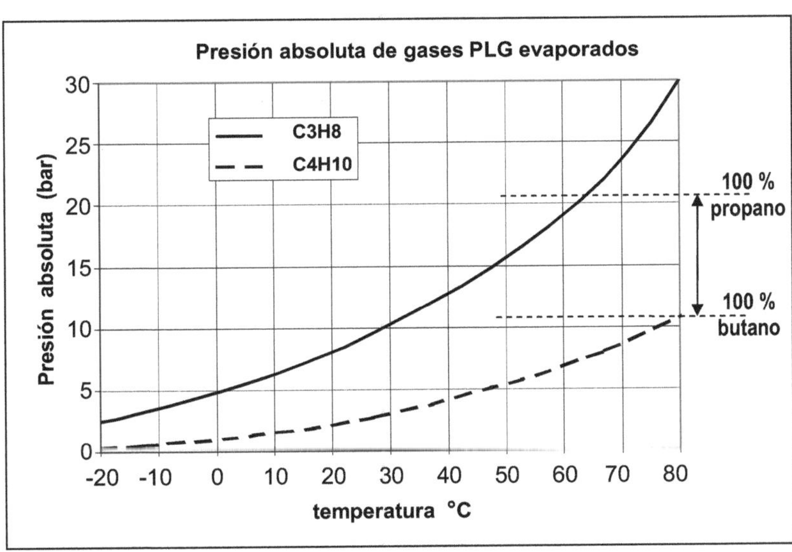

Figura 10.6: presión absoluta de propano y butano saturado

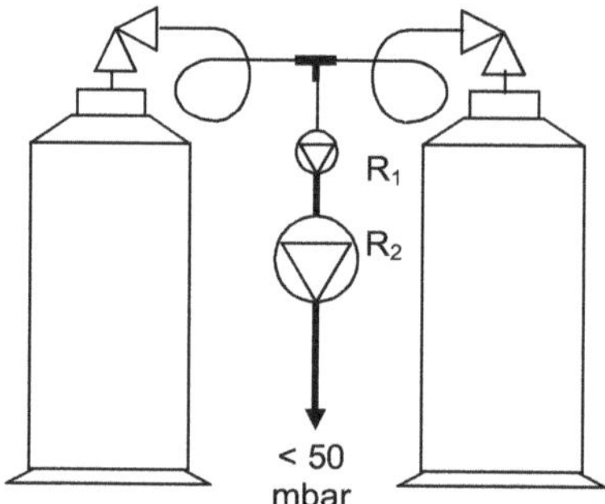

Figura 10.7:
Esquema del suministro
de gas licuado mediante
de cilindros (45 kg) con
dos reguladores:
presión de la acometida
entre 35 y 50 mbar

10.4 Planificación de las redes

Generalidades:
El cálculo de instalaciones de distribución de gas se realiza con el fin de determinar los diámetros mínimos de las tuberías para no superar las caídas de presión admisibles. Durante mucho tiempo, la forma habitual de planificar las redes de gas natural y gas de urbano era, utilizar tablas y diagramas, aplicando correcciones hasta encontrar las tuberías/diámetros correctos.

En los cálculos de las redes para el gas licuado se habían aplicado unas simplificaciones que permitían soluciones menos complicadas. pero ahora existen programas con soluciones numéricas para todos casos de instalaciones.

Pérdidas limitadas:
Las pérdidas desde el punto de entrega hasta cada artefacto deben encontrarse bajo los limites determinados por las normas y/o empresas de gas. Bajo de estas condiciones se buscan los diámetros para los tramos participantes para cumplir el volumen particular y las pérdidas tolerables de carga.

Perdidas específicas constantes:
En este caso, se utilizan caídas de presión idénticas para todos artefactos de gas individual desde la llave principal de la casa hasta el mismo aparato. Este tipo de cálculo puede aplicarse para redes de gas licuado de petróleo, ya que tienen diámetros bajos y es fácil asignar valores fijos de las pérdidas a las partes incorporadas.

10.4.1 Gas natural (GN)

Como cada país tiene sus normas individuales se muestra a continuación un cálculo con valores medios para presentar el método. Las tablas 10.5 y 10.6 presentan presiones típicas en instalaciones domésticas incluyendo las perdidas máximas tal como las presiones mínimas para mantener los aparatos en funcionamiento.

Debido a los muy diferentes contenidos energéticos, se desarrollaron diferentes programas de diseño para el gas natural, el gas licuado de petróleo y posibles de mezclas para las instalaciones domésticas.

10.4.1.1 Resistencias de tubos y accesorios

En Europa se han cambiado el diseno de redes domésticas al uso de resistencias específicas en Pa/m para los tubos de cobre y acero fino (ver Tabla 10.4)

Tabla 10.4 **Resistencias** específicas (Pa/m) para ramales individuales de cobre o acero fino para el Gas Natural calculado con:

PCI = 8,5 kWh/m³ densidad ρ_n = 0,78 kg/m³ rugosidad k = 0,002 mm

pérdidas específicas	diámetro exterior / mm /									
	15	18	22	28	35	42	54	64	76,1	88,9
Pa / m	Potencia de admisión Q´ ad kW									
0,4	1,6	3,0	5,0	10,0	21	36	72	118	194	300
0,7	2,3	4,0	7,0	14,0	28	48	98	146	260	410
1,0	3,0	5,0	10,0	18,0	35	58	122	200	328	500
1,3	3,5	6,0	11,5	21,0	42	68	140	230	380	590
1,6	4,0	7,0	13,0	24,0	47	78	158	260	426	660
2,0	4,5	8,0	15,0	28,0	54	90	182	296	484	750
2,5	5,2	9,0	17,0	32,0	61	102	206	336	550	850
3,0	5,7	10,0	19,0	35,0	68	114	228	374	610	950
3,5	6,0	11,0	21,0	38,0	74	126	248	406	555	1026
4,0	6,8	12,0	22,0	41,0	80	135	270	440	720	1110
4,5	7,3	13,0	23,5	44,0	86	145	288	470	770	1185
5,0	7,8	13,5	25,0	47,0	91	155	304	500	820	1260
5,5	8,3	14,0	26,5	50,0	96	163	322	526	860	1310
6,0	8,7	14,5	28,0	52,5	101	171	338	552	900	1390
6,5	9,2	16,0	29,5	55,0	106	180	352	576	940	1450
7,0	9,6	16,5	30,5	57,0	110	188	368	600	980	1510
7,5	10,0	17,0	32,0	59,5	115	195	384	623	1017	1570
8,0	10,4	18,0	33,5	62,0	120	202	397	646	1054	1630
8,5	10,7	19,0	34,5	64,0	124	209	410	668	1090	1680
9,0	11,0	19,5	35,5	66,0	128	216	424	690	1126	1740
9,5	11,5	20,0	37,5	68,5	132	223	438	711	1162	1800
10,0	12,0	21,0	39,0	70,5	136	230	450	732	1200	1860
11,0	12,5	22,0	40,0	74,0	143	242	475	771	1260	1900
12,0	13,0	23,0	42,0	78,0	150	254	498	810	1320	2040
13,0	13,5	24,0	43,5	81,5	157	266	520	846	1380	2080
14,0	14,0	25,0	45,0	85,0	164	277	542	882	1440	2220 *)
15,0	15,0	26,0	47,0	88,0	170	288	564	916	1490	2300
16,0	15,5	27,0	50,0	92,0	176	299	586	950	1540	2380
17,0	16,0	28,0	51,0	96,0	182	310	604	982	1595	2460
18,0	16,5	29,0	52,5	98,0	188	320	624	1014	1650	2540
19,0	17,0	30,0	55,0	101,0	194	330	644	1042	1698	2580
20,0	17,5	31,0	56,5	104,0	200	340	662	1070	1746	2690

*) límite de selección sin aplicación controlada

La pérdida de carga se calculen entonces através de la fórmula siguiente:

$$\Delta p_{\text{tubería}} \text{ (sin accesorios)} = (\Delta p / m) * \text{Longitud (Pa)} \qquad (10.7)$$

Tabla: 10.5: ejemplos de presiones y pérdidas en instalaciones domésticos

	Parte de la instalación	Gas natural	Gas licuado
Nivel de presión	Acometida	50 mbar ... 5,0 bar	0,05 ... 1,0 bar
Instalación interior	**25** ... 100 mbar	**50** mbar	
Presión Pérdida de carga	Acometida Instalación interior	1,0 ... 100 mbar 2,0 ... 3,0 mbar	2,5 ...5,0 mbar 2,5 ...5,0 mbar

Tabla: 10.6: presiones mínimas que hacen funcionar los artefactos de gas

	Tipo de gas	mbar	mmca
Presiones mínimas efectivas para los aparatos a gas	Gas natural	18 ... 20	180 ... 200
	Gas ciudad	8 ... 10	80 ... 100
	Propano	35	350
	Butano	28	280
	Aire propaneado	15	150

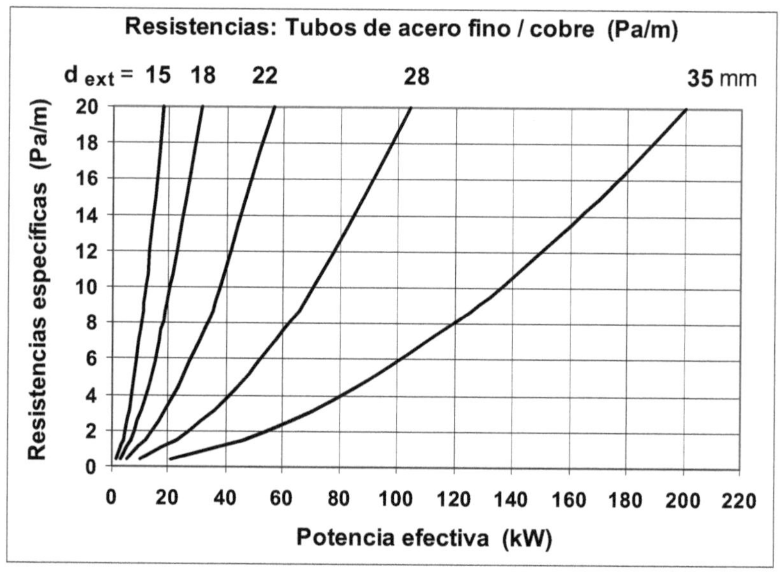

Figura 10.8: Resistencias de acero fino y cobre con (**GN**) datos /11/

167

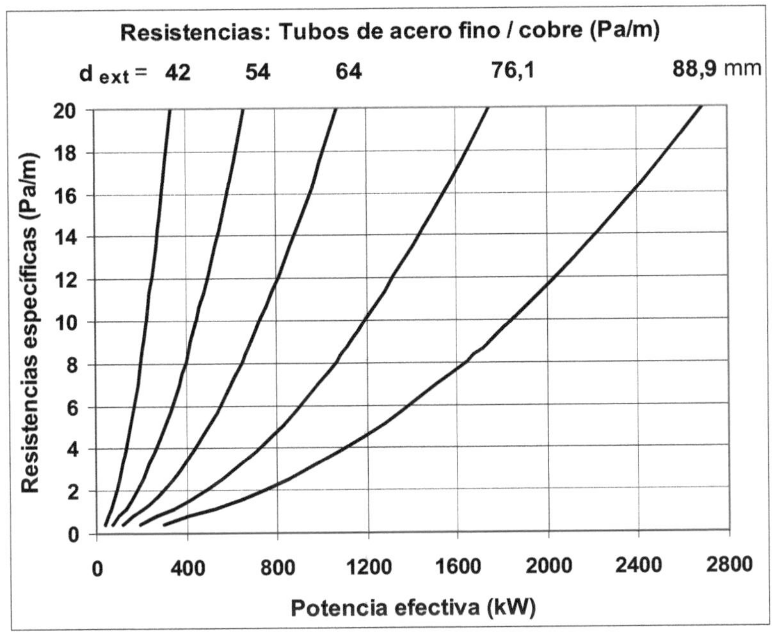

Figura 10.9: Resistencias de acero fino y cobre con (**GN**) datos /11/

Las Figuras 10.8 y 10.9 muestran las resistencias numéricas específicas de la tabla 10.4 en forma gráfica:

A propósito:
Las características del gas de ciudad no aparecen en las tablas. Estos gases de coque tenían altas proporciones de hidrógeno y de monóxido de carbón y ahora ya no están en uso en la economía de los gases combustibles.

10.4.1.2 Pérdidas de carga en suma:

Las pérdidas totales en las instalaciones se componen de las pérdidas de los tubos rectos, de pérdidas por diferencias de altura, y de varios accesorios y elementos auxiliares. Tratamientos posibles de las pérdidas:

(1) Tubos rectos: fórmula   10.7   Tablas   10.4 y 10.7
(2) Desnivel: fórmula   10.6   Tabla   10.3
(3) Accesorios: fórmula   10.8 a-c   Tabla   10.7, 10.8,
(4) Contador   fórmulas 10.9
(5) Válvulas GS   fórmula   10.10 – 10.14

168

Generalmente, las pérdidas causadas por piezas incorporadas se pueden respetar en forma de longitudes adicionales (formula 10.7 + Tablas 10.4 y 10.7)

Tabla 10.7 Longitudes equivalentes de accesorios (Gas Natural):

$D_{exterior}$	< 28	35	42	54	64	76,1 / 88,9	
DN	< 25	32	40	50	60	80	
$L_{T\text{-}Bifurcación}$	0,7	1,0	1,5	2,0	2,5	3,0	(m)
$L_{Codo\,90}$	0,3	0,5	0,7	1,0	1,2	1,5	(m)

Para proyectos de cálculo puede aplicarse las fórmulas siguientes:

T- Bifurcación: $\quad L_{T\text{-}Bifurcación} = 0,045 * D_{exterior} - 0,4 \quad$ mínimo: 0,7	(10.8a)
Codo (90°): $\quad L_{Codo} = 0,025 * D_{exterior} - 0,3 \quad$ mínimo: 0,3	(10.8b)
Curva (90°): $\quad L_{Curva} = 0,010 * D_{exterior} - 0,1 \quad$ mínimo: 0,1	(10.8c)

10.4.1.3 Grupo Contador (G)

Los contadores convencionales generan pérdidas de presión resultantes de una parte mecánica y de una parte dependiente del caudal de gas, por el cual el código **G** corresponde al caudal estándar (= tipo de medidor).

La pérdida de presión incluye 4 ángulos de montaje con el PCI será en kWh/m³:

$$\Delta p_{Contador} = 30 + 100 * \left(\frac{Q'_{ef}}{1,5 * Nr\,\mathbf{G} * PCI} \right)^2 Pa \qquad (10.9\ a)$$

$$= 30 + 100 * \left(\frac{V'_{ef}}{1,5 * Nr\,\mathbf{G}} \right)^2 Pa \qquad (10.9\ b)$$

10.4.1.4 Gás – Stop (GS):

En algunos países, las válvulas de cierre automático (Gas-Stop) se instalan para evitar daños causados por roturas de tuberías, daños o manipulaciones en la acometida. Estos dispositivos se pueden instalar también en la entrada de la propiedad, para que protejan las líneas comunitarias hasta las conexiones individuales internas. La idea es, cortar el flujo de gas (Ver el ejemplo 10.1 con montantes / conductos ascendentes individuales).

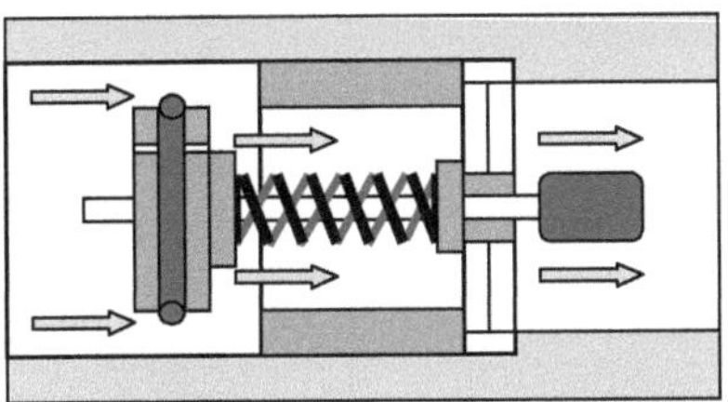

Figura 10.10:
Esquema simple de un dispositivo de control del caudal (**GS**):
A flujos excesivos en caso de daños (por ejemplo, por obras no profesionales) el disco se pone en el asiento de la válvula y la cierra. El orificio de equilibrado permite abrir el dispositivo a contrapresión.

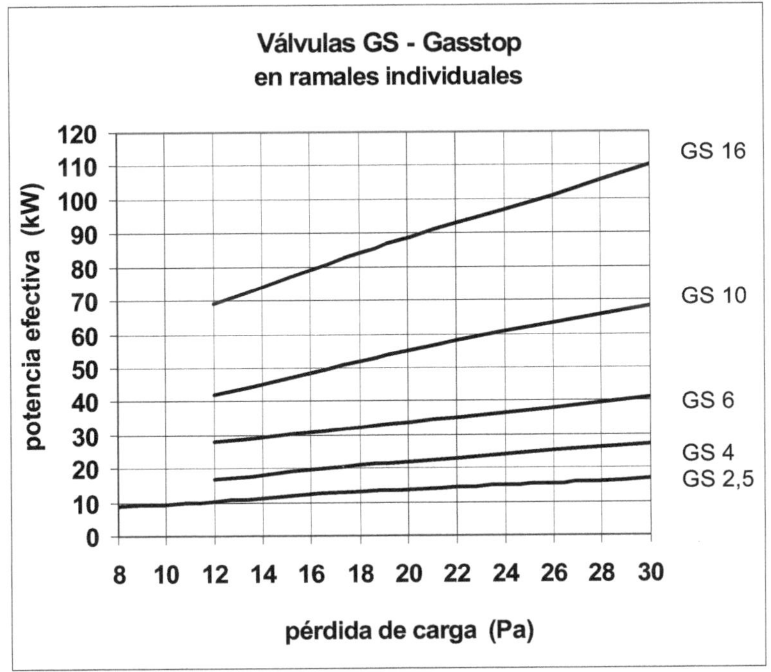

Figura 10.11: Resistencias de las válvulas GS en tramos individuales (**GN**) (gas natural), diagrama basado en datos de /11/

La pérdida de carga se da con valores aceptables por ecuación 10.10 o Figura 10.11:

$$\Delta p_{GS} = 50 * \left[Q'_{ef} / (Nr\ GS * PCI) \right] \qquad Pa \qquad (10.10)$$

$$\Delta p_{GS} = 50 * \left[V'_{ef} / Nr\ GS \right] \qquad Pa \qquad (10.11)$$

10.4.1.5 Válvulas de conexión para Gas Natural

Estas válvulas están disponibles en versiones rectas y angulas para adaptarse a las condiciones de instalación. A continuación, se pueden ver las pérdidas de carga en función de la potencia y de los diámetros de las tuberías:

Llaves DN	15	20	25	32	40	50	65	80
Tubos $d_{exterió r}$ ≤ mm	18	22	28	35	42	54	64	>76

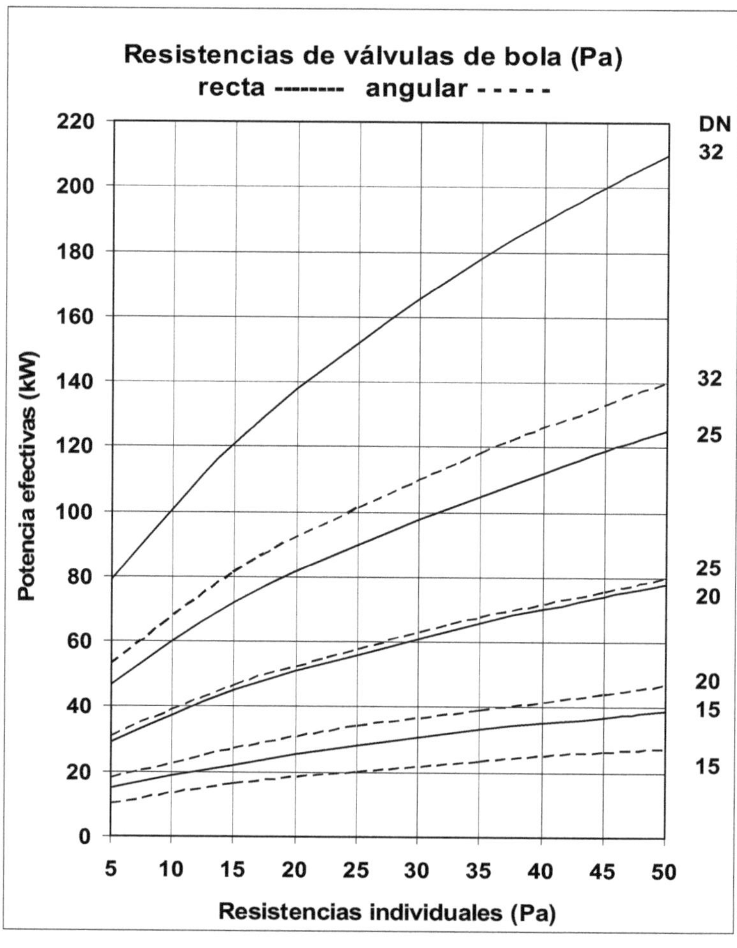

Figura 10.12: Resistencias de válvulas de bola a Gas Natural DN 15 – DN32 /11 /

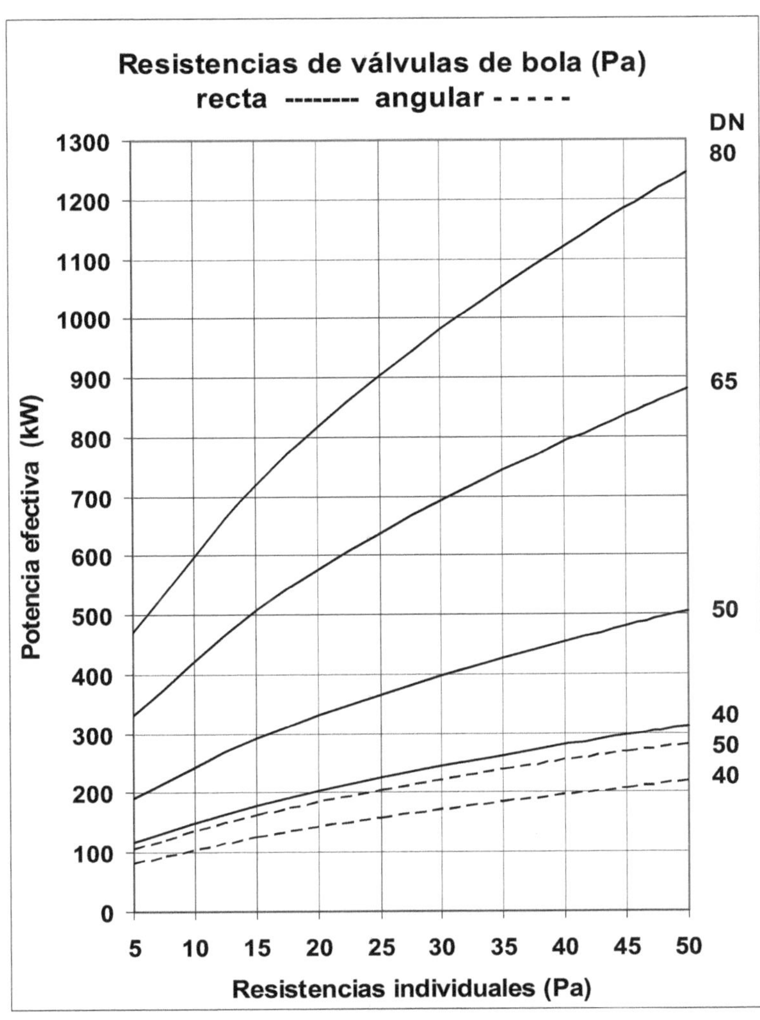

Figura 10.13: Resistencias de válvulas de bola a Gas Natural DN 40 – DN80 /11 /

10.4.1.6 Válvulas térmicas de cierre (CT)

Como consecuencia de incendios de calderas y calentadores que habían causado escapes del gas combustible, algunas autoridades exigen la instalación de llaves de cierre térmico en punto de conexión al equipo. A temperaturas de alrededor de 95°C, los elementos esféricos se funden y la válvula se cierra. También se pueden combinar este artefacto con las válvulas del aparato o con el enchufe de gas.

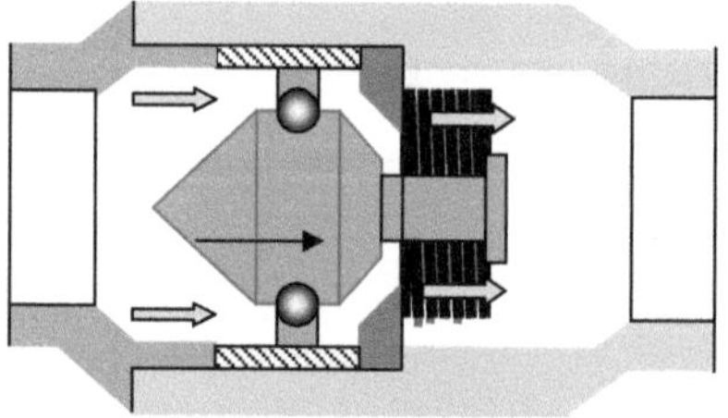

Figura 10.14:
Válvula de cierre térmico (CT):
Los elementos que retienen el
cuerpo de cierre se funden a
las 95 °C para cerrar el paso
del gas.

Las pérdidas de carga se ven en los diagramas de las figuras 10.15 y 10.16 a base
de los datos /11/ para gas natural de alta poder calorífico (PCS).
Al mismo tiempo se encuentran los valores de modo numérico en la formulas 10.12
hasta 10.16 para soluciones numéricas.

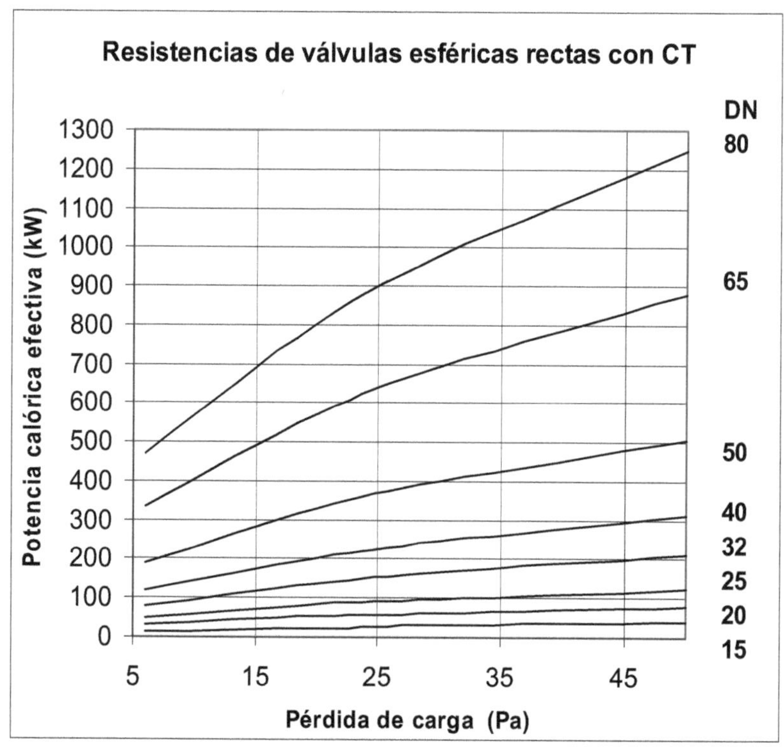

Figura 10.15: Resistencias de válvulas esféricas rectas con **CT** (**GN**)

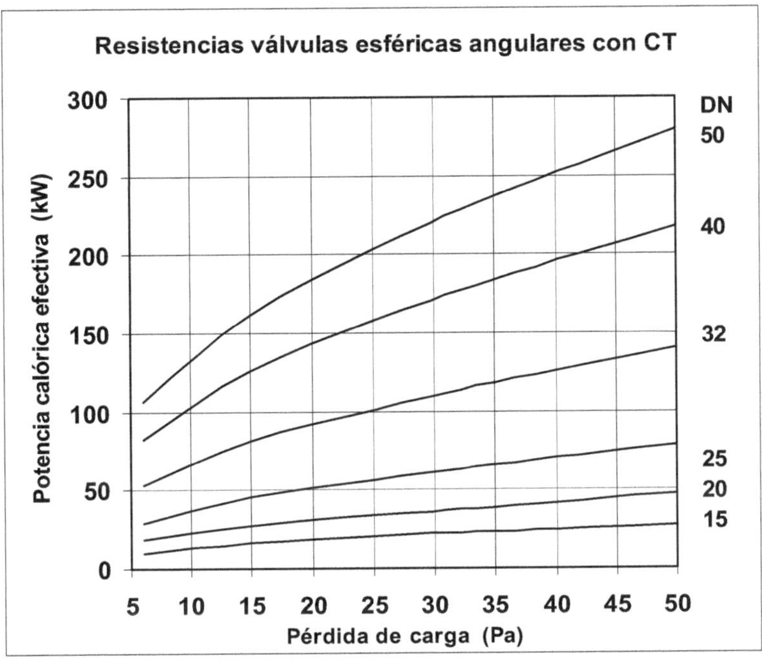

Figura 10.16: Resistencias de válvulas esféricas angulares con **CT** (**GN**)

10.4.1.7 Fórmulas numéricas:

Para calcular el diseño de una instalación con las fórmulas presentadas en los capítulos anteriores - sin usar las tablas y diagramas - se necesitarán todos los datos del gas y de los tubos, el flujo, las velocidades y las densidades efectivas. Con estos datos, es posible calcular fácilmente la resistencia de las tuberías con todos los accesorios, excepto la resistencia de las válvulas que se muestran en las Figuras 10.12 – 10.16 calculadas con los siguientes datos de gas natural de:

Datos del gas: $PCI = 8,5 \ kWh/m^3$ y densidad $\rho = 0,78 \ kg/m^3$

Velocidad: $V = V' / A = (Q'_{cal} / PCI) / (d_{int}^2 \ \pi * 0,25)$

Las resistencias de las válvulas **GS** (ver Figura 10.10) fueron transformados en estas formulas:

GS 2,5:	$\Delta p = 0,08 * Q'_{ef}{}^{2,1}$ Pa		(10.12)
GS 4:	$\Delta p = 0,03 * Q'_{ef}{}^{2,1}$ Pa		(10.13)
GS 6	$\Delta p = 0,02 * Q'_{ef}{}^{2,1}$ Pa		(10.14)
GS 10:	$\Delta p = 0,005 * Q'_{ef}{}^{2,1}$ Pa		(10.15)
GS 16:	$\Delta p = 0,0025 * Q'_{ef}{}^{2,1}$ Pa		(10.16)

No obstante, la formula 10.10 sirve todavía para las resistencias de los dispositivos de seguridad GS, aunque pueden salir resultados un poco variables causados por diferentes diseños de los accesorios.

10.4.1.8 Selección del contador y del Gas Stop:

Sin tener la experiencia de un instalador puede ser difícil seleccionar los contadores y el dispositivo de seguridad GS. La próxima tabla muestra la combinación y la aplicación de los diferentes tipos de contadores (**G**) y válvulas Gas-Stop (**GS**):

Tabla 10.8 Clasificación y uso de contadores (G) y de Gas-Stop (GS)

Potencia (kW):	10 - < 18	18 - < 28	28 - < 42	42 - < 70	70 - 110
Contador Tipo	G 2.5	G 2.5	G 4	G 6	G10
Gas Stop Tipo	GS 2.5	GS 4	GS 6	GS 10	GS 16

10.4.2 Gas licuado GLP:

El suministro por gas licuado con su alto valor energético funciona con tubos de cobre o de acero fino muy lisos y de diámetro relativamente pequeño. Así ha sido posible considerar las pérdidas de los accesorios por adicionar longitudes equivalentes sin diferenciación debido al diámetro (Figura 10.17 y ejemplo 10.4).

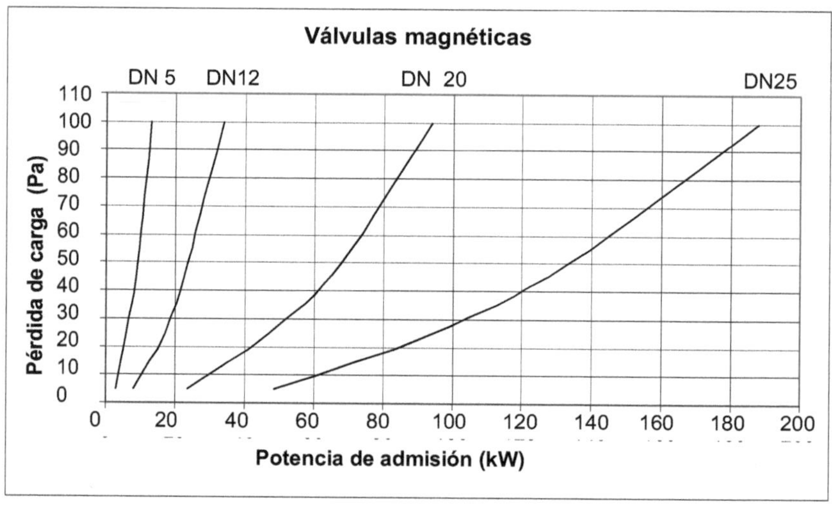

Figura 10.17: Pérdidas específicas de válvulas magnéticas en instalaciones de Gas licuado GLP con alto porcentaje de Propano /5/

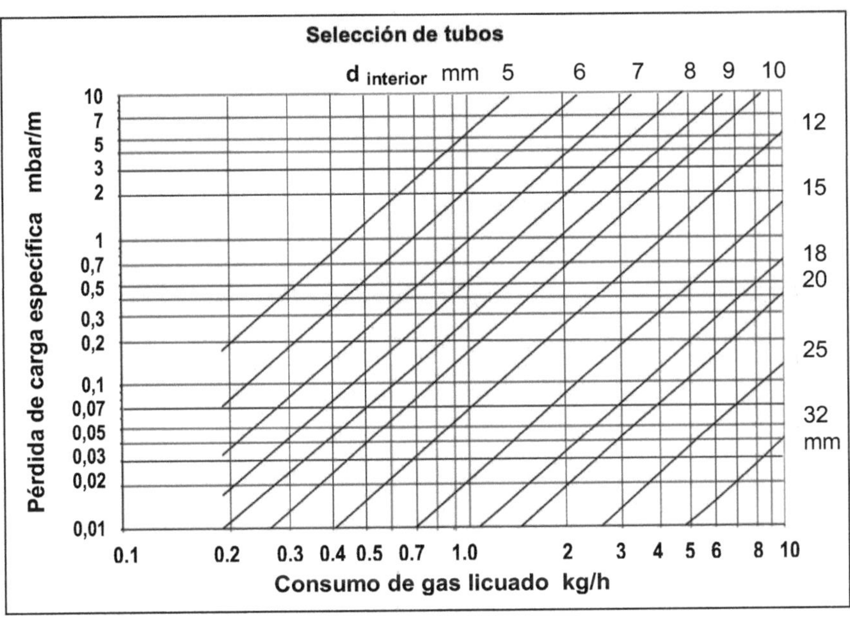

Figura 10.18: Resistencias específicas de tubos para la instalación de GLP

Con los consumos calculados y los diámetros previstos se buscan las pérdidas específicas para cada tramo. Eso es posible con el diagrama de la Figura 10.18 y/o con la tabla 10.9. Los largos de cálculo para los tramos se componen de la longitud geométrica junto con las longitudes equivalentes para los accesorios. Las longitudes equivalentes de los accesorios, de las válvulas y de los otros componentes que poner se ven a continuación.

Tipo de accesorio	Símbolo	Longitud equivalente	
		d_{ext} <= 28	<= 35 mm
Codo 90°	Co	0,7 m	1,0 m
Curva 90°	Cu	0,3 m	0,5 m
T- bifurcación	T	0,7 m	1,0 m
Reducción	R	1,0 m	
Válvula de bola recta / angular	VB	10 / 20 m	
Cierre térmico recta / angular **)	CT	10 / 30 m	
Filtro	F	5,0 m	

Para el equipo de medición y de seguridad no hay longitudes equivalentes. Sí hay la necesidad de instalar unos de ellos, entonces debe ser posible calcular sus pérdidas de presión por las fórmulas GN (fórmula 10.9 adaptada con la densidad del GLP), lo que disminuye entonces la presión disponible como corresponde.

Contador / Medidor — formula 10.9 a-b con PCI en kWh/m³

$$\Delta p_{\text{Contador}} = 30 + 100 * \left(\frac{Q'_{ef} *}{1{,}5 * Nr\,G * PCI} \right)^{2} \frac{\rho_{GLP}}{\rho_{NG}} \quad Pa \quad 10.9\ a)$$

Gas Stop (GS) ***) — formula 10.10 con PCI en kWh/kg

$$\Delta p_{\text{Gas Stop}} = 50 * \left[Q'_{ef} / (Nr_{GS} * PCI) \right] \quad Pa$$

Válvula magnética (VM *)

$$\Delta p_{VM} = f_{DN} * Q'^{\,2,2} \quad (Pa)$$

$$f_{DN} = 0{,}40 \quad (DN\ 6)$$
$$f_{DN} = 0{,}045 \quad (DN\ 12)$$
$$f_{DN} = 0{,}005 \quad (DN\ 20)$$
$$f_{DN} = 0{,}001 \quad (DN\ 25)$$

*) Datos transformados de / 11 /

Tabla 10.9: Pérdidas específicas en tuberías de cobre (mbar/m) en las instalaciones a 50 mbar para Gas licuado GLP (alto porcentaje de Propano, pérdida de carga: **5,0** mbar) /12/

diametro Di (mm)	Consumo de gas licuado GLP kg / h											
	0,3	0,5	0,8	1,0	1,5	2,0	2,5	3,0	4,0	5,0	6,0	8,0
5	0,37	1,0	2,7	4,2	9,4					> 10,0 mbar / m		
6	0,15	0,42	1,1	1,7	3,8	6,7						
7	0,069	0,19	0,49	0,77	1,7	3,1	4,8	6,9				
8	0,036	0,10	0,25	0,40	0,90	1,6	2,5	3,6	6,4	10,0		
9	0,020	0,055	0,14	0,22	0,50	0,88	1,4	2,0	3,5	5,5	7,9	
10	0,012	0,033	0,083	0,13	0,29	0,52	0,82	1,2	2,1	3,3	4,7	8,3
12		0,013	0,033	0,052	0,12	0,21	0,33	0,47	0,83	1,3	1,9	3,3
15			0,011	0,017	0,038	0,068	0,11	0,15	0,27	0,43	0,61	1,1
18	< 0,01 mbar / m				0,016	0,028	0,043	0,062	0,11	0,17	0,25	0,44
20						0,016	0,025	0,036	0,064	0,10	0,14	0,26
25								0,012	0,021	0,033	0,048	0,085
32										0,010	0,014	0,025

Hasta ahora los técnicos utilizaban frecuentemente tablas y diagramas, evitando así una gran esfuerza de cálculo en casos relativamente simples. En instalaciones de cobre para el gas licuado se aplicaban preferentemente métodos de <u>constantes pérdidas de carga.</u> ¿Como funciona?

Cada aparato debe consumir toda la pérdida de presión permitida en su línea de conexión (desde el tanque de gas hasta la conexión del aparato, ejemplo 10.4). Así se aseguran que cada artefacto puede trabajar con la presión adecuada.
Proceso del diseño:

1) Determinar el consumo de cada dispositivo
2) Determinar la longitud de cada sección
3) Agregar las longitudes equivalentes (accesorios etc.)
4) Sumar las longitudes 2) y 3) para cada línea de suministro
5) Encontrar la ruta de suministro más larga (L_{max})
6) Calcular la caída de presión específica de la ruta 5);

   $\Delta p\, L_{max}$ = pérdida de carga admisible / L_{max} (mbar/m)
7) Pérdidas específicas en las secciones restantes
8) Buscar el diámetro interior de los tubos de cobre por medio de las pérdidas específicas y el consumo para cada tramo aplicando el diagrama de la Figura 10.18 o la Tabla 10.9.

Es muy posible que los datos exactos del consumo y de las resistencias no se puede encontrar ni en el diagrama ni en la tabla. Entonces hay que aumentar el consumo y elegir la resistencia más cerca. En un archivo Excel del ejemplo 10.1, se pueden cambiar las características del gas y de los materiales de los tubos. Así se llega a la solución para la instalación y la utilización de otros gases como, por ejemplo, de gas licuado. (Ver también la solución numérica para ejemplo 10.1).

Hay que mencionar que es posible ejecutar cualquier instalación a base de las fórmulas presentadas hasta aquí.

10.5 Consecuencias por el cambio al otro gas combustible

Con el cambio del gas a otro gas combustible pueden presentase diferentes problemas. Las consecuencias para el medio ambiente y para el clima se han tratado ya en los capítulos anteriores. A continuación, se hablarán solamente sobre los efectos técnicos en las instalaciones:

Conductos:
Por el cambio del gas combustible en general se encontrarán p.ej. problemas en los aparatos instalados y en los sistemas para los gases de escape. La tabla 10.10 muestra una colección de los efectos que pueden ocurrir:

Tabla 10.10: Efectos en instalaciones y aparatos por cambiar el combustible

Cambio	Efectos	Consecuencias
Petróleo → Gas	existen daños corrosivos	saneamiento de la chimenea
Gas ciudad → Gas natural	secado de las uniones de manguito	escapes del gas, roturas, inestabilidad de los tubos de fundición
Gas licuado → Gas natural	reducción del PCI potencia reducida <u>diámetros insuficientes</u>	reducción del consumo energético necesario

Quemadores:

En caso de que se cambie de un gas combustible a otro con diferente *Índice de Wobbe*, entonces hay que cambiar el diámetro de las toberas tal como la presión efectiva del gas en los quemadores atmosféricos. La finalidad es mantener constante la potencia térmica del quemador y el impulso del rayo de gas, para que aspire la misma cantidad de aire. Para conseguir los datos de cambio se aplican las fórmulas 5.6 y 5.7 con el *Índice Wobbe* como se veía en los ejemplos del capítulo 5.

Los quemadores sopladores sólo requieren la adaptación al flujo correcto del nuevo combustible y que el aire de combustión sea lo más correcta posible (CO_{min}), ya que el cambio del combustible tiene un fuerte efecto en la combustión.
Las consecuencias pueden empezar con el ajuste de los quemadores instalados, hasta el reemplazamiento por completo (Tabla 10.11).

Tabla 10.11 Efectos en quemadores por el cambio del combustible

Cambio	Efectos	Consecuencias
Petróleo → Gas	estado del combustible	cambio del quemador
Gas → Gas Wobbe = constante Wobbe = diferente	ningunas cambio de la potencia cambio de la aspiración del aire de combustión	ningunas cambio de la presión cambio de las toberas respecto el diámetro
Cambio al hidrógeno	combustión explosiva, ataque a metales ferrosos	quemador: sin premezclado cambio del quemador

Cambio del gas combustible en instalaciones existentes:

Todos los valores de resistencias relativas Pa/m mencionadas en las tablas y en las figuras pueden ser afectados por el cambio a otros gases combustibles. La relación de las pérdidas se puede obtener mediante las características físicas.

La nueva presión con potencias y diámetros constantes se puede calcular entonces para el intercambio de gases, con suficiente precisión por:

$$\Delta p_2 \ = \ \Delta p_1 * (\lambda_2 / \lambda_1) * (\rho_2 / \rho_1) * (V_2 / V_1)^{2,0} \qquad (10.17)$$

Las velocidades distintas se calculan por las caudales de los diferentes gases a diámetros idénticas de la tubería y su relación del poder calorífico:

$$V_2 / V_1 \ = \ PCI_1 / PCI_2 \qquad (10.18)$$

El coeficiente de rozamiento para los tubos de la instalación doméstica, hidráulicamente lizos, se puede calcular simplemente con las ecuaciones siguientes:

$$\lambda \ = \ 0,3164 * Re^{-0,25} \qquad (10.19)$$

$$Re \ = \ V \, d \, \rho / \eta \qquad (10.20)$$

El efecto de las diferencias de la altura no aparece en la formula 10.17. Esto pide contemplarlo por separado. Por ejemplo, se puede reducir la presión disponible al buscar los diámetros (Figura 10.18 y Tabla 10.9).

Especialmente los cambios entre gas licuado de petróleo (GLP) al gas natural (GN) hasta mezclas con hidrógeno, presentan grandes problemas:
Los pequeños diámetros de los tubos de cobre y acero fino no pueden transportar la energía del gas licuado mediante de estos nuevos gases. Pero los tramos verticales, por lo menos sirven a la disminución de las pérdidas de presión de los gases ligeras.

La solución podría encontrarse en la reducción de la potencia calorífica requerida de los aparatos, la utilización de acumuladores de calor o de nuevas instalaciones.

Más informaciones se puede encontrar en capítulo 11 sobre los gases de sustitución y las mezclas con hidrógeno.

10.6 Aplicaciones numéricas del Capítulo 10

Ejemplo 10.1

Se calculará una <u>instalación de gas natural</u> para 4 departamentos en una casa. Se aplica el nivel de baja presión 20 - 23 mbar, donde las pérdidas totales se limitan a aproximadamente 3,0 mbar (300 Pa).

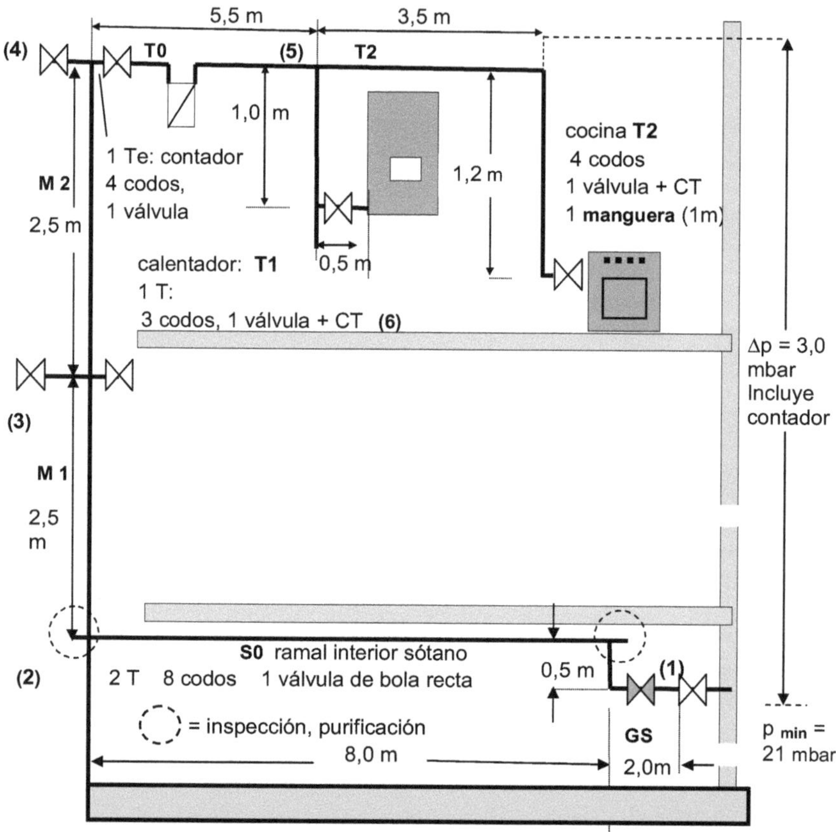

Figura 10.18: Plano de instalación para una casa de 4 apartamentos con el equipo habitual (M = montante = conducto ascendente)

Dado que los apartamentos son idénticos, basta con calcular uno solo con los tramos internos comunes. No se deben superar las caídas de presión de 300 Pa en ningún tramo desde la llave de acceso (1) hasta el equipo. La selección de los diámetros de los montantes individuales M1 y M1 provoca diferentes presiones en las entradas a los apartamentos, lo que afecta al suministro de los equipos.

Solución: Los diámetros de las tuberías se determinan buscando las pérdidas específicas en las tablas 10.4. Las pérdidas totales son el resultado de las longitudes totales de las secciones de tubería con las resistencias de todos los accesorios.

Las tablas 10.4 – 10.8 y las figuras 10.8 – 10.17 utilizan un contenido energético de 8,5 kWh/m³. Solo el cálculo de los caudales requiere la observancia del PCI o PCS.

Datos de los aparatos:

Calentador mixto:	$Q'_{carga\ cal}$	= **28,7** kW
Cocina 4 llamas	$Q'_{carga\ cal}$	= **9,0** kW
	suma	= **37,7** kW

Simultaneidad:	f sim = **0,90**: Q'_{ef} = **33,9** kW	
Gas Natural	PCI_{ef} = **8,5** kWh/m³ densidad efectiva: ρ_{ef} = **0,70** kg/m³	

$$V'_{gas} = Q'_{calor} / PCI$$

1. Flujos volumétricos efetivos de gas (PCI):

Calentador:	$V'_{gas,\ tramo\ 1}$ = **28,7** kW / **8,5** kWh/m³	= **3,38** m³/h
Cocina:	$V'_{gas,\ tramo\ 2}$ = **9,0** kW / **8,5** kWh/m³	= **1,06** m³/h
Tramo - 0	$V'_{gas,\ tramo\ 0}$ = **33,9** kW / **8,5** kWh/m³	= **3,99** m³/h

2.1 Tramos en el departamento: Tubos rectos

Ahora se utiliza la **tabla 10.6** donde se encuentra mediante la potencia efectiva Q'_{cal} en la columna del diámetro elegido la resistencia específica Pa/m del tramo.

	T- 0	T- 1	T- 2	
Q´ calor (kW)	**33,9**	**28,7**	**9,0**	kW
Caudal volumétrico (m³/h)	**3.99**	**3,38**	**1,06**	mn³/h
Diámetro exterior previsto	**28**	**22**	**18**	mm
Resistencia específica (Pa/m)	3,0	6,0	2,5	Pa/m
Longitud m	5,5	1,0	5,7	m
Resistencia tubos: L* Pa/m = Pa	**16,5**	**6,0**	**14,3**	Pa

2.2 Tramos en el departamento:	Accesorios			
	T- 0	T- 1	T- 2	
Codos 90° número:	8	3	4	
Longitud adicional (tabla 10.7):	0,3	0,3	0,3	m
Suma longitudes adicionales:	**2,4**	**0,9**	**1,2**	m
T – bifurcación: número	1	1	0	
Longitud adicional (tabla 10.7):	0,7	0,7	0,7	m
Suma longitud adicional	0,7	0,7	0	m
Suma	**3,1**	**1,6**	**1,2**	m

Resistencia: L_{total} * (Pa / m)	3,1*3,0 = **9,3**	1,6 * 6,0 = **9,6**	1,2 *2,5 = **3,0**	Pa
Llaves con cierre térmico (Fig. 10.12)	-	15(DN25)	10 (DN15)	Pa
Suma total	**9,3**	**24,6**	**13,0**	Pa

2.3 Desnivel – conductos ascendentes

Ahora hay que tener en cuenta la influencia de las diferencias de altura por las secciones verticales de la casa. El Gas Natural provoca una pérdida media de - 4,0 Pa/m en tramos con diferencia de altura (ver tabla 10.4), lo que resulta en:

	T0	T1	T2	
Desnivel:	0,0	-1,0	-1,2	m
Pérdida de presión 4,0 Pa/m	0,0	4,0	4,8	Pa

2.3 Medidor

La clase de este dispositivo demuestra el flujo de gas en m^3/h la cual se la obtiene al dividir la potencia efectiva por el PCI normalizado del gas. En sección 1.1, el caudal normalizado fue de **3,99** m/h. Esto le permite seleccionar el tipo de medidor (ver tabla 10.9).
En el caso actual, puede elegir un medidor tipo **G4**.

$$\Delta p_{Contador} = 30 + 100 \ (\ 33,9 \ kW \ / \ (1,5 * \textbf{4,0} * 8,5 \ kWh/m_n^3))^2 = \underline{\textbf{74,2}} \ Pa \ (ec.10.9 \ a)$$

2.4 Pérdidas en el departamento:

	T0	T1	T2	
Tubos:	16,5	6,0	14,3	Pa
Desnivel:	0,0	4,0	4,8	Pa
Accesórios:	9,3	24,6	13,0	Pa
Contador	74,2			Pa
Total:	**100,0**	**34,6**	**32,1**	**Pa**

3. Montantes generales M1 y M2 :

	Montante **M 2:**	Montante **M 1:**
$Q'_{efectivo}$	$2*37,7 \ kW * 2.4 * (75,4)^{-0.25}$ = **61,4** kW (con ec. 9.4 b)	$4*37,7 \ kW * 2.4*(75,4)^{-25}$ = **103,3** kW (con ec. 9.4b)
Diámetro elegido D_{ext}/d_{int}	**35** / 32 mm	**35** / 32 mm
Resistencia específica	**2,5** Pa/m	**6,2** Pa/m
Longitud	2,5 m	2,5 m
Resistencia tubo	2,5 Pa/m * 2,5 m = **6,3** Pa	6,2 Pa/m * 2,5m = **15,5**Pa
Desnivel:	2,5 * - 4,0 = **-10** Pa	2,5 * - 4,0 = **-10** Pa
Resistencia total:	**- 3,7 Pa**	**5,5 Pa**

Informe: Para elegir los diámetros de los montantes M1 y M2 se pueden buscar en tabla 10.4 las combinaciones de diámetros y potencias que entregan una pérdida alrededor de 4,0 Pa/m porque esta es la pérdida que será equilibrada por ganancias por diferencia de altura en caso de utilizar el gas natural.
El gas licuado y sus mezclas con aire en cambio generan una pérdida extra la que puede ser adaptada solamente por el diámetro de los tubos.

Los valores de la tabla 10.4 para ramales interiores y montantes generales ya tienen en cuenta la simultaneidad del consumo cuando sirven a más de una vivienda.

4. Sótano:
Generalidades:
Los tramos del sótano tienen que transportar el mismo caudal que las montantes, por eso se realizan también con diámetro exterior de **35** mm (d interior = **32** mm).

4.1 Tubería sótano (S0):

S0: Diámetro:	**35** mm como tubería M1
Potencia efectiva = M1: Longitud: Resistencia específica: Resistencia tubos =	103,3 kW 10,5 m 6,20 Pa/m 6,20 Pa/m * 10,5 m = <u>65,1</u> Pa
Resistencia de Accesorios:	8 Codos L_{equiv} = 0,3 m (ver tabla 10.8) 2 T $_{bifurcación}$ L_{equiv} = 0,7 m $L_{equiv\,tiotal}$ = 7,0 m **6,20 Pa/m * 3,8 m = <u>23,6</u> Pa**
Desnivel:	**0,5** m * **-4,0** Pa/m = <u>**-2,0**</u> Pa

4.2 Válvula automática (GS) y cierre térmico (CT)

Las válvulas automáticas se ofrecen en clases específicas para los medidores. La aplicación y combinación con los contadores se muestra en la Tabla 10.8. Para calcular las pérdidas de carga se requiere el caudal efectivo según el factor de simultaneidad:

$$\Sigma\, Q'_{cal\,sótano,\,ef} = Q'_{efectiva} \text{ tubería ascendente M1} = \underline{\mathbf{103,3}} \text{ kW}$$

$$V'_{ef\,sotano\,ef} = Q'_{cal\,sótano} / PCI_{ef} = 103,3 \text{ kW} / 8,5 \text{ kWh/m}^3 = \underline{\mathbf{12,15}} \text{ m}^3/\text{h}$$

La potencia activa de unos 110 kW requiere un Gas-Stop tipo <u>**GS 16**</u> (Figura 10.11), La caída de presión da como resultado:

$$\Delta p_{GS} = 50 * (Q'ef / (Nr\,\mathbf{GS} * PCI)) = 50 * (103,3 \text{ kW} / 16 / 8,5 \text{ kWh/m}^3)$$

$$= \underline{\mathbf{28,8}} \text{ Pa (ec. 10.10)}$$

para comparar: formula 10.16: $GS16 = 0,0025 * Q'^{2,1}_{ef} = \underline{27,1}$ Pa

válvula recta con CT: DN 32; 100 kW, Figura 10.14: Δp_{CT} = <u>**20**</u> Pa

4.3 Sótano total: Δp = **63** + **22,8** - **2,0** + **20** + **28,8** Pa = <u>**132,6**</u> Pa

5. Pérdidas totales en las líneas de conexión de artefactos

Ahora se pueden sumar todas las pérdidas que se encuentran por las líneas desde la llave principal hasta cada artefacto respetando lo siguientes:

a. Las caídas de presión en los apartamentos son idénticas
b. Todas las líneas participan de la tubería del sótano
c. son diferentes solamente las Montantes M1 y M2
d. Pérdida de carga permitida de 300 Pa (3,0 mbar).

La tubería ascendente M1 muestra una pérdida efectiva de **5,5** Pa en comparación de las **5,5 – 3,7** Pa de M1 + M2 hasta el segundo piso. Por eso basta controlar los caminos del gas hasta los artefactos de la vivienda del primer piso:

Calentador 1er piso:	**S0:**	=	132,6	Pa
	M1:	=	5,5 Pa	
	Apartamento T0	=	100,0 Pa	
	T1	=	34,6 Pa	
	Total:	=	**272,7** Pa	

Cocina 1er piso:	**S0:**	=	132,6	Pa
	M1:	=	5,5 Pa	
	Apartamento T0	=	100,0 Pa	
	T2	=	32,1 Pa	
	Total:	=	**270,2** Pa	

Los resultados cumplen con las normas y las pérdidas permitidas de **300** Pa.

Ejemplo 10.2   Montantes individuales

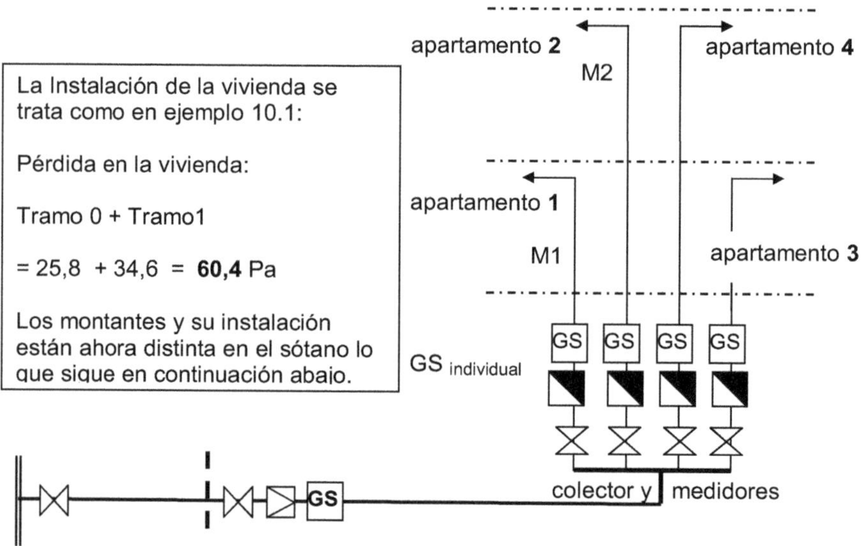

Figura 10.19: Suministro de varios apartamentos por montantes individuales

Solución numérica

La Figura 10.18 del ejemplo 10.1 mostraba una instalación convencional. Por razones de la accesibilidad y de la seguridad, se aplican cada vez más locales cerrados en el sótano para una batería de contadores. En consecuencia, se necesitan verticales conexiones individuales con sus instalaciones de seguridad para cada vivienda.

1. Montantes individuales

Los montantes individuales se realizan normalmente en el diámetro del tramo T0, o en un diámetro alrededor de las **4,0** Pa/m. Así, la ganancia por desnivel puede equilibrar las pérdidas de carga.

$Q'_{cal\,ef}$ = **33,9** kW; D_{ext} = **28** mm; resistencia (Tabla 10.4) = **2,9** Pa/m

M1 Δp = 2,5 m * 2,9 Pa/m = **7,25** Pa;
Desnivel = 2,5 m * - 4,0 Pa/m = **-10,0** Pa   total: <u>**M1** = **- 2,75** Pa</u>

M2 Δp = 5,0 m * 2,9 Pa/m = **14,5** Pa
Desnivel = 5,0 m * - 4,0 Pa/m = **-20,0** Pa   total: <u>**M2** = **- 5,5** Pa</u>

El contador de cada apartamento cuenta ahora con su conexión particular al sótano, la pérdida de carga queda constante (ver ejemplo 10.1):

$$\Delta p\ contador\ =\ \underline{\textbf{74,2}}\ Pa$$

Las válvulas de cierre automático se necesitan en la entrada de cada montante:

$GS_{individual}$ GS6: Δp_{GS} = 50 * $(V' / GS)^2$ = 50 * $(3,99\ m^3/h / 6)^2$ = <u>**22,1**</u> Pa

2. Vivienda: Tramo 0 + Tramo1 (ej. 9.1): Δp = 25,8 + 34,6 = **60,4** Pa

3. Sótano:

Pérdidas de tubos y accesorios como en ejemplo **10.1.** El colector se trata como un tubo de volumen grande sin pérdida de carga:

$$sótano\ =\ \underline{\textbf{63,0 Pa}}$$

4. Pérdida máxima total

Mirando las conexiones verticales, se ve que la unión del primer piso con tubería M1 generará las máximas pérdidas, porque la resistencia específica está encima de la ganancia por la altura.

GasStop para cada vivienda: **GS 6** = 50 * $(3,99\ m^3 / $ **6,0** $)^2$ = <u>**22,1 Pa**</u>

$$\Delta p_{total} = \Delta p_{vivienda} + \Delta p_{montante} + \Delta p_{contador} + \Delta p_{acc\text{-}valv} + \Delta_{GS\,ind} + \Delta_{GS\,gen} + \Delta p_{sótano}$$

$$= 60,4 - 2,75 + 74,2 + 28,0 + 22,1 + 28,8 + 63,0 = \underline{\textbf{276,5}}\ Pa$$

La decisión entre las dos alternativas de instalación depende entonces de razones técnicas respecto la pérdida admisible y/o de razones económicas y prácticas.
En lugar de las tablas de resistencias se puede resolver el problema mediante las fórmulas del capítulo 9 ecuaciones 9.10 hasta 9.17.

Ejemplo 10.3 Caldera individual

Para la instalación de una caldera individual se puede aplicar fácilmente las tablas 10.4 y siguientes:
La Figura 10.20 muestra el esquema del proyecto, con los accesorios necesarios a partir de la válvula del edificio:

GasStop, medidor, válvula, tubo conexión, cierre térmico CT, llave aparato V, filtro F.

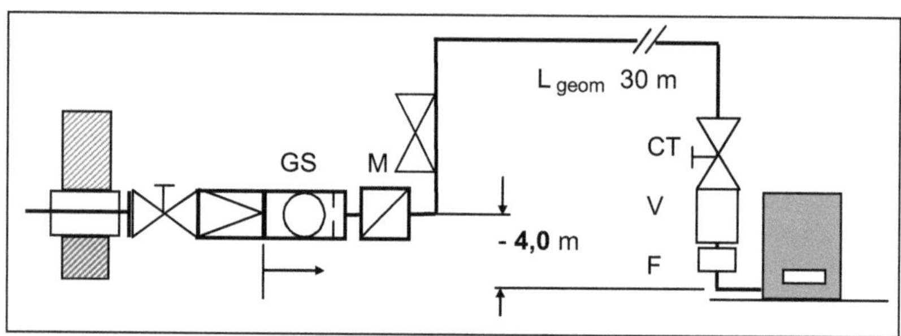

Figura 10.20: Suministro de gas para una caldera individual

Datos específicos: Q'_{admis} = **80** kW, PCI = **8,5** kWh/m³; largo tubería L = **30** m,

Accesorios utilizados:

8 codos 90°, **1** bifurcación -T, **1** GS, **1** V, **1** V+ CT, **1** F (filtro **5** Pa según fabricante)

Se necesita el diámetro de la tubería para abastecer la caldera dentro de las pérdidas admisibles. En la tabla 10.6 se busca el diámetro con su pérdida específica cerca de la ganancia por desnivel como primer ayuda en la práctica:

Q'_{admis} = **80** kW   ver tabla 10.6: D_{ext} **35** mm; **Δp** = **4,0** Pa/m

(La pérdida específica puede ser equilibrada por la ganancia de desnivel del gas)

Resistencias de accesorios p.ej.: **tabla 10.7**:

1 T = 1 * 1,0 = **1,0** m,   8 codos * 0,5 m = **4,0** m; $L_{adicional}$ = **5,0** m

Pérdida de la tubería: $\Delta p_{tubería}$ = **4,0** Pa/m * (30 m + 5,0 m)   = **140** Pa

Δp desnivel = - 4,0 Pa/m * - 5,0 m = **20** Pa

GS 16:   Δp = 0,0016 * $Q'_{ef}{}^{2,1}$ = 0,0016 * 80 $^{-2,1}$ = **16** Pa   (fig. 10.11 + ec. 10.14)

Contador: Δp G10 = 30 + 100 * (80 / (1.5 * 10 * 8,5))^2 = **69** Pa   (ec. 10.9 a)

Válvula 15 Pa; V (CT) **25** Pa; filtro **5** Pa = **45** Pa

Pérdida de piezas montadas: = 16 Pa + 69 Pa + 45 Pa = **<u>130</u>** Pa

Pérdida de carga total = **140** Pa + **130** Pa + **20** Pa   = **<u>290</u>** Pa

(tolerable)

Consejo:

Para disminuir las pérdidas se pueden reemplazar los codos por curvas. En este ejemplo se podría ahorrar unos 10 Pa.

Solución rápida

En esta instalación típica, las piezas montadas ocupan casi 50 % de las pérdidas permitidas de 300 Pa. Para la tubería quedan entonces los otros 50 % que es un caso habitual:

$\Delta p_{\text{tubos disponibles}}$ = 0,5 * 300 Pa - Δp desnivel = 150 Pa - 20 Pa = 130 Pa

Con este valor de la pérdida específica es muy fácil encontrar el diámetro adecuado de la acometida:
Se divide la pérdida permitida por la longitud geométrica aumentada por unos 50% previsto para las uniones:

$$\text{Pa/m} = \Delta p_{\text{utilizable}} \; / \; L_{\text{geom}} = (\,150 - 20\,)\,\text{Pa} \; / \; 30\,\text{m} = \mathbf{4,3}\,\text{Pa/m}$$

Con esta caída de presión específica y la potencia de 80 kW, se encuentra el diámetro en la tabla 9.6 de 35 mm lo cual contiene también una pequeña reserva.

Ejemplo 10.4: Suministro de Gas licuado individual

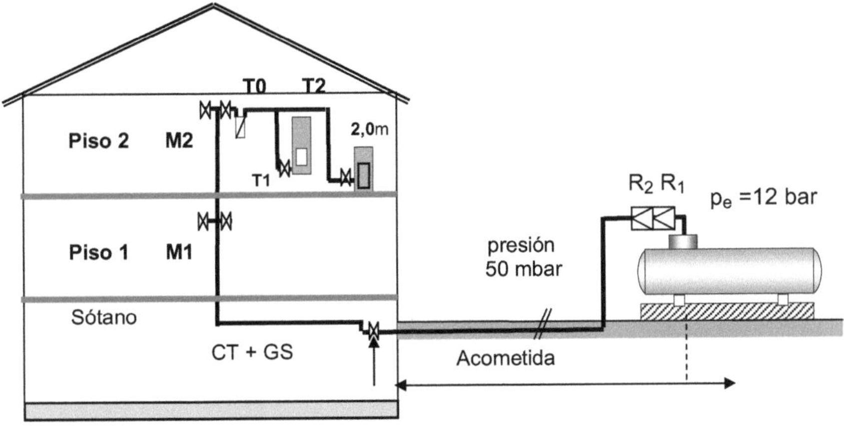

Figura 10.21: Instalación de Gas licuado para **4** viviendas a presión baja de 50 mbar con control térmico (CT) y cierre automático (GS)

La Figura 10.21 muestra un depósito de gas licuado con acometida a baja presión y válvula magnética. Como los reguladores R_1 y R_2 forman parte del equipo del estanque, se puede tratar el tubo de conexión como parte de la instalación interior con la pérdida de carga de 5,0 mbar en total.

Datos: gas licuado y artefactos:

PCI = **25,8** kWh/m³, densidad normalizada: ρ_n = **2,01** kg/m³
Perdida de carga admisible: **5,0** mbar (el contador no cuenta)
Perdida de carga específica por el efecto por desnivel: **0,07** mbar/m
Calentador: **23,2** kW; Cocina: potencia: **7,2** kW:

Datos:	Longitud	piezas montadas
Acometida	**30,0** m estimado: $d_{ext} \leq 28mm$)	4 codos; 1 GS
Sótano	**6,5** m	6 codos; 1 valv. magnética
M1	**3,0** m	1 pieza T
M2	**3,0** m	1 pieza T; 1 reducción
T0	**2,5** m	1 valv. bola; 4 codo,
T1	**1,5** m $\quad$ Δz = -1,5 m	1 reduc. CT 3 codos, 1 valv. bola 1 reducción : 1 CT
T2	**5,0** + **1**m manguera $\quad$ Δz = -2m	1 valv. bola; 5 codos 1 reducción; CT

tipo de accesorio (tabla 9.10)	símbolo	longitud éxtra D_{ext} <= 28 mm	max.
codo 90°	Co	0,7 m	**1,0** m
curva 90°	Cu	0,3 m	**0,5** m
T- bifurcación	T	0,7 m	**1,0** m
reducción	R		1,0 m
válvula de bola $\quad$ recta / angular	VB		10 / 20 m
CT / GS $\quad$ recto / angular	CT		10 / 30 m

Solución mediante fig. 10.18 / Tabla 10.9

Conversión de los consumos individuales a kg/h (formula 10.2)

$$m'_{calentador} = \frac{Q'_{cal}}{PCI * \eta_{ef}} \rho_{gas} = \frac{23,2 \ kW}{25,8 \ kWh/m^3 * 0,82} \ 2,01 \ kg/m^3 = \underline{\mathbf{2,2}} \ kg/h$$

$$m'_{cocina} = \frac{Q'_{cocina}}{PCI * \eta_{ef}} \rho_{gas} = \frac{7,2 \ kW}{25,8 \ kWh/m^3 * 0,70} \ 2,01 \ kg/m^3 = \underline{\mathbf{0,8}} \ kg/h$$

1) Caudales de masa en los tramos particulares según simultaneidad:

Factores de simultaneidad, ver fórmulas Tabla 10.2:

Formula Nrs.	Calentador $S = 1{,}0 * \text{Nrs}^{-0{,}6}$	Cocina $S = 0{,}8 * \text{Nrs}^{-0{,}4}$
1	1,0	0,80
2	0,66	0,61
3	0,52	0,52
4	0,44	0,46

Cargas de gas licuado en los tramos:

$$T1 = m'_{calentador} * S_{calentador} = 2{,}2 \text{ kg/h} * 1{,}0 = \mathbf{2{,}20} \text{ kg/h}$$

$$T2 = m'_{cocina} * S_{cocina} = 0{,}8 \text{ kg/h} * 0{,}8 = \mathbf{0{,}64} \text{ kg/h}$$

$$T0 = T1 + T2 = \underline{\mathbf{2{,}84}} \text{ kg/h}$$

$$M1 = \mathbf{4} * m'_{calentador} * S_{calentador} + \mathbf{4} * m'_{cocina} * S_{cocina})$$
$$= \mathbf{4} * 2{,}2 \text{ kg/h} * 0{,}44 + \mathbf{4} * 0{,}8 \text{ kg/h} * 0{,}46) = \underline{\mathbf{5{,}34}} \text{ kg/h}$$

$$M2 = \mathbf{2} * m'_{calentador} * S_{calentador} + m'_{cocina} * S_{cocina})$$
$$= \mathbf{2} * 2{,}2 \text{ kg/h} * 0{,}66 + \mathbf{2} \text{ kg/h} * 0{,}8 \text{ kg/h} * 0{,}61) = \underline{\mathbf{3{,}88}} \text{ kg/h}$$

Sótano = **M1** = $\underline{\mathbf{5{,}34}}$ kg/h

2) Longitudes de los tramos singulares ver arriba

3) Longitudes geométricas plus longitudes equivalentes por tramo (tabla 9.9):

= **Longitudes de cálculo:** $\mathbf{L}_{cálc} = \mathbf{L}_{geom} + \mathbf{L}_{equiv}$:

Acometida: **30** m + 4 * 1,0 C + 1 * 10 GS = 44,0 m
Sótano: **6,5** m + 6 * 1,0 C + 1 * 10 CT = 22,5 m
M1: **3,0** m + 1 * 1,0 T = 4,0 m
M2: **3,0** m + 1 * 1,0 T + 1 * 1,0 R = 5,0 m
T0: **2,5** m + 4 * 1,0 C + 1 * 1 R + 1 * 10 CT + 1 * 10 VB = 17.5 m
T1: **1,5** m + 3 * 1,0 C + 1 * 1,0 R + 1 * 10 VB + 1 * 10 CT = 25,5 m
T2: **5,0** m + **1,0** m + 5 * 1,0 C + 1 * 1,0 R + 1 * 10 CT + 1 * 10 VB = 32,0 m

4) Trazado del suministro más largo ($\mathbf{L}_{max}$) en el 2.° piso

Calentador:
Tramos: Acometida, sótano, M1, M2, T0, T1 $\quad \Sigma L_{tot} = \underline{\mathbf{118{,}5}}$ m
Cocina:
Tramos: Acometida, sótano, M1, M2, T0, T2 $\quad \Sigma L_{tot} = \underline{\mathbf{125{,}0}}$ m $= \mathbf{L}_{max}$

5) Pérdida de carga específica en el tramo de L_{max} :

Al suministrar con gas licuado ocurre también el problema de la pérdida de presión en los tramos verticales, reduciendo así la presión disponible:

M1 + M2: $\Delta p_{desnivel\ montantes}$ = 2 * 3,0 m * 0,07 mbar/m = **0,42**   mbar

Las viviendas tienen contadores individuales tipo **G 2,5** en el tramo T0. Sus pérdidas se pueden calcular también con la formula 9.8 utilizando la potencia de admisión.

$Q'_{admisión}$ =   23,2 kW + 7,2 kW   = **30,4** kW

$\Delta p_{contador}$ = 30 +100 * (30,4 kW/(1,5 * **2,5** * 25,8 kWh/m³))^{2} = 39,9 Pa = **0,4** mbar

Pérdida de presión en T2 = Δp = 2,0 * - 0,07 mbar/m = **- 0,14** mbar

La caída de presión admisible para la tubería sería entonces:

$\Delta p_{admisible}$ = 5,0 mbar - 0,42 mbar - 0,40 mbar + 0,14 mbar = **4,32** mbar

$(\Delta p / m)_{L\ max}$ = $\Delta p_{admisible}$ / L_{max} = 4,32 mbar / 125 m   = **0,035** mbar/m

que vale entonces en todos los tramos que participan al trazado más largo.

6) Calcular las pérdidas específicas para los tramos restantes

Falta detectar la pérdida de carga específica en el tramo T1 para utilizar Tabla 10.9 o el diagrama 10.18.

Hasta la ramificación al fin del tramo T0 (Figura 10.21) estará consumido la siguiente parte de presión:

$\Delta p\ (T0)$ = $(\Delta p / m)\, L_{max}$ * $(L_{max} - T2)$

= **0,035** mbar/m * (125 m - 31 m) = **3,26** mbar

Entonces, para el tramo T1 permanece la siguiente pérdida de carga:

Δp_{T1} = $\Delta p_{admisible}$ - Δp_{T0} = 4,32 mbar - 3,26 mbar = **1,06** mbar

Este valor resulta en la carga específica para el tramo T1:

$(\Delta p / m)_{T1}$ = Δp_{T1} / L_{T1} = 1,06 mbar / 25,5 m = **0,0457** mbar/m

7) Buscar el diámetro interior de los tubos de cobre (Tabla 9.9 / Figura 10.18)
por medio de la pérdida específica y el consumo en cada tramo se encontrará los diámetros mínimos.

Tramo	Pérdida carga mbar / m	Consumo (kg/h) cálculo aplicado		Diámetro (mm) mínimo elegido	
Acometida	**0,035**	5,08	**6,0**	25	**32 *)**
Sótano	**0,035**	5,08	**6,0**	25	**25**
M1	**0,035**	5,08	**6,0**	25	**25**
M2	**0,035**	3,79	**4,0**	25	**25**
T0	**0,035**	2,84	**3,0**	20	**20**
T2	**0,035**	0,64	**0,8**	10	**12**
T1	**0,0457**	2,20	**2,0**	15	**18**

*) fuera de la casa quizás por la seguridad mecánica

Interpretación de los resultados:

Uso de la tabla 10.9 o el diagrama 10.18:
Si no muestra el valor del consumo se elige el valor encima de lo del cálculo.

Respecto a la pérdida de carga se utiliza el valor más cerca.

El diámetro para alimentar a la cocina resultó bastante delgado. Entonces es más ventajoso elegir un diámetro mayor por razones de la resistencia mecánica, además los aparatos vienen con uniones prefabricadas que piden un cierto diámetro.

Ejemplo 10.5   **Caldera individual similar al ejemplo 10.3 con el cambio a gas licuado**

Datos específicos:

$Q'_{cald\ admis}$ = 80 kW, largo $_{geométrico}$ = **30** m, desnivel = **0,5** m PCI = **13,2** kWh/kg

Accesorios: **8** codos 90°, **1** T, **1** GS, **1** VM, **1** VB, **1** CT, **2** VB, **1** Filtro
        1 válvula magnética (la caldera se encuentra en un local bajo tierra)

$\Delta p_{admisible}$ = **5,0** mbar (+ efecto desnivel: ver cálculo de $\Delta p/m$ a continuación)

Largo de la tubería	$L_{tubería}$	= 30 m	
Accesorios:	8 codos	= 5,6 m	(d <= 28 mm)
	1 T	= 0,7 m	
	2 VB	= 20 m	
	1 GS	= 10 m	
	1 CT	= 15 m	
	1 VM	= 15 m	$L = 0,001 * Q_{ef} * 2,2^{2,2}$
	1 F	= 5 m	
	Suma:	= **101,3** m	

Pérdida específica de la acometida con desnivel hacía el sótano:

Δp / m = (**5,0** mbar + **1,2** m * 0,07 mbar/m) / **101,3** m = **0,050** mbar/m

Con esta pérdida de presión específica disponible se puede realizar la instalación:

Consumo: m´ = **80** kW / **13,2** kWh/kg = **6,06** kg/h

<u>**Solución mediante de la figura 10.17:**</u>   Diámetro mínimo avisado = 25 mm

Siguiendo la línea de **25** mm diámetro interior se da cuenta que la pérdida específica de **0,052** mbar entrega unos **6,0** kg/h lo que debería cumplir con esta instalación. Además, la Tabla 10.11 muestra para el consumo de **6,0** kg/h solamente una pérdida de **0,48** mbar/m.

Ejemplo 10.6:

Se va a convertir una vivienda suministrado de gas natural, al uso de hidrógeno a modo de prueba. El aparato de gas anterior se ha sustituido por un nuevo modelo con un quemador radiante adecuado que funciona a una presión activa de 30 mbar. La instalación cuenta con tubos lizos de cobre, porque el acero fino no parece apto. La carga conectada del aparato es de 16 kWh. Los demás datos técnicos necesarios son:

Gas natural: PCI = 10,3 kWh/m³, ρ_n = 0,783 kg/m³, η = 10,8 * 10^{-6} kg/ms
Hidrógeno: PCI = 2,99 kWh/m³, ρ_n = 0,089 kg/m³, η = 8,8 * 10^{-6} kg/ms
Pérdidas de la instalación actual son a 300 Pa

Calcular la pérdida de presión prevista absoluta y relativa en la instalación de cobre y la presión mínima del suministro (d_i = 0,02 m).

Los numéricos necesarios son los siguientes:

Gas natural:

V´ = Q´ / PCI = 16 kWh / 10,3 kWh/m³ = **1,55** m³/h; **V = <u>1,37</u>** m/s

Re = V* d *ρ / η = 1,37 m/s * 0,02 m * 0,783 kg/m³ / 10,8 * 10^{-6} = **<u>1987</u>** (ec. 9.16)

λ = 0,3164 * Re$^{-0,25}$ = 0,3164 * 1987$^{-0,25}$ = <u>0,0474</u>   (ec. 9.15)

Hidrógeno:

V´ = Q´ / PCI = 16 kWh / 2,99 kWh/m³ = **5,35** m³/h; **V = 4,73** m/s

Re = V* d *ρ / η = 4,73 m/s * 0,02 m *0,089 kg/m³ / 8,8 * 10^{-6} = **9,57** (ec. 9.16)

λ = 0,3164 * Re$^{-0,25}$ = 0,3164 * 957$^{-0,25}$ = <u>0,0569</u>   (ec. 9.15)

Con estos valores numéricos, ahora puede calcular la relación entre las presiones necesarias del suministro de gas natural (p1) e del hidrógeno (p2) mediante de las formulas 10.16 y 10,17:

$$\Delta p_2 / \Delta p_1 = (\lambda_2 / \lambda_1) * (\rho_2 / \rho_1) * (V_2 / V_1)^{2,0} =$$

$$= (0{,}0569 / 0{,}0474) * (0{,}089 / 0{,}783) * (11{,}34 / 2{,}99)^2 = \mathbf{1{,}96}$$

Las pérdidas de presión serían entonces:

$$\Delta p_2 = \mathbf{300}\ Pa * \mathbf{1{,}96} = \mathbf{588}\ Pa$$

La presión mínima de suministro debe ser entonces:

$$p_{suministro} = \Delta p_2 + p_{activa} = 588\ Pa + 30\ Pa = 618\ Pa$$

Comentario:
Estas serían las condiciones para un suministro completo de hidrógeno. Hasta entonces, sin embargo, sólo se utilizarán mezclas con el gas natural.

Los cambios energéticos en las mezclas de gas natural con hidrógeno respecto las consecuencias técnicas se muestran y se explican también en el apartado 2.5 del segundo capítulo.

11. Gestión del Consumo

11.1 Control del Consumo

La medición de los caudales y las presiones es una tarea esencial tanto para los proveedores como para los consumidores. Oferta y demanda con un flujo constante de gas son económicamente más convenientes para el cliente que paga por la energía. Pero las empresas suministradoras de gas tienen interés, en controlar la venta de gas de forma que ésta sea posible en los momentos de mayor demanda y con las tarifas más favorables para ellas.

Como consecuencia, es necesario un control del consumo, es decir, una regulación de los flujos de gas basada en la demanda actual. Para ello, se utilizan datos de referencia sobre el consumo esperado y otros factores relacionados con el día de la semana, el clima y la temporada. Si esto no ayuda adecuadamente, entonces se necesitan cantidades adicionales de gas de las instalaciones de almacenamiento de gas, o hay que producir o generar gas adicional.

Como herramienta adicional, se ofrecen contratos de interrupción del suministro entre proveedores de gas y clientes industriales y otros clientes de fabricación. Entonces, el cliente está obligado a interrumpir el consumo de gas en las horas punta y a utilizar otras energías como el gas licuado o el petróleo. Para compensar, sin embargo, él obtiene el gas natural mucho más barato.

11.2 Almacenamiento de Gas

Los gases licuados de petróleo se pueden almacenar fácilmente en recipientes de baja presión. El almacenamiento de capacidades significativas de gas natural en cambio requiere grandes volúmenes y altas presiones. El almacenamiento subterráneo del gas natural requiere instalaciones especiales y no se trata aquí.

11.2.1 Depósitos a baja presión

En el pasado se aplicaron depósitos de formas cilíndricas con placas móviles o gasómetros de campana con una o hasta tres copas telescópicas cada una de guiado vertical (véase las Figuras 11.1 y 11.2). Debido a su limitada capacidad y al enorme esfuerzo técnico requerido para el mantenimiento, también volvieron a desaparecer, ya que hubo problemas con la impermeabilización y las conexiones.

Actualmente, los sistemas de almacenamiento a baja presión se utilizan, por ejemplo, en plantas de biogás y en plantas de gas de tratamiento de aguas residuales (Figura 11.3). El depósito consiste en una camisa exterior cilíndrica. En el interior se mueve un disco pesado, que es guiado por una columna central. La presión por el peso del disco es casi constante y el sellado es proporcionado por una membrana rodante flexible.

$$p_e = m * g / A \qquad (11.1)$$

siendo: p_e = Sobrepresión
     m = Masa del disco
     A = Sección transversal interna del depósito

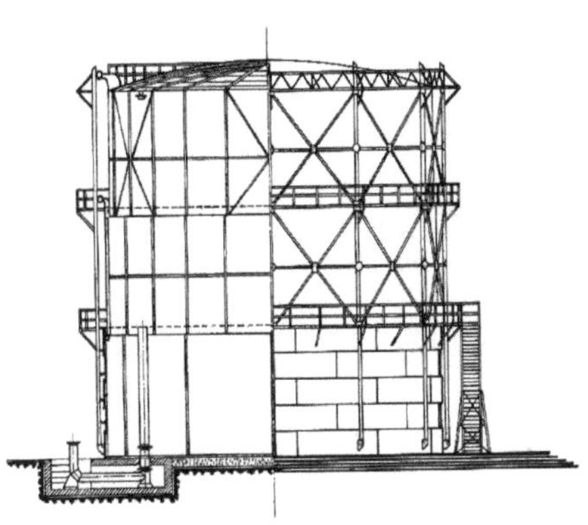

Figura 11.1
Esquema de un gasómetro
de baja presión con tazas
móviles telescopios
guiadas

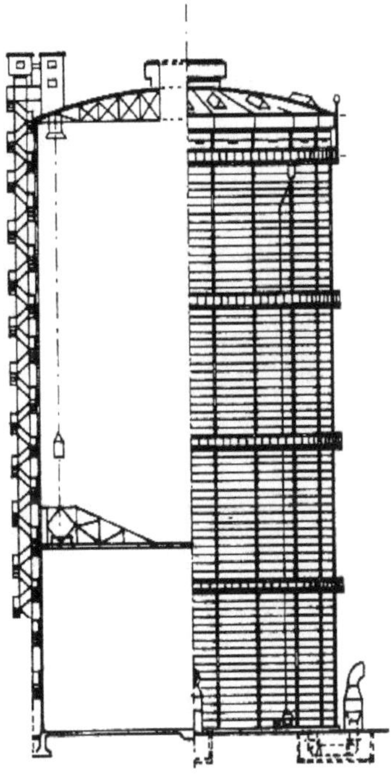

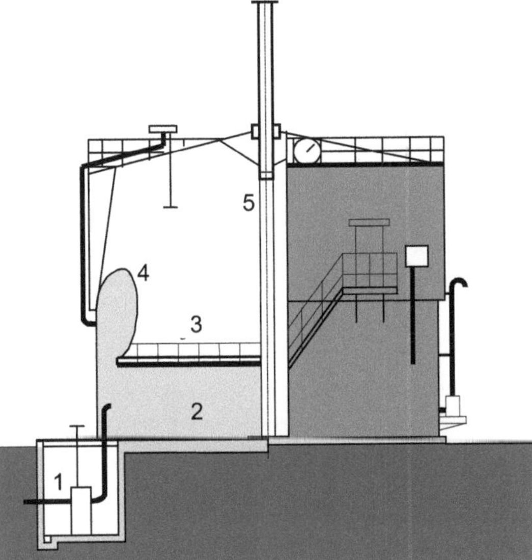

Figura 11.2
Esquema de un gasómetro
seco de baja presión con
placa móvil de peso MAN / 1 /

Figura 11.3:
Depósito seco a baja
presión: Entrada del gas (1),
gas de consumo (2), placa
pistón (3) membrana elástica
(4) y placa de peso guiado
por un tubo telescópico / 5 /

Figura 11.4: Gasómetro seco del sistema MAN según Figura 11.2 fuera de servicio

11.2.2 Almacenamiento de alta presión

Estas instalaciones trabajan entre dos niveles de presión que forman el volumen útil. El nivel de alta presión corresponde a la presión máxima ofrecida por la empresa distribuidora o producido por una compresora adicional (costos adicionales). El nivel mínimo se deriva de las condiciones del suministro público posterior. La geometría de los depósitos debería ser preferentemente esférica o cilíndrica.

Hoy en día los acumuladores de tubos consisten en tubos de gran diámetro para gasoductos con la misma protección contra la corrosión catódica y sólo requieren una simple conexión a la red de suministro (ver Figuras 11.5, 11.7 y 11.8).
En las últimas décadas del siglo 20 las empresas de gas comenzaron a construir grandes instalaciones de almacenamiento a partir de baterías de cadenas de tuberías de más de 300 m de largo. De esta manera, por ejemplo, pudieron ecualizar compra y consumo semanal.

La cantidad de consumo, es decir, la cantidad de gas disponible entre los dos niveles de presión se da en metros cúbicos estándar: El cálculo de este volumen normalizado se realiza a base de la ecuación 3.19 como la diferencia las dos etapas de presión (ver formula 11.5).

$$V_{geom} \;=\; \pi\, r^2\, L \qquad \text{(tubo)} \tag{11.2}$$

$$V_{geom} \;=\; \pi\,(4/3)\, r^3 \qquad \text{(esfera)} \tag{11.3}$$

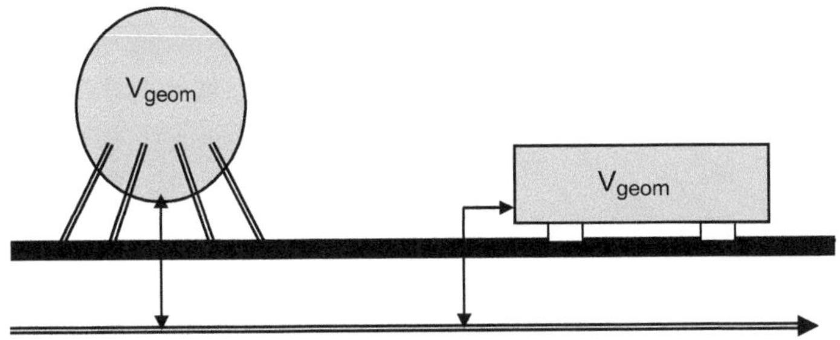

Figura 11.5: La unión de depósitos de alta presión con la red

El volumen estándar en el acumulador a la presión máxima indica el contenido máximo de gas en el estado estándar:

$$V_{n\,max} = V_{geom}\,\frac{p_{max}}{p_n}\,\frac{T_n}{T}\,\frac{1}{K_{max}} \qquad (11.4)$$

De la misma manera, se calcula el volumen estándar a presión mínima, y la diferencia representa el volumen variable y utilizable:

$$V_{n\,útil} = V_{geom}\,\left[\frac{p_{max}}{K_{max}} - \frac{p_{min}}{K_{min}}\right]\frac{T_n}{p_n\,T} \qquad (11.5)$$

con: V_{geom} = Volumen geométrico del depósito
$V_{n\,max}$ = Volumen estándar máximo
$V_{n\,útil}$ = Volumen estándar útil
K_{max} = Coeficiente de compresibilidad a presión máxima
$K_{mín}$ = Coeficiente de compresibilidad a presión mínima

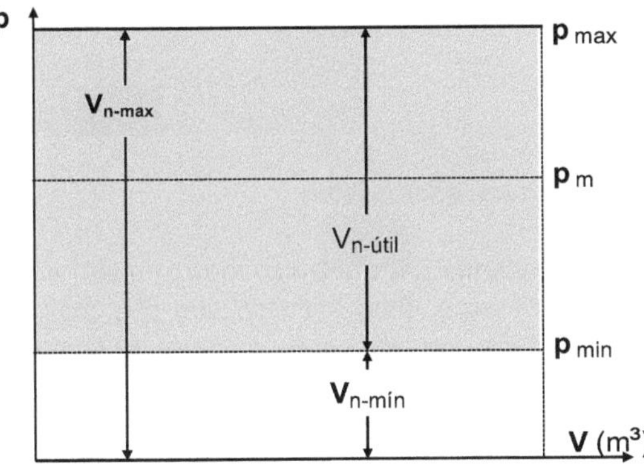

Figura 11.6: Volumen de gas máximo y volumen útil del gas entre las presiones en servicio.

Figura 11.7: Sistema de almacenamiento, hecho de tubos prefabricados

Figura 11.8:
Soldadura de las uniones con la red

11.2.3 Almacenamiento de gas en los gasoductos

Los gasoductos, que han sido diseñados para una capacidad futura, normalmente operarán a carga parcial hasta entonces. Esto significa que hay una reserva de volumen por el momento, la línea tiene una reserva respiratoria. El mismo efecto se puede observar también en las redes urbanas: Se llenan durante las horas de bajo consumo y pueden volver vaciarse al máximo consumo. Los proveedores utilizan este efecto de varias maneras.

La Figura 11.9 muestra tres curvas de presión a lo largo de una línea de gas. La curva de presión **a**) muestra el caso del diseño final con la presión de entrada p_{11} y la presión final requerida p_{22}. En realidad, sin embargo, el suministro de gas se lleva a cabo a capacidad reducida, lo que ofrece una posibilidad de almacenamiento:

Sí se aplica la presión de entrada máxima p_{11} con este consumo reducido, las perdidas - también - reducidas producen la presión final de p_{12} (nivel **b**).
Para transportar el mismo caudal reducido, es posible reducir la presión inicial al valor de p_{21} entregando todavía el gas a las condiciones contratadas al final del gasoducto (nivel **c**).

El volumen entre los niveles "**b**" y "**c**" representa el volumen de trabajo con el que la tubería puede opera como volumen de almacenamiento utilizable entre p_{11} y p_{22} sin perder su tarea de transporte.

En comparación con la Figura 11.6 se nota la diferencia:
El volumen de almacenamiento entre los niveles de presión se ha reducido debido al transporte. En lugar de la presión máxima y mínima se utiliza las presiones medias p_{m1} y p_{m2} en los niveles **b** y **c** como demuestra la Figura 11.9. Por fin, los coeficientes de la compresibilidad **k** deben ser calculados con estos valores.

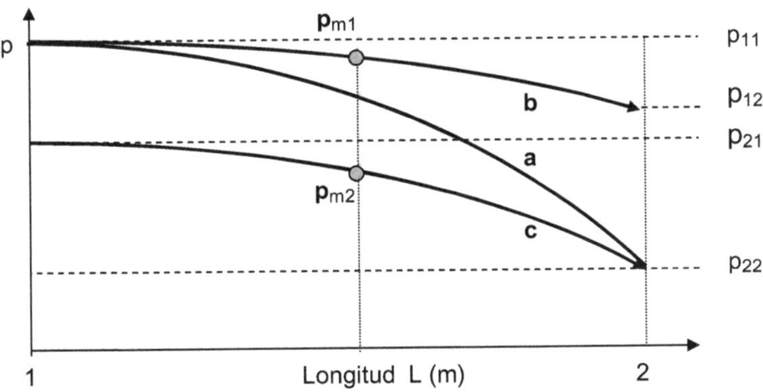

Figura 11.9: Curvas de presión a diferentes cargas y presiones iniciales:
a) Caudal pleno del gasoducto según el diseño técnico previsto
b) Caudal reducido y presión máxima en la entrada
c) Caudal reducido y presión mínima en la salida

Entonces, el volumen de almacenamiento utilizable de la tubería se calcula de la siguiente manera:

$$V_{n\,\text{útil tub}} = V_{geom} \left[\frac{p_{m1}}{K_{m1}} - \frac{p_{m2}}{K_{m2}} \right] \frac{T_n}{p_n\,T} \tag{11.6}$$

donde: V_{geom} = Volumen geométrico del gasoducto

p_{m1} = Presión media en el nivel de transporte alto

p_{m2} = Presión media en el nivel de transporte bajo

K_{m1} = Coeficiente de compresibilidad a presión media p_{m1}

K_{m2} = Coeficiente de compresibilidad a presión media p_{m2}

Las presiones p_{12} y p_{21} se calculan según las fórmulas 9.5 y 9.6 para obtener las pérdidas de presión media en las dos curvas de presión. Las presiones medias pueden determinarse aritméticamente con la Ec. 11.7 b) o más perfectamente parabólicas con la Ec. 11.7 a).

$$\text{a)} \quad p_m = \frac{2}{3} \frac{p_1^{\,3} - p_2^{\,3}}{p_1^{\,2} - p_2^{\,2}} \qquad\qquad \text{b)} \quad p_m = 0{,}5\,(\,p_1 + p_2\,) \qquad (11.7)$$

El volumen útil de un almacenamiento de gas o una tubería de gas de gran tamaño se puede utilizar como reserva adicional en los momentos de mayor consumo:

$$V'_{adicional} = V_{n,\text{útil}} \,/\, h_{\text{entrega máxima}} \qquad (11.8)$$

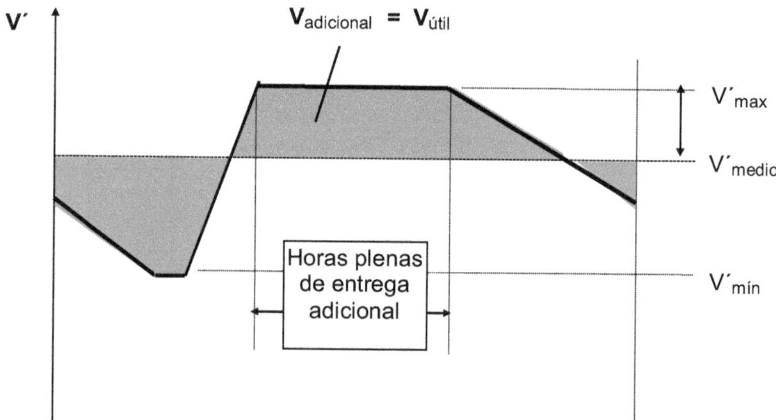

Figura 11.10: Curva del consumo con caudal medio y extremo

La Figura 11.10 muestra de forma simplificada el consumo diario de un proveedor de gas con alto consumo durante el día y bajo consumo por la noche.

El gráfico muestra que el sistema de suministro tiene que almacenar el volumen durante la noche, que se libera durante el día como consumo adicional. Ambos están separados por la línea horizontal de consumo medio, que puede considerarse consumo constante.

Conociendo el curso del consumo, como se lo muestra la Figura 11.9 en términos simplificados, se pueden determinar los datos técnicos de una instalación de almacenamiento o una tubería de almacenamiento con respecto al volumen y las presiones necesarias para satisfacer el suministro de gas esperado. Para obtener más información, véase el ejemplo 11.2.

11.3   Gas de sustitución

11.3.1 Gas Licuado (GLP) mezclado con Aire

Además de controlar el consumo, un método muy común es la sustitución de gas por producción interna o alternativa. Estos gases pueden consistir en biogás, gases de aguas residuales, gases de vertedero u otras fuentes. Muy a menudo, las compañías de gas o los clientes utilizan también mezclas de gas licuado con aire (aire propaneado o aire butaneado) como gas adicional o sustituto en caso de necesidad.

Si un cliente industrial puede todavía utilizar un sistema de mezcla de aire con gas licuado, o su caldera a petróleo, para interrumpir el suministro de gas natural, recibirá mejores condiciones para la compra del gas natural (ver contratos con interrupción del suministro).

Para utilizar esta mezcla en los quemadores de inyectores, es necesario mezclarlo de acuerdo con un índice de Wobbe constante (ver cambio de combustible).

Problemas pueden ocurrir en la utilización de motores Otto en plantas de cogeneración: Como la *cifra del metano* del gas licuado está menor de la del gas natural, en muchos casos los motores mostraron una combustión demasiado dura. Para evitar daños de los motores se puede aplicar las medidas oportunas como:

- Utilizar un tiempo de encendido posterior
- Reducir la potencia del motor
- Reducir de la potencia de un turbocompresor

Por lo tanto, el proveedor de gas debía que informar a los operadores de una planta de cogeneración cuando suministra mezclas de gas licuado con aire para que sus motores no se dañen. Los motores modernos pueden regular automáticamente estos problemas mediante sus dispositivos de control interno.
El sistema de mezcla gas - aire consiste en un inyector en el que el gas propulsor aspira el gas de baja presión. A continuación, la mezcla sale del difusor en dirección a la red de gas con la presión de mezcla de los dos componentes (Figura 11.13). Los valores de la mezcla corresponden al poder calorífico del gas básico según la formula:

$$PC_{\text{Gas Básico}} = PC_{\text{mezcla}} = PC_{\text{prop / butano}} * x_{\text{prop / butano}} \qquad (11.9)$$

Donde $x_{\text{prop / butano}}$ será el contenido del gas licuado dentro de la mezcla. Más difícil sale determinar el contenido del gas licuado cuando la mezcla requiere al *Índice de Wobbe* constante. Entonces hay que aplicar la fórmula de las leyes del mezclado:

$$Wo_{\text{gas básico}} = Wo_{\text{mezcla}} = \frac{x_1\,PC_1 + x_2\,PC_2}{\sqrt{x_1\,d_1 + x_2\,d_2}} \qquad (11.10)$$

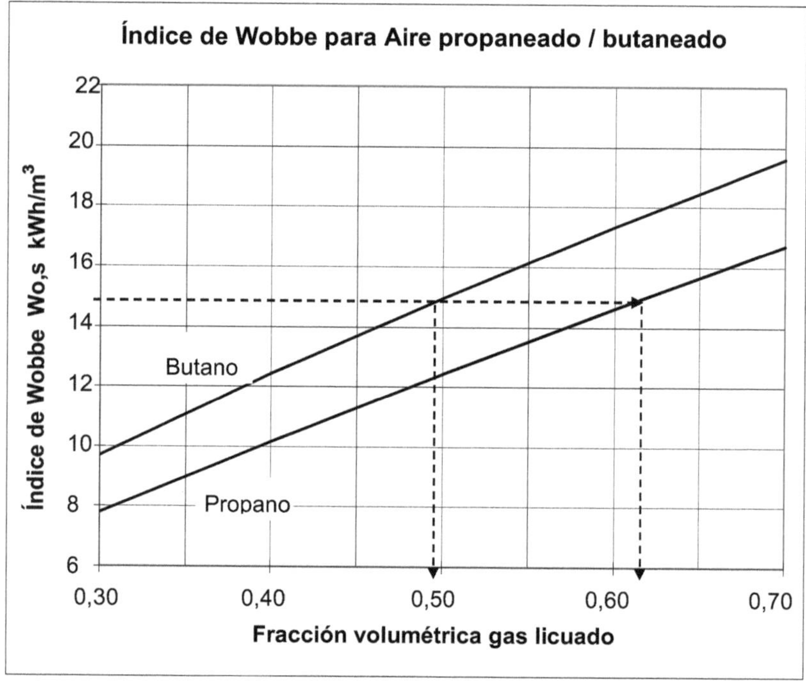

Figura 11.11: Fracción volumétrica de gas licuado para Wo,s = constante

Las propiedades de cualquier mezcla de gases combustibles (B) con aire (C) para reemplazar un gas base (A) se pueden presentar en un triángulo de mezcla como se muestra en la Figura 11.12.

Los límites de las aplicaciones son la densidad relativa (d) y los valores térmicos (PCI y PCS) que afectan a la función de los dispositivos.

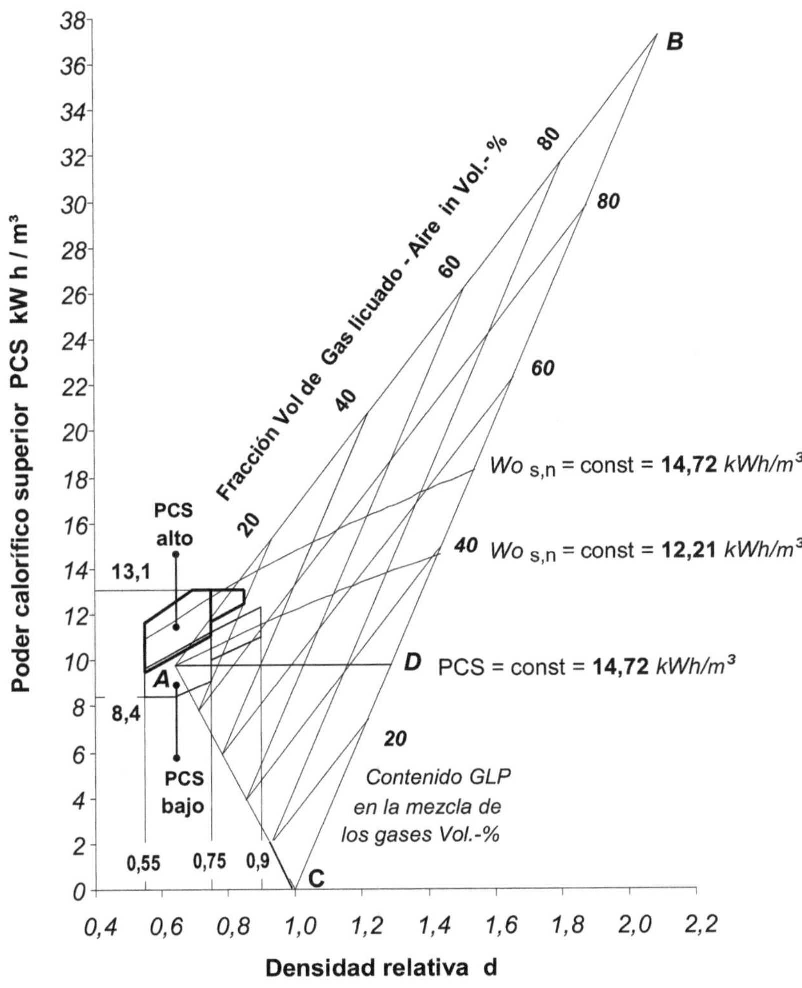

Figura 11.12: Triángulo de mezcla de gases combustibles (B) con aire (C) con referencia a las características del gas básico (A) /2/

204

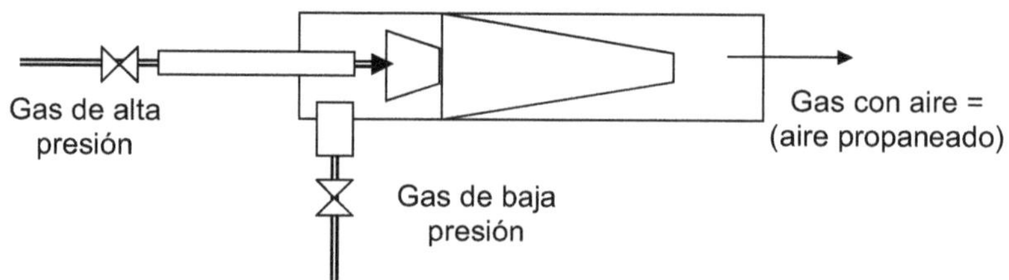

Figura 11.13: Esquema de un inyector a mezcla de propano/aire

11.3.2 Mezclas con hidrógeno

Estos combustibles deben cumplir las condiciones de los gases originales respecto el índice de *Wobbe* para quemadores atmosféricos junto con la presión y el diámetro de las boquillas adecuado.
Las potencias calóricas de quemadores con ventiladores se pueden adaptar fácilmente por la presión y la tobera. La admisión de aire se arregla entonces a la emisión de CO más baja.

Más informaciones se encuentra en el apartado 2.5 y en el ejemplo 10.8 respecto el cambio de GN a H_2 en una instalación existente.

11.4 Aplicaciones numéricas del capítulo 11

Ejemplo 11.1:

Para compensar el consumo adicional del día una empresa de gas está planeando una nueva instalación de almacenamiento de gas (ver esquema). Los ingenieros de la empresa proponen la instalación de una batería de tubos de alta presión cumpliendo con el espacio de terreno disponible y con 30% de reserva volumétrica:

L_{tubos} = **55,0** m; D_i = **1,2** m; $p_{e\text{-}max}$ = **40** bar; $p_{e\text{-}min}$ = **2** bar; p_{atm} = **1,0** bar;

t gas = **15** °C;   K = 1 / 500 (compresibilidad); $V_{reserva}$ = **30%**

Determinar:
- Volumen útil y volumen geométrico
- Número de tubos para almacenar el gas necesario
- horas y caudal de descarga máxima

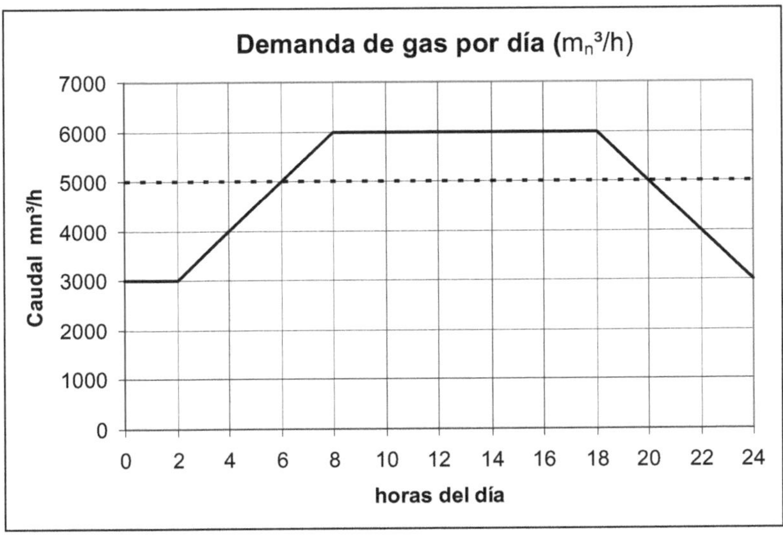

Figura 11.14: Esquema simple del consumo de gas durante el día

Requisito diario: = suma de los volúmenes debajo de la línea de la demanda diaria.

V_{dia} = 24 h * 3000 m_n^3/ h + 10 h * 3000 m_n^3/h + 6 h * 3000 m_n^3/h = <u>**120.000**</u> m_n^3/h

Para determinar el volumen de almacenamiento utilizable se necesita el consumo promedio:

$$V'_{medio} = V_{día} / horas = (120.000 \ m^3/h) / 24 \ h/d = \underline{\mathbf{5.000}} \ m^3/h$$

La cantidad de volumen de almacenamiento será entonces el volumen encima del volumen promedio:

$$V_{n \ útil} = 12 \ h * 1000 \ m^3/h = \underline{\mathbf{12.000}} \ m^3/día$$

Este volumen normalizado debe acomodarse en el almacén de gas en las condiciones mencionadas anteriormente. Para lo cual se requieren los valores de compresibilidad de las presiones del acumulador:

$$K_{max} = 1 - (p_{e \ max} + p_{atm}) / 500 = 1 - 41 \ bar / 500 \ bar = 0,918$$

$$K_{min} = 1 - (p_{e \ min} + p_{atm}) / 500 = 1 - 3 \ bar / 500 \ bar = 0,994$$

La ecuación 11.3 se utiliza para calcular el volumen geométrico requerido:

$$V_{n,útil} = V_{geom} \left[\frac{p_{e \ max}}{K_{max}} - \frac{p_{e \ min}}{K_{min}} \right] \frac{T_n}{p_n \ T} \qquad (\text{ec. } 11.5)$$

$$V_{geom} = \frac{V_{útil}}{\left[\dfrac{p_{e \ max}}{K_{max}} - \dfrac{p_{e \ min}}{K_{min}} \right] \dfrac{T_n}{p_n \ T}}$$

$$V_{geom} = \frac{12.000 \ m_n^3 * (1 + 0,30 \ reserva)}{\left[\dfrac{40,95 \ bar}{0,918} - \dfrac{2,95 \ bar}{0,994} \right] \dfrac{273 \ K}{1,013 \ bar \ \ 288 \ K}} = \underline{\mathbf{400,3}} \ m^3$$

Número de tubos:
$$n = \frac{4 * V_{geom}}{\pi * D_i^2 \ L_{tubos}} = \frac{4 * 400,3 \ m^3}{\pi * 1,2^2 \ m^2 * 55,0} = 5,94 = \underline{\mathbf{6,0}}$$

Horas de descarga media y caudal máxima (mire esquema del consumo):

$$= V'_{max} = \mathbf{6000} \ m^3/h \ \text{para } \mathbf{10} \text{ horas del día}$$

Ejemplo 11.2

El gasoducto de transporte del ejemplo 9.2 (*Gasoducto Atacama en Chile*) requería anteriormente 48,8 bar sobrepresión al principio de la línea para una presión de 20,0 bar al fin del la linea. Ahora resulta, que se puede bajar la sobrepresión final a 10,0 bar por cambio de las condiciones. Todas las demás características quedan las mismas. ¿Qué volumen adicional se puede almacenar por día?

Datos técnicos:

L = 400 km; D_i = 0,5 m; rugosidad integrada: k = 0,06 mm; ρ_n = 0,75 kg/m³;

factor rugosidad λ = 0,015; t_{gas} = 20°C; presión atmosférica p_{atm} = 0,880 bar

sobrepresiones del ejemplo 9.2:

$p_{e1.1}$ = 48,8 bar; $p_{e1.2}$ = 20 bar, $\rho_{2.1}$ = 14,4 kg/m³, $w_{2.1}$ = 7,83 m/s

$p_{e2.2}$ = 10 bar (Mejillones), $V'_{previsto}$ = 8,5 * 10⁶ m³/d, V'_{actual} = 30%

$p_{e2.1}$ = ?

Debido a la posibilidad de reducir la presión final p_{22}, durante el servicio regular, la presión de alimentación p_{21} también se puede reducir en caso necesario. Esto aporta la ventaja económica de un volumen de almacenamiento.

Solución:

Falta ahora la presión $p_{e2.1}$ que se obtiene por un nuevo cálculo de pérdida de carga, como ya realizado en ejemplo 9.2 y tiene que ser calculado nuevamente. Solamente la presión final será reducida:

Densidad del gas según ecuación 3.21 siendo K = 1 para gas ideal:

$$\rho_{2.2i} = \rho_{1.2i} * p_{2.1} / p_{22} = 14,4 \text{ kg/m}^3 * 10,88 \text{ bar} / 20,88 \text{ bar} = \underline{7,50} \text{ kg/m}^3$$

$$w_{2.2} = w_{1.2} * p_{2.1} / p_{22} = 7,83 \text{ m/s} * 10,88 \text{ bar} / 20,88 \text{ bar} = \underline{15,03} \text{ m/s}$$

Pérdida de carga estimada Δp = **35** bar:

$$K_m = 1 - p_m / 450 = 1 - (p_2 + 0,5 * \Delta p) / 450 = 1 - (10,88 + \mathbf{17,5}) / 450$$
$$= \mathbf{0,9369}$$

$$\Delta p = p_2 \left[\sqrt{1 + \lambda \frac{L \, \rho_{2,i}}{d_i \, p_2} V_{2i}^2 \, K_m} - 1 \right] \qquad (\text{formula 9.6})$$

$$= 10,88 \text{ bar} * \left[\sqrt{1 + 0,015 \frac{400.000 \text{ m} * 7,50 \text{ kg/m}^3}{0,50 \text{ m} * 10,88 \text{ bar } 10^5 \text{ Pa/bar}} (15,03 \text{ m/s})^2 \, 0,9369} - 1 \right]$$
$$= \underline{\mathbf{35,94}} \text{ bar}$$

$$p_{e2.1} = p_{e2.2} + \Delta p = 10 \text{ bar} + 35,94 \text{ bar} = \underline{\mathbf{45,94}} \text{ bar}$$

<u>Con los cuatro valores de presiones se puede ahora determinar el volumen de almacenamiento que puede ofrecer el sistema.</u>

La Figura 11.6 muestra una curva de presión parabólica para la cual teóricamente se usaría la ecuación 11.7 a). Para cálculos más simples en el campo de la enseñanza, generalmente se puede usar la ecuación lineal 11.7 b).

Presiones medias absolutas de las dos curvas de presión:

$$p_{m1} = 0,5 * (p_{11} + p_{12}) = 0,5 * (48,8 + 20,88) = \underline{35,3} \text{ bar}$$

$$p_{m2} = 0,5 * (p_{21} + p_{22}) = 0,5 * (46,82 + 10,88) = \underline{28,9} \text{ bar}$$

con estos datos se puede sacar los valores medios de compresibilidad:

$$K_{m1} = 1 - p_{m1} / 450 = 1 - 35,28 / 450 = \underline{0,922}$$

$$K_{m2} = 1 - p_{m2} / 450 = 1 - 28,85 / 450 = \underline{0,936}$$

El volumen geométrico del gasoducto está:

$$V_{geom} = 0,25 * \pi * D_i{}^2 * L = 0,25 * \pi * 0,5^2 * 400.000 \text{ m} = \underline{\mathbf{78.537,5}} \text{ m}^3$$

A partir de la ecuación 11.4, ahora se calcula el volumen utilizable de almacenamiento:

$$V_{n\ \text{útil tubería}} = V_{geom} \left[\frac{p_{m1}}{K_{m1}} - \frac{p_{m2}}{K_{m2}} \right] \frac{T_n}{p_n\ T} \tag{11.6}$$

$$V_{n\ \text{útil tubería}} = 78.537,5 \left[\frac{35,3\ \text{bar}}{0,922} - \frac{28,9\ \text{bar}}{0,936} \right] \frac{273\ \text{K}}{1,013\ \text{bar}\ 293\ \text{K}} = \underline{\mathbf{538791}}\ \text{m}^3/\text{d}$$

Porcentaje de $V'_{adicional}$ / día = 538.791 / (0,30 * 8500.000) = 0,21 = $\underline{\mathbf{21}}$ %

Esto significa que, en el período de alta demanda, el flujo de volumen puede aumentar de forma segura en un 20%, independientemente del posible aumento marginal de las pérdidas por fricción resultantes. Para investigar este efecto, los datos podrían ajustarse paso a paso.

Ejemplo 11.3

Una empresa industrial ha cambiado su generación de electricidad a gas natural, pero mantiene su equipo para gas licuado de petróleo que ya tenía antes. Con el fin de reducir los costes durante el período de consumo pico, acuerda un contrato de suministro interrumpible / flexible para el gas natural. Esto funciona de tal manera que el proveedor de gas debe apagar el gas natural después de un aviso suficiente.

Esto permite al cliente poner en marcha su planta de mezcla de gas licuado de petróleo con aire a un índice de Wobbe constante. La ventaja del cliente es un precio mucho más bajo del gas natural, pero él mismo tiene que mantener su planta de mezcla. Ahora está buscando las condiciones de mezcla.

Datos de gases:

Gas natural PCS = **11,0** kWh/ m³   Wo $_{PCS}$ = **14,5** kWh/m³ d = **0,58**

Propano   PCS = **28,1** kWh/ m³   Wo $_{PCS}$ = **22,5** kWh/m³ d = **1,55**

Butano   PCS = **37,3** kWh/ m³   Wo $_{PCS}$ = **25,7** kWh/m³ d = **2,10**

Calcular: 1. El índice de Wobbe de la mezcla
2. La relación de volumen de propano y aire
3. Confirmen el resultado através de la Figura 11.12
4. Determinen gráficamente las fracciones si el gas licuado consiste
   a) de butano **35%** b) de butano **65%**

Solución:

La mezcla aire - propano como gas sustituto debe tener el mismo Índice de Wobbe que el gas natural, por lo que se aplica la formula 3.56 del capítulo 3:

1) Índice de Wobbe: = **14,5** kWh/m³

2) $$Wo_{PCS\,mez} = Wo_{PCS\,GN} = \frac{\Sigma\,(x_i\,PCI)}{\sqrt{\Sigma\,x_i\,d_i}}$$ (ec. 3.56)

$$= \frac{PCS_{GL} * x_{GL} + PCS_{aire} * x_{aire}}{\sqrt{d_{GL} * x_{GL} + d_{aire} * x_{aire}}}$$

con: $PCS_{aire} = 0$; $x_{aire} = 1 - x_{GL}$ la formula llega a su estado final

$$= \frac{PCS_{GL} * x_{GL}}{\sqrt{d_{GL} * x_{GL} + d_{aire} * (1 - x_{GL})}} = \mathbf{14,5}\ kWh/m³$$

Al resolver esta fórmula para un gas licuado GLP llegará a una ecuación cuadrada de la siguiente forma, elaborada aquí para el propano:

$$x_{GL}^2 * PCS_{GL}^2 - x_{GL} * Wo_{PCS\,mez}^2 * (d_{GL} - 1) - Wo_{PCS\,mez}^2 = 0$$

donde **a** = 789,61;   **b** = - 107,8; **c** = - 210,3

Con esta ecuación, la solución para la fracción de gas licuado es: $x_{Propano}$ = **0,59** lo que significa una fracción volumétrica de aire de unos 41 %.

Para las preguntas adicionales, se utiliza la siguiente Figura 11.11, que puede responder otros detalles interesantes:

El diagrama muestra las dos líneas de mezcla para propano y butano basado en el ejemplo. Y es aplicable a cualquier mezcla de propano o butano con aire.

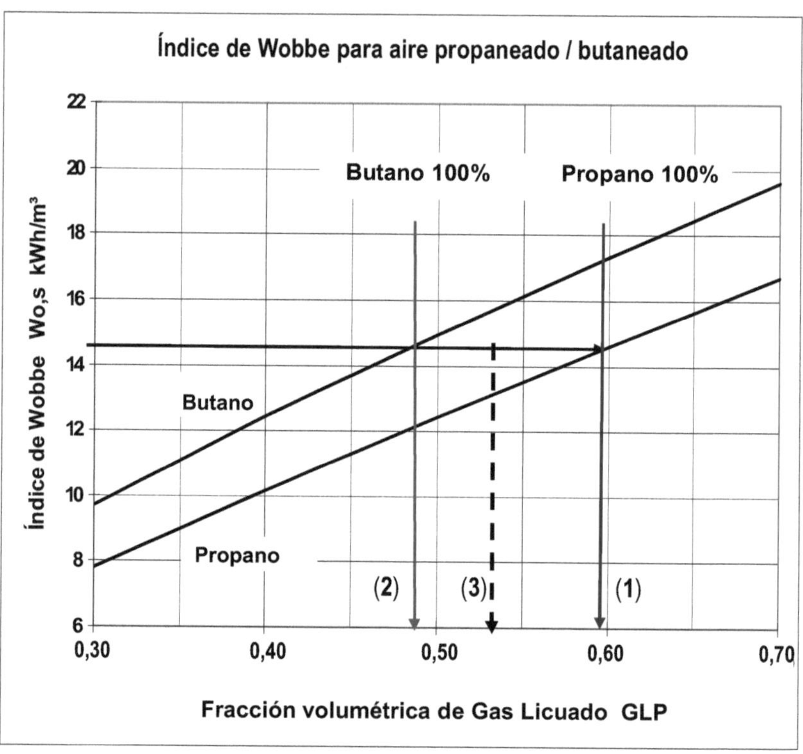

Soluciones gráficas y prácticas:

Soluciones gráficas prácticas:

3) a) La flecha (1) muestra el resultado para **propano ≈ 0,59**

   b) La flecha (2) muestra la fracción de **butano puro** a unos **48 %** en una mezcla con aire al índice de Wobbe necesario

   c) Entre las flechas verticales (1) y (2) se pueden buscar ahora los porcentajes para cualquiera mezcla posible entre el propano y el butano, que también cumpla el Índice de Wobbe.
   La flecha (3) representa una mezcla de 65% butano (más cerca de este gas) y 35 % de propano.

12. Aplicaciones Avanzadas

12.1 Centrales de Calor y de Electricidad (Cogeneración)

Hasta hace unos años, las empresas artesanales y las pequeñas empresas industriales obtenían su electricidad de los grandes productores, mientras que las grandes industrias siempre producían su electricidad en sus propias plantas.
La instalación de una planta para la generación combinada de energía de electricidad y calor ha ganado gran importancia en el rango de potencia de 5.0 kW a 20.000 kW. Alrededor de 85 ... el 95% de estas plantas utilizan gases como combustible, alrededor del 60% de ellas, el gas natural. Otros gases se reciben de procesos de la producción, como gases de disolventes, que también son usados como combustible, sin olvidar los gases provenientes de la biomasa.

12.1.1 Generalidades

Los generadores eléctricos pueden producir corriente alternativa trifásico o corriente constante (Figura 12.1). La energía para activar el generador puede provenir de motores de combustión interna o turbinas de gas que ofrecen utilizar una amplia variedad de combustibles. Un sistema de motores o turbinas debería generar electricidad para el autoconsumo, que es mejor que venderla a la utilidad pública. Lo más importante es que ambas energías – electricidad y calor - se pueden consumir al mismo tiempo y lo mejor en el mismo lugar. La energía térmica proviene principalmente de los gases de escape y del agua de refrigeración. En las plantas muy grandes y sofisticadas, también se utiliza el calor del aceite lubricante y de los generadores.

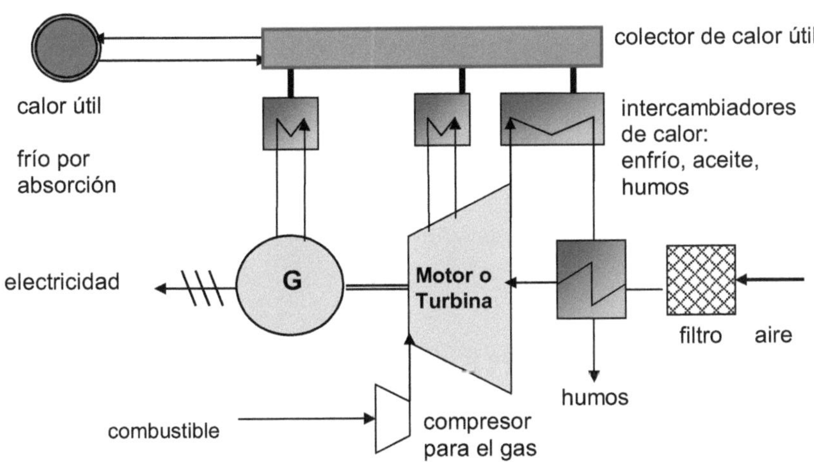

Figura 12.1: Planta de cogeneración con motor, turbina y recuperación de calor

Importante: Las energías generadas, la electricidad tal como el calor deben
- ser consumidas al mismo tiempo en el lugar de su producción
- servir al uso propio lo cual es más económico que la venta.
-

Combustibles aplicables en plantas de cogeneración:

gaseosos:

- Gas natural
- Biogás
- Gas licuado (propano, butano)
- Gases residuales
- Gases de aguas residuales
- Gases de residuos industriales
- Gases sintéticos

líquidos:

- Petróleo
- Diesel,
- Biodiesel
- Combustóleo
- Gasolina
- Queroseno
- Aceites alternativos

Posibles áreas de aplicación:

La aplicación es posible en todas las áreas donde se requieren tanto energías como electricidad calor:

- Industria y grandes comercios artesanales
- Plantas de tratamiento de aguas residuales
- Instituciones públicas
- Piscinas y piscinas cubiertas
- Plantas de gas de vertedero
- Hospitales
- Fuentes de alimentación de emergencia
- Bancos
- Empresas de seguridad
- Centros de datos
- Suministro público de energía

Y no olvida,. muchas de estas instalaciones están obligadas a instalar un suministro de energía de emergencia.

12.1.2 Plantas de Cogeneración (PCG)

Los gases de la combustión también se pueden utilizar para producir vapor para el funcionamiento de turbinas y motores de vapor. La combinación de turbinas de gas y turbinas de vapor se denomina planta de *ciclo combinado*, como se muestra en la Figura 12.2. Estos sistemas generan electricidad y calor a partir del calor residual de las máquinas.

Dado que las aplicaciones industriales requieren calor a altas temperaturas, de unos 500 ... 600°C, el calor residual es muy adecuado para la generación de vapor en una caldera. Esto puede accionar una turbina de vapor para generar electricidad, soportar la turbina de gas o operar otros procesos térmicos.

La Figura 12.2 muestra un esquema de una central eléctrica de ciclo com-binado. Queda por mencionar que, en la práctica, se requieren al menos 2 turbinas de gas para operar una turbina de vapor de la misma potencia sin combustión adicional.

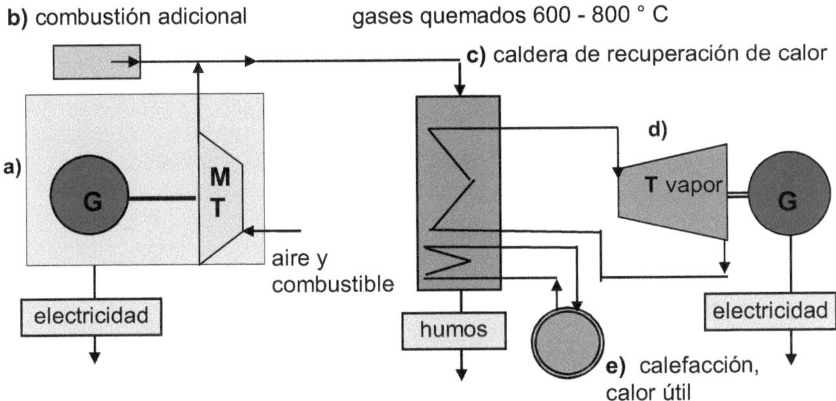

Figura 12.2: Planta de cogeneración como ciclo combinado (gas y vapor) con:
a) instalación de cogeneración simple, b) combustión adicional,
c) caldera de vapor, d) turbina a vapor con generador,
e) suministro de calor útil de temperatura baja

Procesos combinados y el *proceso Cheng*

La Figura 12.2 muestra la combinación de un proceso de vapor con una máquina de combustión interna (motor o turbina) que genera electricidad. Con sus gases calientes, esto alimenta un proceso de vapor, que, a su vez genera electricidad. Todas las instalaciones convencionales sufren del mismo problema: Funcionan en una relación fija entre la producción de electricidad y el calor / vapor.

Pero en realidad la generación entre las dos energías no suele ser flexible, no funciona de acuerdo los requerimientos. En la práctica, por otro lado, están deseadas relaciones flexibles entre la generación de electricidad y la generación de calor.

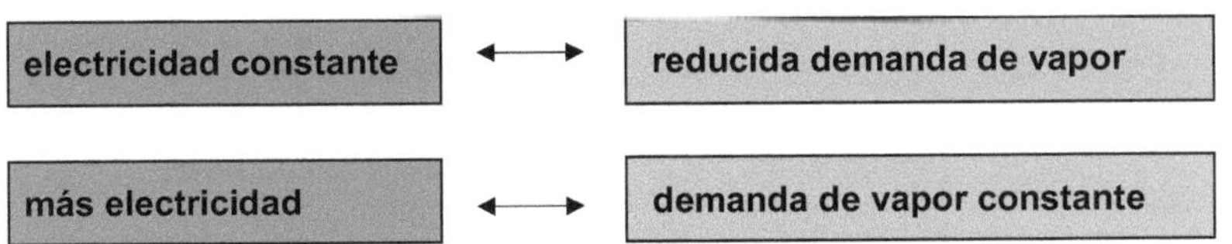

214

En el proceso *Cheng*, se puede usar la energía calorífica generada (vapor de agua) para aumentar la producción de electricidad de manera flexible:

Descripción funcional:

Para generar más electricidad en comparación con la generación fija, parte del vapor se introduce en el circuito de la turbina de gas. Por ejemplo, la turbina funciona con una mezcla de gases de combustión y vapor como fuente de energía y produce una mayor energía mecánica y, por lo tanto, eléctrica debido al aumento del flujo másico. Gracias al uso flexible del vapor, la electricidad y el calor se pueden adaptar a las necesidades energéticas respectivas.

12.1.3 Máquinas para unidades PCG

Las plantas de cogeneración utilizan elementos ya conocidos y probados, como motores, turbinas y generadores, en aproximadamente los siguientes rangos de :

- motores de gas	5 -	8.000	kW_{el}
- turbinas de gas	300 -	500.000	kW_{el}
- micro turbinas	50 -	250	kW_{el}
- turbinas a vapor	1 -	50	MW_{el}

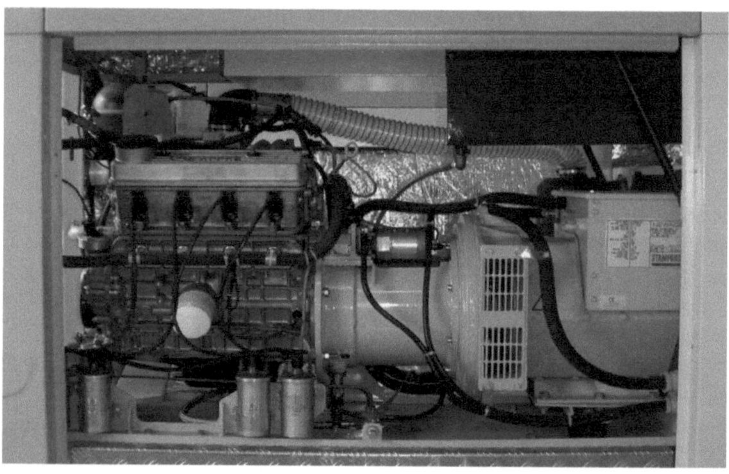

Figura 12.3: Grupo de cogeneración (TEDOM 25 kW) con: motor, acoplamiento y alternador en el laboratorio de la Universidad Diego Portales en Santiago de Chile: Tesis de alumnos alemanes en intercambio.

Figura 12.4: Motor a Gas para aplicaciones industriales y energéticas
Foto MAN Turbotec, Colonia Alemania /16/

Estas máquinas se complementan con generadores convencionales, o con generadores de alta velocidad con cojinetes de aire y conversión electrónica de energía, con intercambiadores de calor, acumuladores de calor y dispositivos de control electrónico.

La decisión siempre depende del rendimiento, la aplicación, el funcionamiento (demanda de calor/electricidad), el usuario y la situación de la instalación. Por ejemplo, debe examinarse en detalle si se puede usar un motor de pistón ya que estos requieren juntas de expansión especiales para evitar vibraciones y ruido en edificios.

Una opción muy interesante hoy en día es el uso de microturbinas, conocidas como turbinas auxiliares en aeronaves (Fig. 6.19). Las evidentes ventajas económicas llevan a la aplicación en muchas situaciones. Sin embargo, la falta de gas a alta presión para la combustión puede causar problemas: los compresores habituales no siempre soportan el elevado número de horas con carga completa.

Así que:

Por regla general, adicionalmente junto con la turbina se necesitan solamente intercambiadores de calor, y el mantenimiento es muy sencillo y económico.

Estas turbinas requieren gases combustibles a una presión superior a la presión de la camera de combustión para garantizar un suministro de combustión sin problemas. Sí no existe ninguna red pública de alta presión, entonces se necesita un compresor adicional, como mencionado anteriormente.

12.1.4 Ahorro de energía y de emisiones

Normalmente, un inversionista tiene que elegir entre dos modos de autoproducción:
   a) <u>electricidad y</u> energía térmica por a través de la cogeneración
   b) <u>energía térmica</u> con generación de energía eléctrica

En cualquier caso, deberá comparar y analizar los dos sistemas en términos de sus balances financieros, energéticos y de emisiones. El ahorro de energía y emisiones varía con las características de la tecnología de la máquina y, por lo tanto, con la generación específica de electricidad y calor.

Ahorro energético:

Los ahorros posibles se pueden ilustrar con un ejemplo sencillo, como se ven en la Tabla 12.1. El ejemplo muestra un excelente ahorro, al mismo tiempo, establece las condiciones básicas para la aplicación de la cogeneración:

-   Consumo simultáneo de electricidad y calor

-   Relación fija entre electricidad y calor

Junto con la aplicación exitosa de plantas de cogeneración, el cambio del combustible a gas natural y sus mezclas conduce a una reducción significativa de las emisiones contaminantes (Tabla 12.2).

Tabla 12.1: Producción de **28** unidades de electricidad y de **48** unidades de calor por:

COGENERACIÓN con motor Otto	GENERACIÒN por separado
Rendimiento térmico: $\eta_{cal} = 0{,}50$ Rendimiento eléctrico: $\eta_{el} = 0{,}29$ Pérdidas internas: - Electricidad: 1 % - Calor: 2 %	rendimiento de la caldera $\eta_{ef} = 0{,}82$ rendimiento de la turbina $\eta_{turb\,el} = 0{,}32$ pérdidas internas: - electricidad: 2 % - calor: 4 %
Rendimientos totales: $\eta_{cal} = \mathbf{0{,}48}$ $\eta_{el} = \mathbf{0{,}28}$	$\eta_{cal} = \mathbf{0{,}78}$ $\eta_{turb\,el} = \mathbf{0{,}30}$
Consumo de combustible: Calor y Q = (**48+28**)/(0,48+0,28) Electricidad	calor: Q = **48** / **0,78** = 61,5 electricidad: Q = **28** / **0,30** = 93,3
Sumas **= 100 %**	**= 154,8 %**

Reducción de emisiones:

Por supuesto, la reducción de las emisiones a través de las centrales combinadas de calor y electricidad en comparación con la generación separada también depende del consumo de combustible y su tipo. Al cambiar generalmente de petróleo a gas licuado o gas natural, se pueden lograr reducciones significantes (Tabla 12.2).
En los países con una alta responsabilidad ambiental, se da una alta prioridad a la producción de energía mediante unidades de cogeneración. Junto con la mejora de equipos e instalaciones, se logra una reducción significativa de las emisiones sin impedir el crecimiento de la productividad. Sin embargo, sería erróneo considerar estas plantas como una cura milagrosa, ya que no es posible cubrir el sector de la producción de energía mediante la tecnología PCG.

Tabla 12.2: Valores medios de la reducción de emisiones en las plantas de cogeneración por el cambio del combustible de GLP o de GN.

Ahorro de energía primera	35 - 60 %
Reducción de las emisiones:	
- Dióxido de sulfuro	- 100 %
- Óxido de nitrógeno	- 25 %
- Anhídrido carbónico	- 60 %

12.1.5 Aprovechamiento de la energía generada

Las plantas de cogeneración trabajan con eficiencias térmicas de un 40% a 60 % y eficiencias eléctricas desde 30% hasta 45% según el combustible y del tipo de máquina. En general, pueden lograr eficiencias totales de la planta entre 80% y 90%. En cualquier caso, se deben tener en cuenta los siguientes aspectos en cuanto a consumo y funcionamiento la hora de planificar una central de cogeneración:

- Autoconsumo interno   - Venta a la red pública

El autoconsumo de la electricidad siempre es económicamente ventajoso, ya que la venta de la electricidad nunca cubrirá el coste de la producción. Para ello, el sistema debe planificarse siempre de acuerdo con el funcionamiento de los sistemas que deben suministrarse:

- demanda eléctrica
- demanda de calor

Esto le requiere encontrar la demanda de electricidad o la demanda de calor para la producción y el calor. La autogeneración de electricidad puede sustituir por completo la conexión a la red pública o limitar los picos de consumo y, por lo tanto, reducir los costes electricidad.

Para no arrancar los motores con demasiada frecuencia, es necesario analizar los picos de consumo durante el funcionamiento o puede ampliar los tiempos de funcionamiento:

- Almacenamiento de calor   - División en módulos

La división en módulos individuales permite la adaptación a la potencia deseada. En cualquier caso, la eficiencia económica de la planta depende de las cuestiones anteriores:

- ¿Tendrá sentido instalar esta tecnología en industrias y comercios que requieren electricidad y calor?
- ¿Tendrá éxito con el posible consumo previsto del calor?

El suministro doméstico a través de la cogeneración está muy de moda, pero hay que planificarlo extremamente bien, porque en este caso el foco está en la producción de calor y se necesita una demanda o almacenamiento adecuado para la electricidad.

El ahorro y la eliminación parcial/completa de los gastos por la compra de electricidad compararse con todas las inversiones y gastos del servicio de la planta. Dado que este equilibrio depende de muchas variables, es muy difícil hacer aquí afirmaciones absolutas.

12.1.6 Costes específicos

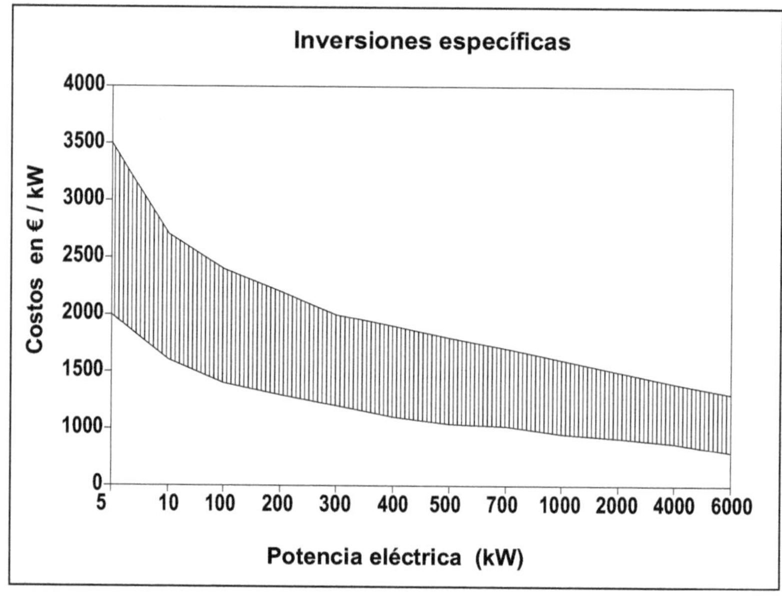

Figura 12.5 Precios específicos de unidades CHP con motores (en 2018)

En los últimos años se han reducido los costes específicos (€/kW$_{el}$) de inversiones en una planta de cogeneración en relación con la potencia eléctrica.

La Figura 12.5 muestra la evolución de los precios medios específicos de la cogeneración. En caso de la instalación de turbinas de gas, los precios mínimos se pueden utilizar como orientación. Estos valores pueden fluctuar en un 20% debido a los Costos adicionales de instalación y operación.

La tabla 12.3 muestra datos específicos para las instalaciones, al comparar una instalación con motor de combustión interna con una turbina de gas con 3000 kW$_{el}$.

Tabla 12.3 Comparación de datos y gastos respecto dos plantas de cogeneración

Datos básicos:		motor de gas	turbina de gas
Potencia eléctrica	kW	3000	3000
horas de potencia plena:	h /año	4000	4000
Rendimiento eléctrico	%	31,5	29
Rendimiento térmico	%	57	51
Gastos variables de Inspección y servicio	(€/MWh$_{el}$)	13	4,6
Gastos fijos de inspección y servicio (en % de la inversión)	%	2,0	2,0
Inversiones específicas (sin edificios)(€/kWh$_{el}$)		1300	900
Amortización	años	4,3	3,3

12.1.7 Pasos básicos del planeamiento

1): Se debe conocer la demanda de las energías (electricidad/calor) para evaluar el modo de funcionamiento, el consumo total de energía y las condiciones para obtener electricidad de la red pública.

2): El consumo de energía a lo largo del año se calcula de la siguiente manera: En el caso de la producción orientada principalmente al calor, se debe conocer el consumo acumulado del sistema (Figura 12.6) para determinar el rendimiento más favorable de la máquina y/o el número de unidades para plantas muy grandes.

3): Es necesario averiguar los días con mayor y característico consumo de la semana, mes o estación. Solo con esta información se pueden ver las oportunidades de ahorro y operaciones eficientes. Para lograr esto, se deben detener las pérdidas de energía durante la operación y desmontar los picos de consumo.

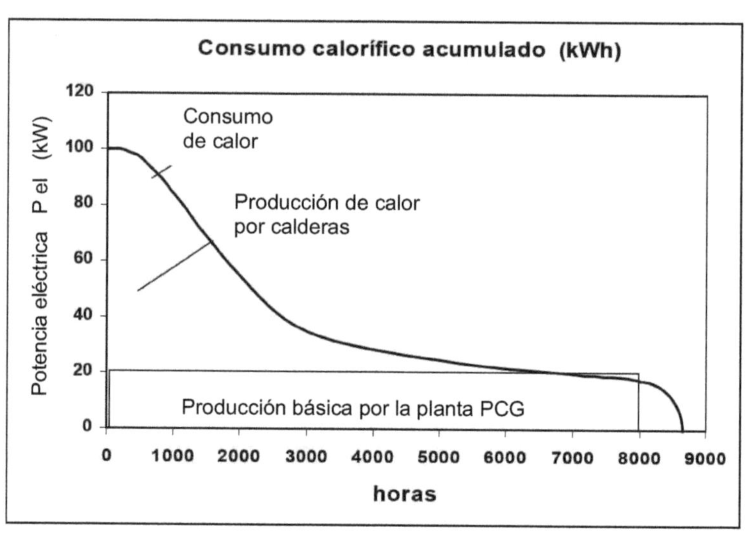

Figura 12.6: Demanda calórica de una instalación productora y gestión

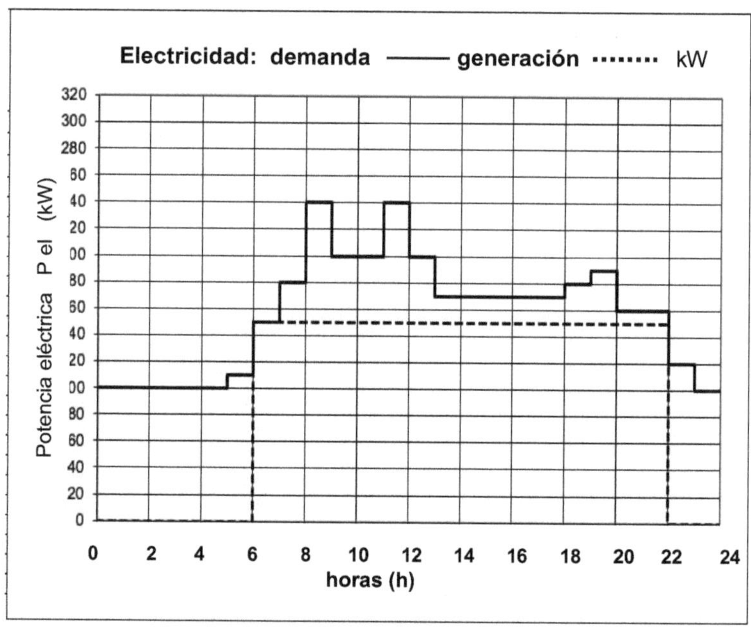

Figura 12.7: Trayecto del consumo de electricidad de un consumidor
con la posible autogeneración propia

12.1.8 Generación de Electricidad:

Primero, se nota dos elevados picos de consumo, que deberían ser investigados y posiblemente eliminados gracias a modificaciones del proceso de fabricación de tal modo que se disminuyan estos consumos muy significantes.

Dado que las compañías eléctricas cobran no solo por la energía consumida, sino también por la potencia mantenida a punto (= potencia mínima a pagar), la generación de electricidad propia debe ubicarse en el período de alta demanda.

Energía generada:

$$P_{el} = P_{comb} * \eta_{el} = P_{comb} * \eta_{mot} * \eta_{acop} * \eta_{gen} \qquad (12.1)$$

$$Q'_{cal} = P_{comb} * \eta_{cal} = P_{el} * \eta_{cal} / \eta_{el} \qquad (12.2)$$

$$Q_{cal} = hrs * P_{comb} * \eta_{cal} = hrs * P_{el} * \eta_{cal} / \eta_{el} \qquad (12.3)$$

siendo:
η_{el} = rendimiento eléctrico
η_{mot} = rendimiento motor / turbina
η_{acop} = rendimiento del acoplamiento (0,98 – 1,0)
η_{gen} = rendimiento del generador
η_{cal} = rendimiento calorífico
hrs = horas de servicio

Ahorro financiero:

Al considerar las posibilidades que ofrece la electricidad autogenerada, surgen los siguientes modos de operación:

- funcionamiento autónomo — Sin conexión a la red pública
- funcionamiento en paralelo — Solo autoconsumo con suministro de emergencia
- suministro completo — Autoconsumo con ventas
- suministro de emergencia

Por ejemplo, los costes de electricidad para un cliente de la red pública son los siguientes:

- Consumo de energía en *kWh* según tarifa
- Costes de medición y transporte de equipos con precio fijo / mes
  <u>Además, para la industria y otros clientes de la fábrica:</u>
  Máquinas registradas respecto la potencia reclamada, se facturan dentro de ciertos intervalos de tiempo correspondiente su potencia máxima
- Potencia mínima a pagar como porcentaje de la potencia instalada

Los ahorros de la generación propia resultan de los costes mencionados anteriormente y su ajuste de la siguiente forma:

- Energía autogenerada y consumida (€/kWh)
- Potencia registrada y potencia mínima (€/kW/mes)
  <u>Operación sin conexión a la red:</u>
- Sin costes de equipos de medición y transporte (€/mes)

El ahorro (A) económico debido a la generación propia depende básicamente de las condiciones acordadas con la empresa de electricidad componiéndose de los factores siguientes:

- energía: horas más potencia (Figura 12.6, ec. 12.4)
- potencia: potencia no necesitada (Figura 12.7, ec. 12.5)

$$A_{en} = \Sigma (P_{gen} * h) \qquad (kWh) \qquad\qquad (12.4)$$

$$A_{pot} = P_{gen} \qquad (kW) \qquad\qquad (12.5)$$

$$A_{pot\,ef} = P_{gen} - P_{min} \qquad (kW) \qquad\qquad (12.6)$$

Sin los pagos mínimos de potencia a la empresa eléctrica el ahorro $A_{pot\,ef}$ sería igual a la potencia generada (formula 12.5). Como las empresas normalmente piden un pago mínimo de potencia, el ahorro de potencia se calcula según la formula (12.6). La ganancia financiera está determinada por los precios específicos:

$$A_{econ} = A_{en} * (€/kWh) + m * A_{pot} (€/kW/mes) \qquad (12.7)$$

donde:
A_{econ} = Ahorro económico
A_{en} = Ahorro energético
A_{pot} = Ahorro de potencia
P_{gen} = Potencia generada
h = horas de carga plena
m = número de meses de generación

12.1.9 Utilización de la energía térmica:

La generación de energía eléctrica produce más calor que electricidad. En muchos casos se planifica por eso las plantas de cogeneración como centrales térmicas con venta de electricidad potencia no necesitada.

La energía térmica puede utilizarse en los sectores siguientes como:

Calefacción, agua caliente
Secado
Precalentamiento del combustible
Generación de vapor
Aceite térmico
Enfriamiento por absorción
Energía y refrigeración en procesos de ORC,

utilizando el uso de intercambiadores de calor, calderas de calor residual y tanques de almacenamiento de calor. El calor generado se puede calcular a partir de las eficiencias de los componentes del sistema de la siguiente manera:

Acumulador de calor:

Figura 12.8: Depósito de agua caliente capacidad 2500 kg de agua

El diseño de un acumulador de calor requiere la determinación del requerimiento de calor. La capacidad $Q_{ac\ total}$ se puede calcular examinando la suma de las capacidades de calefacción según las horas del día:

$$Q_{ac\ total} = \Sigma\ [\ hrs\ *\ Q'_{cal\ demanda}\ ] \tag{12.8}$$

$$Q_{ac\ útil} = \Sigma\ [\ hrs\ *\ (Q'_{cal}\ -\ P_{cal\ medio})\ ] \tag{12.9}$$

$$Q'_{cal\ medio} = Q_{ac\ total}\ /\ \Sigma_{horas} \tag{12.10}$$

$$Q'_{cal\ generado} = P_{gen}\ *\ \eta_{cal}\ /\ \eta_{el} \tag{12.11}$$

siendo:

$Q_{ac\ total}$ = Capacidad calorífico del depósito

$Q_{ac\ útil}$ = Calor útil del depósito

η_{cal} = Rendimiento calorífico

η_{el} = Rendimiento eléctrico

hrs = Horas de servicio

El almacén térmico debe ser cargado en las horas sin demanda. La masa acumuladora térmica sería entonces:

$$m_{ac\ util} = \frac{Q_{ac\ util}}{c_{agua}\ (T_2 - T_1)} \qquad (12.12)$$

siendo:

$Q_{ac\ util}$	=	energía acumulada utilizable
hrs	=	horas de funcionamiento
Q'_{cal}	=	potencia calórica generada
$Q'_{cal\ medio}$	=	potencia calórica por demanda
c_{agua}	=	capacidad calórica
T_1 - T_2	=	diferencia de temperatura aplicable

Los tanques de agua caliente nunca deben vaciarse por completo, Eso se logra por un factor de uso entre 0,80 y 0,85, dependiendo del tipo de tanque:

$$m_{ac\ real} = m_{ac\ util} / \alpha_{util} = m_{ac\ util} / (0,80 \ldots 0,85) \qquad (12.13)$$

12.2 Energía procedente de la expansión de gas

La distribución de gas natural a nivel nacional, regional tal como el suministro de clientes industriales, opera a altas presiones de 10 hasta 100 bar. La reducción de la presión para uso final con válvulas de estrangulación o máquinas de expansión es posible:

- en sistemas de regulación y medición de presión de la red de suministro
- en estaciones receptoras de gas en fábricas artesanales e industriales

Como se verá, la generación de energía a partir de la expansión de gas requiere un precalentamiento adicional. La energía térmica necesaria se puede consistir en cualquier calor residual adecuado procedente de procesos de producción. La generación de este calor por una plante de cogeneración, instalada especialmente para esta finalidad, por otro lado, no es aconsejable y es demasiado costosa.

12.2.1 Teoría termodinámica

La tecnología utilizada en este campo se conoce desde hace muchos años por la tecnología criogénica, la cual han utilizado la expansión en máquinas para llegar a temperaturas muy bajas. En lugar de reducir la presión a través de válvulas, que mantienen la entalpía constante, se utilizan estas máquinas de reducción de la presión, para transformar el calor del gas en trabajo mecánico.

La Figura 12.9 muestra la reducción de la presión de un Gas Natural real por medio de la estrangulación (2) $\rightarrow$ (3) como ya presentado en el capítulo 8. En lugar de ser estrangulado por una válvula, el gas también se puede expandir en una máquina (4) a (3), pero requiere entonces un precalentamiento completo de (1) a (4).

Luego se baja la presión hasta el valor deseada del punto (3) mediante la generación de energía mecánica.

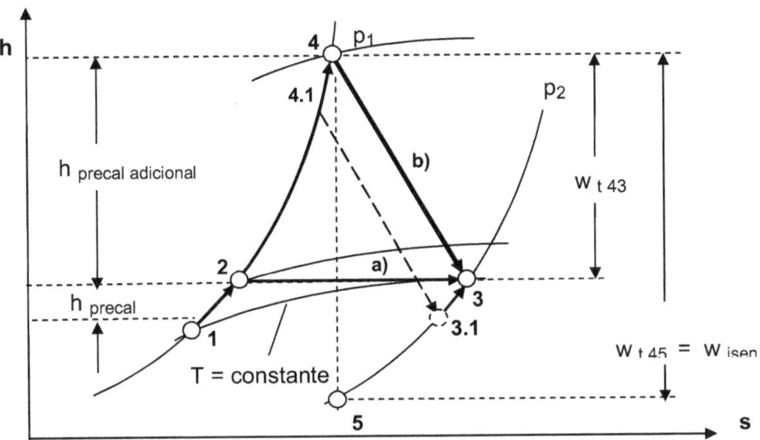

Figura 12.9: Diagrama simple de entalpía / entropía y la reducción de la presión

a) por una válvula 2 – 3

b) por una máquina después de calentar el gas adicionalmente a 4 o 4.1. El precalentamiento a 100°C y más puede pedir instalaciones de seguridad adicionales

c) una expansión a bajas temperaturas (3.1) requiere mantener una distancia segura al punto de rocío

Como resultado de la expansión, el gas produce el trabajo técnico $w_{t\,43}$ que se puede calcular con la formula 12.14 con el exponente $m = 2$ a motores y 1,3 a turbinas:

$$w_{t\,43} = T_4\,Z_4\,R\,\frac{\kappa}{\kappa - 1}\,[\,1 - (p_2/p_1)^{1 - 1/\kappa}\,]^{*}\,(\eta_{isen})^{m} \qquad (12.14)$$

$$\text{con:}\quad \kappa = c_p / c_v = c_p / (c_p - R) \qquad (12.15)$$

La eficiencia isentrópica η_{isen} se calcula con la formula siguiente

$$\eta_{isen} = (T_4 - T_3) / T_4 - T_5)\quad \text{con} \qquad (12.16)$$

$$T_5 = T_4 {}^{*}(p_2/p_1)^{1 - 1/\kappa}$$

Mediante la relación entre el trabajo real (h4 - h3) y el trabajo ideal (h4 - h5) define el rendimiento isentrópico o adiabático de la máquina. El exponente m en la formula 12.14 hay que calcular a base de mediciones prácticas en una máquina.

De las investigaciones del autor salieron los factores m = 2 para motores de pistones y m = 1,3 para turbinas (ver ejemplo 12.5). Las temperaturas, medidas en la planta, pueden producir resultados rápidos, aunque en muchos casos entregan diferencias respecto a los resultados de la ecuación 12.14.

$$w_{t\,43} \;=\; h_4 - h_3 \;=\; c_{pm\,43}\,(t_4 - t_3) \qquad\qquad (12.17)$$

Para el rendimiento isentrópico (formula 12.16) se necesita la temperatura T_5 que se recibe por una expansión isentrópica a base de la temperatura de precalentamiento.
La temperatura T_4 hay que elegir de la manera que la temperatura T_3 no salga por debajo de la temperatura mínima planeada o la temperatura de rocío.
El factor de gas real Z del punto (4) puede calcularse para gas natural mediante la siguiente fórmula empírica del autor /1/:

$$Z_4 = \; 1 \;-\; 0{,}12 \; (\; p_{1\,abs} \,/\, 95\ \text{bar} \,) * (\; 1 \,-\, t_4 \,/\, 200°C \,)^{\,0{,}5} \qquad (12.18)$$

Cuando se quiere cambiar las temperaturas de la expansión ya conocidas, es necesario encontrar el exponente *n* de la expansión politrópica. Entonces se puede elegir la temperatura final y calcular la temperatura inicial de la expansión del gas, para el precalentamiento necesario (ver ejemplo 12.6):

$$T_4 = T_3 * (\, p_1 \,/\, p_2 \,)^{\,(1 - 1/n)} \qquad \text{con el exponente } \textit{n} \qquad (12.19)$$

$$n = \; \ln\,(p_1 \,/\, p_2) \,/\, [\, \ln\,(p_1 \,/\, p_2) - \ln\,(T_4 \,/\, T_3) \,] \qquad\qquad (12.20)$$

La potencia calorífica efectiva para precalentar el gas (1) a (4) se calcula junto con la diferencia térmica, generada del coeficiente Joule-Thomson:

$$Q'_{precal} \;=\; m' * c_{p14} * (t_4 - t_1 + \Delta T_{JT}) \,/\, \eta_{precal} \qquad (12.21)$$

Para recuperar el calor específico c_{p14} a las condiciones del precalentamiento, se puede utilizar la fórmula 8.12 con 8.13. Entonces, la máquina de expansión con el flujo másico de gas proporciona la siguiente potencia del eje:

$$P_{mec} \;=\; w_{t\,43} * m' * \eta_{mec} \qquad\qquad (12.22)$$

Esta potencia mecánica se puede utilizar también para generar aire comprimido (muy recomendable) o para accionar mecánicamente otros dispositivos. Este uso directo impide pérdidas de conversión y la sincronización eléctrica.

$$P_{el} \;=\; P_{mec} * \eta_{gen} * \eta_{acop} \qquad\qquad (12.23)$$

Las eficiencias mecánicas y eléctricas son:

$$\eta_{mec} \;=\; P_{mec} \,/\, Q'_{precal} \qquad\qquad (12.24)$$

$$\eta_{el} \;=\; P_{el} \,/\, Q'_{precal} \qquad\qquad (12.25)$$

12.2.2 Instalaciones necesarias

La instalación para la expansión mecánica consta principalmente de los siguientes componentes:

- Máquina de expansión
- Generador
- Sincronización
- Dispositivos de seguridad y control

Como máquinas para la expansión se pueden aplicar diferentes tipos como:

- **Motores de pistones** (tipo motor a vapor) $(2.000 - 50.000 \ \ m^3/h)$
- **Turbinas** $(5.000 - 200.000 \ \ m^3/h)$
- Expansor de tornillo o helicoidal
- Máquinas de pistón rotativo

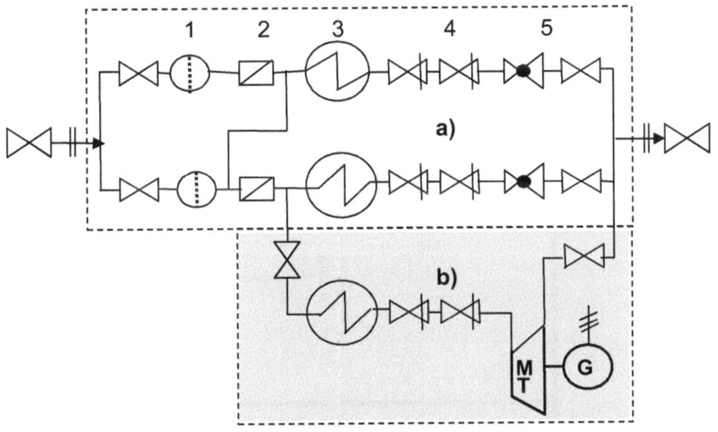

Figura 12.12: Estación de regulación (**a**) máquina de expansión (**b**)

Figura 12.13: Motor de expansión modular a base de un motor de vapor /16/

228

La reducción de la presión del gas con máquinas había empezado en el suministro del gas con los motores de pistones como que anteriormente trabajaron con vapor en las industrias. Ahora se utilizan muchas turbinas que son compactas y pueden ser integradas directamente en el sistema de las tuberías.

La adaptación a caudales variables no es muy común, pero puede realizarse por diferentes métodos:

- motores: carga parcial, desactivar cilindros
- turbinas carga parcial con ajuste de los álabes en la entrada de la turbina
            activar / desactivar grupos de toberas

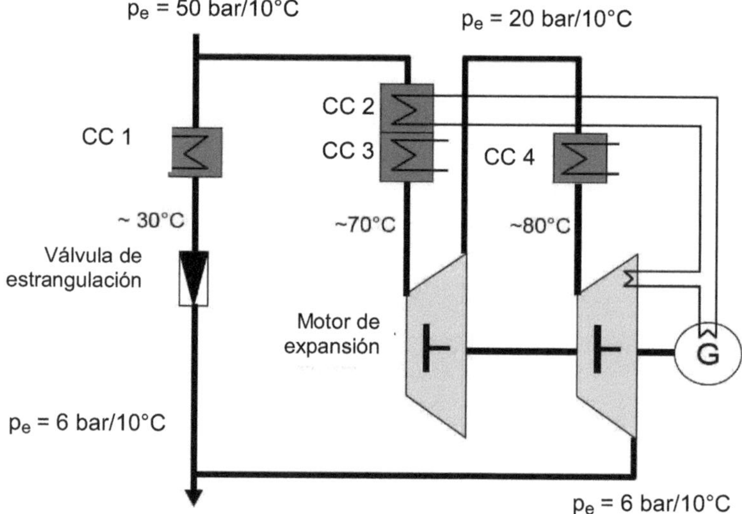

Figura 12.14: Motor de expansión en 2 etapas paralelo a la válvula de expansión: calefacción intermedia, utilización del calor del generador y de sus elementos electrónicos:
CC = cambiadores de calor, Spilling, Hamburgo Alemania

El modo de funcionamiento más común es, el funcionamiento con caudal de gas constante. Eso se hace al diseñando la máquina de expansión para un cierto consumo parcial de gas, que se estima que es prácticamente constante.

La sincronización del corriente eléctrico es necesario correspondiendo al tipo de utilización, de la misma manera como se la aplica en la cogeneración:

necesario: en caso del servicio paralelo con la red pública
no necesaria: en caso del consumo interno o alternativo
                 ejemplo: generación de aire comprimido con
                           compresor acoplado directamente

Desde hace varios años se ofrecen cada vez más dispositivos completos de alta velocidad y velocidad variable: La turbina con el generador integrado forman el rotor que produce corriente continua con voltaje variable correspondiente de la velocidad.. Esto se convierte electrónicamente en la corriente alterna deseado.

Para garantizar la seguridad del suministro de gas, las máquinas de la expansión mecánica trabajan paralelamente a líneas con válvulas de estrangulación. En caso de daños en la máquina, las líneas de estrangulación se ponen en acción automáticamente (ver Figura 12.12 y 12.14).

12.2.3 Consideraciones económicas

Las inversiones para instalaciones de expansión mecánica de gas tienen gastos específicos entre 2000 y 4000 €/kWel. El período de la amortización depende de la ganancia de energía y especialmente del costo del precalentamiento adicional. Cuando se puede realizar el precalentamiento con calor residual, la amortización tendría lugar en un máximo de 2 años. La eficiencia eléctrica efectiva puede alcanzar hasta el 80% y más.

Pero, varios ejemplos en las redes del suministro de gas han demostrado que costes adicionales del precalentamiento pueden estropear por completo el beneficio económico de la planta. Por lo tanto, es absolutamente esencial utilizar calor residual de cualquier tipo, incluso fuentes de energía baratas como la energía solar.

Conclusión:

La forma más sencilla es utilizar un sistema de expansión en las conexiones de gas de industrias, donde se necesita aire comprimido en la producción y calor residual está disponible: Cuando la máquina de expansión propulsa un compresor de aire u otra máquina, se omite toda la instalación eléctrica y la sincronización con la red.

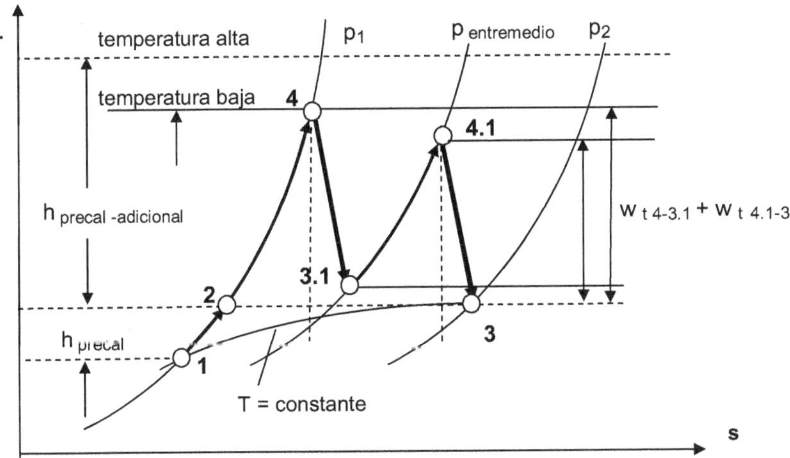

Figura 12.15: Esquema simple de la expansión en dos etapas

Nunca hay problemas en las plantas de producción donde se genera calor residual, por ejemplo, en forma de vapor saturado de diferentes procesos que se puede utilizar para el precalentamiento. Junto con la mejora de procesos internos, la amortización de un sistema de expansión mecánico se puede incluso realizar entonces dentro de un año.

En caso de energía térmica residual a bajas temperaturas se puede realizar la expansión en dos etapas (Figura 12.23). Así se puede también superar una relación de presión alta que necesitaría normalmente un nivel térmico más alto. En este caso hay que realizar una expansión escalonada. Las dos etapas deberían trabajar con la misma relación de presiones para producir el idéntico trabajo específico.
Eso significa:
Cuando se quiere realizar el proyecto mediante de una máquina de pistones, entonces se necesitaría probablemente un motor de tres cilindros: 1 cilindro para la primera etapa y 2 cilindros para la segunda etapa por razones del crecimiento volumétrico. El calentamiento entremedio es necesario para la segunda etapa de expansión.

12.2.4 Generación de frío por la expansión maquinaria

En consecuencia, por los riesgos económicos mencionados sería ventajosa conseguir más ventajas térmicas por la expansión. ¿Recordamos que en la tecnología de refrigeración habían aplicado la expansión en etapas para llegar casi al punto cero de la temperatura absoluta?

Por eso, debería ser posible expandir el gas sin o con menos precalentamiento para alcanzar temperaturas adecuadas para la refrigeración. Pero ¿cuáles serían los problemas y las consecuencias en la práctica cuando se deberían utilizar esto?

- Como muestra la Figura 12.9, a temperaturas reducidas, las líneas de las presiones constantes se acercan. Por eso se reduce el trabajo que se puede ganar por la expansión, pero el rendimiento isentrópico crece.
- La temperatura final se puede regular por la temperatura inicial y/o por precalentamiento.
- El gas más frío, también debe ser recalentado a la temperatura deseada para su uso consiguiente, quizás mediante calor residual de temperaturas adecuada. Puede ser posible recalentarlo por calor de climatización, así que este calor cuenta como ganancia del proceso y la eficiencia puede acercarse a los de 100% (ver ejemplo 12.6).
- El gas no debe producir condensado, es decir, no debe alcanzar su punto de rocío característico asegurado en el contrato de suministro y, por lo tanto, influir en los instrumentos de control por la formación de hielo.
- Sería útil, dividir la reducción de presión a través de máquinas en módulos: Una vez para la generación de energía mecánica, otra para la producción de frío, lo que permitiría un funcionamiento flexible.

12.3 Aplicaciones numéricas del capítulo 12:

Ejemplo 12.1 Viabilidad de una planta de cogeneración (PCG)

Investigue la posibilidad de instalar su propia planta de cogeneración de energía para reducir el costo de electricidad en su instalación de producción, como se la muestra en la Figura 12.15. Hay que mantener la conexión a la red pública, y el proveedor de electricidad insiste que usted paga por una fija potencia mínima por mes.

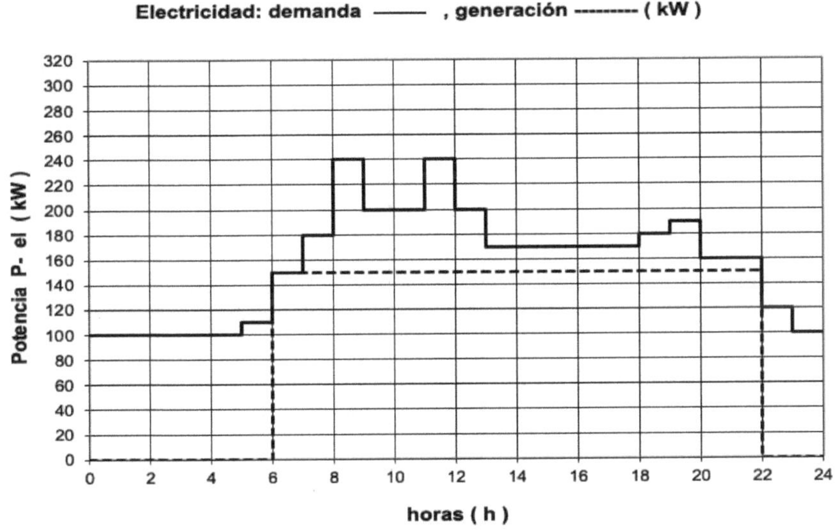

Figura 12.15: Demanda de electricidad con autogeneración prevista

Los datos energéticos del equipo son:

	P_{gen}	servicio	η_{motor}	η_{el}	η_{cal}	PCI
Motor/Alternador	150 kW	2400 h/a	0,45 -	0,40 -	0,50 -	9,3 kWh/m^3

Condiciones del contrato eléctrico:

Precio energético	0,15 €/kWh
Precio de la potencia	25,0 €/kW/mes
Pago mínimo de potencia	110 €/kW/mes
Número de meses de consumo	12
Horas de tarifa baja	22 – 06 horas

Determinen:

1) Potencia eléctrica de la unidad generadora

Mirando la Figura 12.10 se ve que una potencia eléctrica de 150 kW puede cubrir la necesidad de carga plena dentro de las horas de altos tarifes.

2) El ahorro energético

Se ahorra únicamente por la energía eléctrica generada:

$$A_{en} \; = \; \Sigma\,(P_{gen} * h/a) \; = \; 150 \text{ kW} * 2400 \text{ h/a} = \mathbf{\underline{360000}} \text{ kWh/a}$$

3) El ahorro económico

Por un lado, esto se componen del ahorro energético real y, por otro lado, de los posibles ahorros de potencia eléctrica, que no debe mantener lista la comercializadora para poder abastecer al cliente:

3.1) Energía:

$$A_{econ:} \; = A_{en} * \text{€/kWh} \; = \; 36000 \text{ kWh} * 0,15 \text{ €/kWh} = 54000 \text{ €/a} \qquad \text{(ec. 12.7)}$$

3.2) Potencia

Costes sin generación: CO sin = meses * €/mes / kWh / mes * P el max

$$= 12 \text{ meses} * 25 \text{ €/mes/kW} * 240 \text{ kW} = 72000 \text{ €/a}$$

Costes con generación: CO con = meses * €/mes / kWh / mes) * P el min

$$= 12 \text{ meses} * 25 \text{ €/mes/kW} * 110 \text{ kW} = 33000 \text{ €/a}$$

Ahorro total = 54000 €/a + (72000 €/a - 33000 €/a) = **__93000__** €/a

4)   Beneficio anual y fácil amortización

Queda por determinar los niveles de los costes para servicio y mantenimiento de la planta en base a los siguientes datos promedio:

Inversión = <u>1300</u> €/kW * P$_{gen}$ = 1300 €/kW$_{el}$ * 150 kW = **__195000__** €

C$_{crédito}$ /a = Inversión * % Interés/a * 0,5 = 195.000 * <u>7,0</u> %/a * 0,5 = **__6825__** €/a

Servicio = 2,0 % de la inversión = 195.000 * 0,02 = **__3900__** €/a

Combustible = V´$_{comb}$ / a = h/a * Q´$_{comb}$ / PCI = h/a * (P$_{el}$ / η$_{el}$) / PCI

$$= 2400 \text{ h/a} * 150 \text{ kW} / (0,40 * 9,3 \text{ kWh/m}^3) = \mathbf{\underline{96774}} \text{ m}^3_{gas}\text{/a}$$

Costos $_{combustible}$ = V´$_{comb}$ /a * €/m³$_{comb}$ = 96774 m³$_{gas}$/a * 0,20 €/m³ = **__19355__** €/a

Costos totales = (6825 + 3900 + 19335) €/a   = **__30080__** €/a

La ganancia por año = **93000** - **30080** = **__62920__** €/a

Amortización simple: a = 195000 € / 62920 €/a = **__3.10__** años

Ejemplo 12.2: La planta (ejemplo 12.1) con depósito de agua caliente

Demanda:

hora	kW
1	20
2	20
3	20
4	20
5	30
6	40
7	150
8	150
9	220
10	159
11	150
12	220
13	150
14	150
15	150
16	220
17	150
18	150
19	150
20	220
21	150
22	150
23	50
24	30
	2919
	kWh

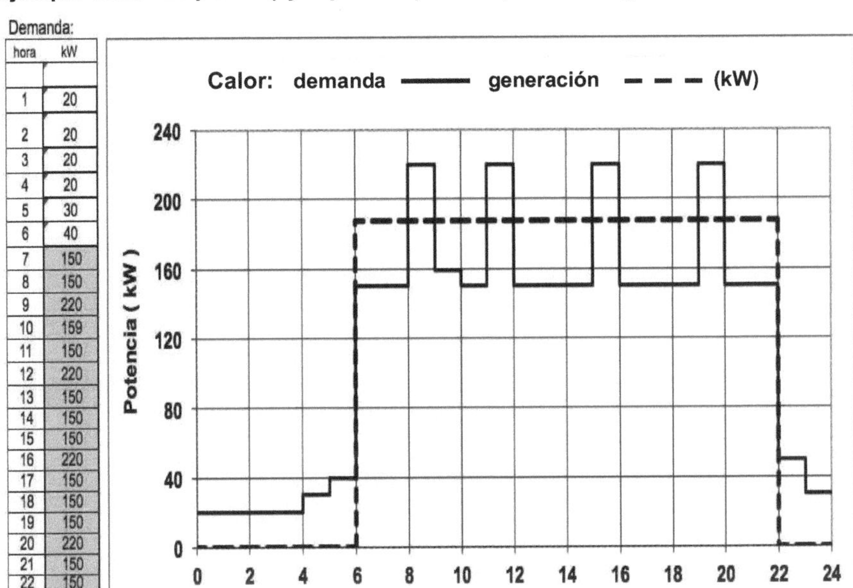

Figura 12.16: Demanda de calor y la generación por la planta PCG

La planta PCG del ejemplo 12.1 genera una gran cantidad de calor la cual podría reemplazar la producción de calor actual por gas natural para el tratamiento de mercancías.

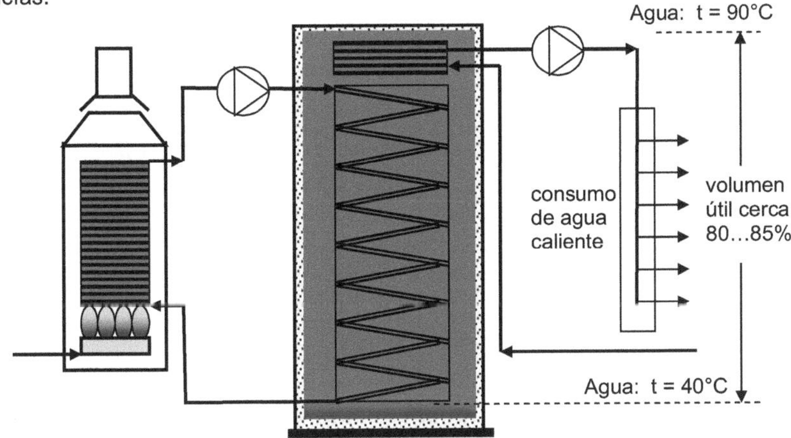

Figura 12.17 Instalación actual: depósito con calentador a gas

234

El depósito de agua caliente ya existente requiere una temperatura de agua de 90°C una temperatura de recirculación del agua a 40°C. La demanda de calor se muestra en el siguiente gráfico. En este ejemplo, comprueben la posibilidad de alimentar el tanque con el sistema PCG.

Calcular: 1) La potencia calorífica generada por el equipo de PCG
2) El tamaño del depósito de agua caliente operado por la PCG
3) El contenido de agua caliente útil del depósito

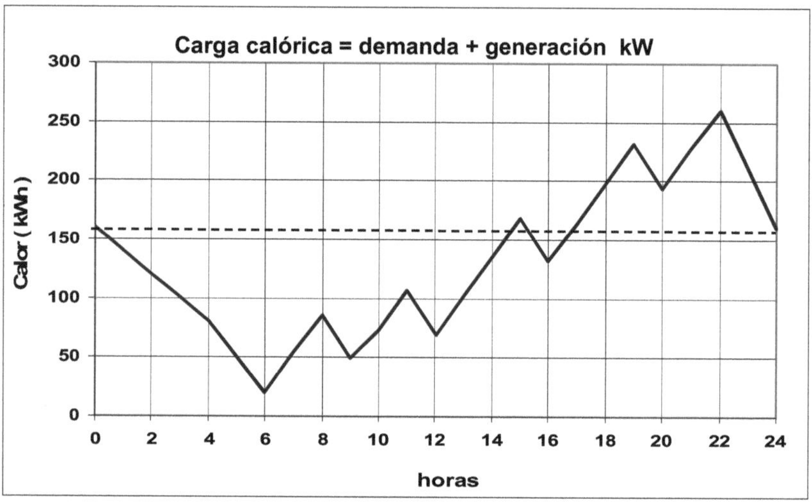

Figura 12.18: Marcha de la carga calórica en el depósito del agua caliente

hora	Carga	demanda	producción	demanda
0	**160.6**	**30**	η term =	**más que la**
1	140.6	**20**	**0,98**	producción
2	120.6	**20**		
3	100.6	**20**		
4	80.6	**20**		
5	**50.6**	**30**		demanda
6	**20.0**	40		extra kW
7	53.1	150	183.1	
8	86.2	150	183.1	
9	49.3	220	183.1	**36.9**
10	73.4	159	183.1	
11	106.5	150	183.1	
12	69.6	220	183.1	**36.9**
13	102.7	150	183.1	
14	135.8	150	183.1	
15	168.9	150	183.1	
16	132.0	220	183.1	**36.9**

Tabla 12.4
Datos para la Figura 12.18: Carga del depósito según la demanda y producción de calor, mostrando la capacidad máxima del tanque, y las horas punta con descarga.

235

17	165.1	150	183.1	
18	198.2	150	183.1	
19	**231.3**	150	183.1	
20	**194.4**	220	183.1	**36.9**
21	**227.5**	150	183.1	
22	**260.6**	**150**	183.1	
23	210.6	**50**		
24	160.6	**30**	kWh	

1) La potencia calorífica generada por la planta PCG se obtiene con fórmula 12.11:

$$\mathbf{Q}'_{cal\ generado} = P_{gen} * \eta_{cal} / \eta_{el} = 150\ kW * 0{,}50 / 0{,}40 = \underline{\mathbf{186{,}8}}\ kW$$

2) El tamaño del depósito debe satisfacer con seguridad el consumo de la fábrica desde las 22.00 horas hasta las 6.00 horas hasta que la cogeneración entregue su calor. Según tabla 12.5, este consumo de calor sería el valor máximo de la carga calorífica del tanque relacionado a la carga de la hora 6 con la reserva de 20 kWh:

$$\mathbf{Q}_{ac\ útil} = Q'_{demanda} + 20\ kWh_{seguridad} = \underline{\mathbf{261}}\ kWh$$

Información: El tamaño real para la instalación en la planta depende del tipo de tanque con su equipo de intercambio.

Por lo tanto, como se explicó, el sobre dimensionamiento es necesario (ec. 13.13):

3) El contenido de agua caliente del tanque resulta de la carga útil $Q_{ac\ útil} = \mathbf{261}$ kWh que necesita aumentarse según la formula 12.13:

$$\mathbf{Q}_{ac,\ real} = Q_{ac,\ calc} / \alpha_{útil} = 261\ kWh / 0{,}87 = \mathbf{300}\ kWh$$

$$\mathbf{m}_{agua\ ac} = \frac{Q_{ac\ útil}}{C_{acc}\ (T_2 - T_1)} = \frac{300\ kWh\ \ 3600\ s/h}{4{,}2\ kJ/kgK\ (90 - 68)} = \mathbf{11688}\ kg$$

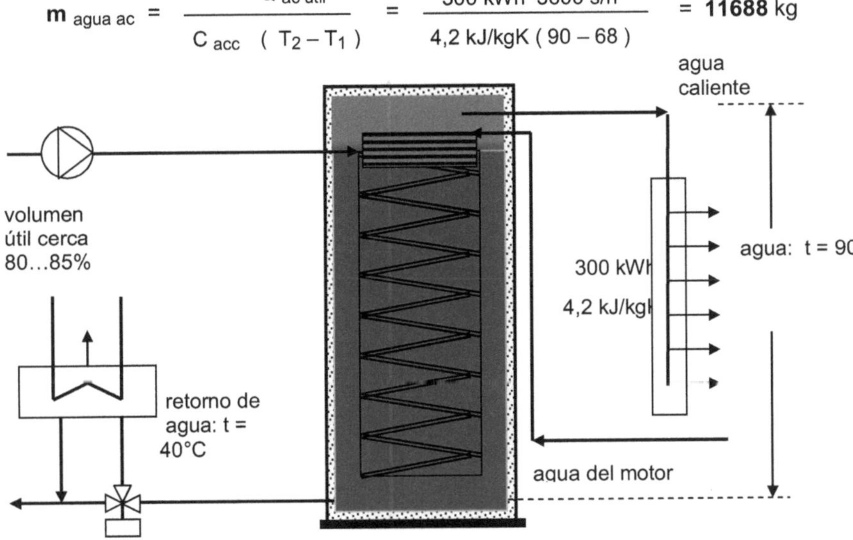

El tamaño real del depósito debe determinarse con las ofertas de los fabricantes de dichos equipos. Una revisión de las ofertas da como resultado un modelo de **12.000** m³ de contenido real.

A continuación, integramos el sistema de almacenamiento de calor en la central de cogeneración, porque ya hemos entendido que estas plantas necesitan consumir del calor generado al mismo tiempo para ser económicas.

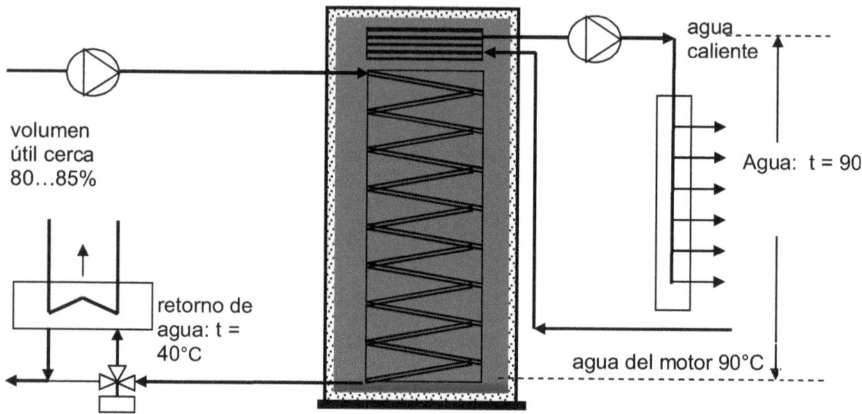

Figuras 12.19 y 12.20:
Acumulador vacía de agua caliente a la hora 6.0 de la mañana (página 236)
Acumulador de calor llena de agua caliente a las 22.00 horas   (página 237)

Ejemplo 12.3 Consideración económica completa del ejemplo 12.1 a 12.3

Suponemos que el acumulador de calor del ejemplo 12.2 ya estaba en uso antes de la instalación del sistema de cogeneración y se calentaba con un quemador a gas. Entonces se usa ahora el motor de cogeneración como fuente de calor para cargar este depósito.

Por lo tanto, vamos a aumentar la inversión en el ejemplo 12.2 con un quemador de respaldo y dar como ganancia adicional el costo de energía del quemador que usaban antes.

Caldera reemplazada:

Q/día	horas/día	Q´ media	horas/a	η caldera	PCI gas	Gas
2919	24	121,6	8400	0,90	9,3	0,30
kWh		kW			kWh/m³	€/m³

Inversión elevada del PCG: **1352** €/kW * 150 kW = **202800** €

$$= \mathbf{+4{,}0}\,\%$$

Costes adicionales:

Crédito:	6825 €/año	*	0,04	=	273,0 €/año
Mantenimiento:	3900 €/año	*	0,04	=	156,0 €/año

Suma de Gastos extras   =   **429,0** €/año

Ahorro de los costes de combustible para el quemador:

$$V'_{gas} = \frac{Q'_{quem} * h/año}{PCI * \eta_{caldera}} = \frac{121{,}6\ kW * 8400\ h/año}{9{,}3\ kWh/m^3 \quad 0{,}90} = \mathbf{122036}\ m^3/año$$

Ahorro = 122036 m³/ año * 0.30 €/m³ = **36611** €/ año

$$Amortización\ simple = \frac{202800\ €/año}{(62920 - 429{,}0 + 36611)\ €/año} = \mathbf{2{,}05}\ años$$

Comentario:

Por la inclusión de la producción del calor en el cálculo económico, el período de la recuperación de la inversión se reduce de 3,1 años a 2,05 años. El método de la depreciación simple no da resultados absolutamente exactos, pero en este caso se lo puede utilizar para comparar las dos sistemas.

Ejemplo 12.4   Bomba de Calor para calefacción: Motor eléctrico o Motor a Gas

Un edificio necesita ser abastecido con calefacción y refrigeración. Las autoridades piden una solución ecológica respecto el consumo de energía primaria. Están pensando en instalar una bomba de calor de compresión (COP = 3,5).

Se quiere investigar utilizará un motor eléctrico o un motor de combustión con transmisión por correa. Por lo tanto, es necesario comparar los dos sistemas, ambos basados en el gas natural como energía primaria.

Datos:

$\eta_{ef\ mot,\ gas}$ = 36%; η_{correa} = 0,95; $\eta_{planta\ el}$ = 0,35; pérdidas eléctricas = 5%;

$\eta_{mot\ el}$ = 93%;

1) Compare la ganancia de calor de los dos conceptos utilizando estos datos:
   El 5% de la potencia del motor eléctrico se puede utilizar para calefacción.
   El motor de gas proporciona el 22% de la energía primaria a través de los

humos a la calefacción, el 25% a través del circuito de enfrío.
(Calcule con un consumo de 100 % energía primaria).

2) ¿Cuál es la relación entre la producción de calor de las dos plantas?
3) La potencia calórica de las dos plantas debería llegar a 1000 kW.
   ¿Cuál es el consumo de gas? (PCI = 9,0 kWh/m³)
4) ¿Encuentra Ud. otros pros y contras entre las dos plantas respecto el calor
   generado?

agua del motor 90°C

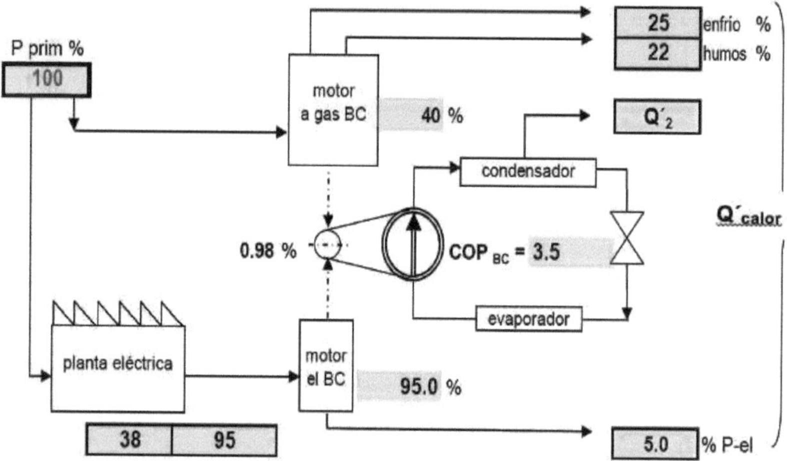

Figura 12.21:
Esquema simple de una bomba de calor con motor eléctrico o motor a gas

Solución:

1) La potencia que llega al compresor en ambos casos:

Motor a gas: $P_{comp} = P_{prim} * \eta_{mot\ gas} * \eta_{correa}$ = **100** kW * 0,40 * 0,95 = <u>**39,2**</u> kW

Motor eléctrico: $P_{comp} = P_{prim} * \eta_{planta\ eléctrica} * \eta_{transmisión} * \eta_{mot\ el} * \eta_{correa}$

$$= \textbf{100}\ kW * 0,38 * 0,95 * 0,95 * 0,98 = \underline{\textbf{33,6}}\ kW$$

Calor útil de las bombas de calor: (ver ec. 12.14)

Motor a gas: $Q'_2 = P_{comp} / COP_{BC} = 39,2$ kW / 3,5 = <u>**137,2**</u> kW

Motor eléctrico: $Q'_2 = P_{comp} * COP_{BC} = 33,6$ kW / 3,5 = <u>**117,6**</u> kW

Calor residual de los sistemas:

Ahora calculamos el calor de los gases de escape y la recuperación de calor de los sistemas de refrigeración, incluso de las relativas potencias caloríficas:

Motor a gas: $\quad Q'_{cal\,rel} \;=\; Q'_2 + P_{prim} * (\eta_{humos} + \eta_{enfrío}) \;=\;$

$$= 137,2\;kW + 100\;kW * (\,0,25 + 0,22\,) \;=\; \underline{\mathbf{184,2}}\;kW$$

Motor eléctrico: $\;Q'_{cal\,rel} \;=\; Q'_2 + P_{prim} * \eta_{planta\,eléctrica} * \eta_{transmisión} * 0,05$

$$= 117,6\;kW + 100\;kW * 0,38 * 0,95 * 0,05 = \underline{\mathbf{119,4}}\;kW$$

2) Relación de calor

$$\text{relación}_{calor} = Q'_{cal,\,mot\,gas} / Q'_{cal,\,mot\,el} \;=\; 184,2\;kW / 119,4\;kW \;=\; \underline{\mathbf{1,54}}$$

3) Consumo de energía primaria en caso de la potencia calórica de $Q'_{cal} = 1000$ kW

Motor de gas:

$$Q'_{comb\,mot\,gas} \;=\; Q'_{cal} * 1000\;kW \;(\,100\;kW / 184,2\;kW\,) \qquad = \underline{\mathbf{542,9}}\;kW$$

$$V'_{comb\,mot\,gas} \;=\; Q'_{comb\,mot\,gas} / PCI = 542,9\;kW / 9,0\;kWh/mn^3 \;=\; \underline{\mathbf{60,3}}\;mn^3/h$$

Motor eléctrico:

$$Q'_{comb\,mot\,el} \;=\; Q'_{comb\,mot\,gas} * \text{relación}_{calor} = 542,9\;kW * \mathbf{1,54} = \underline{\mathbf{836,1}}\;kW$$

$$V'_{comb\,mot\,el} \;=\; V'_{comb\,mot\,gas} * \text{relación}_{calor} = 60,3\;mn^3/h * \mathbf{1,54} = \underline{\mathbf{92,9}}\;mn^3/h$$

4) Comentario La instalación de un motor de gas proporciona más calor y probablemente se podría usar una bomba de calor más pequeña a costes menores.

5) El uso de los gases de escape y el sistema de refrigeración del motor de gas permite la aplicación de temperaturas más altas, mientras que la bomba eléctrica alcanza temperaturas máximas de unos 75 °C.

Ejemplo 12.5:

Una productora industrial ha previsto ganar energía eléctrica por la reducción de la presión de su gas natural en una turbina de expansión. Está planeado utilizar una turbina de expansión diseñado para el flujo volumétrico fijo, garantizado por el proveedor del gas.

Los datos según la medición de prueba son:

Volumen seguro para la expansión:	V'_{exp}	= 9.000	m_n^3/h
Sobrepresión máxima garantizada de entrega	p_{e1}	= 44	bar
Sobrepresión después de la expansión:	p_{e2}	= 4	bar
Densidad normalizada	ρ_n	= 0,755	kg/m^3

Constante de gas	R	= 485	J/kgK
Capacidad calorífica normalizada	$c_{p,n}$	= 2,0	J/kgK
Poder calorífico inferior del gas natural	PCI	= 9,5	kWh/m³
Temperatura de gas (entrada estación)	t_1	= 10	°C
Temperatura de gas (salida expansión)	t_3	= 5	°C
Temperatura precalentamiento	t_4	= 90	°C
Rendimiento mecánico	η_{mec}	= 98	%
Rendimiento de la caldera	η_{cald}	= 94	%
Rendimiento del intercambiador de calor	$\eta_{camb.}$	= 98,5	%
Rendimiento del generador eléctrico	η_{gen}	= 95	%
Rendimiento del acoplamiento	η_{acop}	= 98,5	%
Coeficiente Joule-Thomson	η_{JT}	= 0,54	

Véase el proceso en el diagrama y calcule los datos requeridos:

1) Caudal másico del gas
2) Temperatura antes de la expansión
3) Potencia mecánica específica de la máquina
4) Potencia efectiva de la máquina
5) Potencia eléctrica generada
6) Potencia térmica del calentador
7) Efectividad eléctrica simple y absoluto

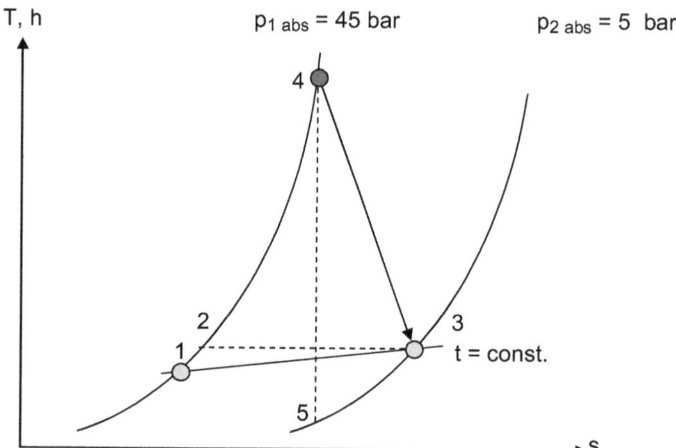

Figura 12.22: Visión general sencilla del proceso

1) Masa de gas para la expansión:

$$m' = V'_{exp} * \rho_n = 9000 \text{ m}^3/\text{h} * 0,755 \text{ kg/m}_n^3 / 3600 \text{ s/h} = \mathbf{1,89} \text{ kg/s}$$

2) Temperatura **antes** de la expansión:

Exponente isentrópico y politrópico: $\kappa = c_p / c_v = c_p / (c_p - R)$ (con c_{pn})

$\kappa = 2,0$ kJ/kgK / ($2,0 - 485/1000$) kJ/kgK $= \underline{\mathbf{1,32}}$ (ec 12.15)

$T_5 = T_4 (p_2 / p_1)^{1 - 1/k} = (273 +)$ K $*$ (5 bar / 45 bar)$^{1 - 1/1,32} = \underline{\mathbf{213,1}}$ K

$\eta_{isen} = (T4 - T3)/(T4 - T5) = (363 - 278)/(363 - 213,1) = \underline{\mathbf{0,567}}$

3) Potencia mecánica de la máquina de expansión: El método más utilizado es calcular el trabajo isentrópico con la eficiencia interna y el factor de gas real **Z** en las condiciones antes a la expansión:

Trabajo específico real de la máquina: con factor del gas real: $\mathbf{Z_4 \neq 1,0}$

$Z_4 = 1 - 0,12 * (p / 95$ bar $) * (1 - t_4 / 200 \,°C)^{0,5}$ (ec. 12.18)

$= 1 - 0,12 * (45$ bar / 95 bar $) * (1 - (90 / 200 \,°C))^{0,5} = \underline{\mathbf{0,943}}$

$$w_{t43} = T_4\, Z_4\, R\, \frac{\kappa}{\kappa - 1}\, [\, 1 - (p_3/ p_4)^{1 - 1/\kappa}\,] * (\eta_{isen})^{1,3} \quad \text{(ec. 12.14)}$$

$$= 363\ K * 0,943 * 0,485\ \text{kJ/kgK}\ \frac{1,32}{1,32 - 1}\ [\, (45 / 5)^{0,243} - 1\,] * 0,567^{\,1,3} =$$

$$= \underline{\mathbf{230,4}}\ \text{kJ/kg}$$

4) Potencia mecánica generada (ec. 12.32)

$P_{mec} = w_{t43} * m' * \eta_{mec} = \mathbf{230,4}$ kJ/kg $* 1,89$ kg/s $* \mathbf{0,980} = \underline{\mathbf{426,8}}$ kW

5) La potencia eléctrica generada (ec. 12.33)

$P_{el} = P_{mec} * \eta_{gen} * \eta_{acop} = \mathbf{426,8}$ kW $* \mathbf{0,985} * \mathbf{0,95} = \underline{\mathbf{399,4}}$ kW

6) Para la potencia calorífica del precalentamiento con fórmulas 8.8 y 8.9:

Calentamiento 1-4:   con: $t_{m\,14} = 0,5 * (90 + 10) = 50,0\,°C$

$$\exp 1 = 2,25 * (273 / (273 + 50))^{0,5} = \underline{\mathbf{2,07}}$$

$$c_{pm\,14} = f\,(t,p) = c_{p\,n} \left(\frac{273 + t_{m\,14}}{273} \right)^{0,5} + [\, p_{abs} * 2,0\,]^{\exp 1} * 10^{-5}$$

$$= 2,0 * \left(\frac{273 + 50}{273} \right)^{0,5} + [\, (45 * 2,0) \,]^{\,2,07} * 10^{-5} = \underline{\mathbf{2,286}}\ \text{kJ/kgK}$$

$$Q'_{precal} = m' \, c_{p,m\,14} * (t_4 - t_1 + \Delta T_{JT}) / \eta_{precal} \qquad \text{(ec. 12.21)}$$

$$\text{con: } \Delta T_{JT} = \mathbf{0{,}54} * (p1 - p2) = 0{,}55 * (45 - 5) = \mathbf{21{,}6}\,°C$$

$$= \mathbf{1{,}89}\ \text{kg/s} * \mathbf{2{,}286}\ \text{kJ/kgK} * (\mathbf{90 - 10 + 21{,}6})\,°C / (\mathbf{0{,}94 * 0{,}985}) = \underline{\mathbf{497{,}5}}\ \text{kW}$$

7) La efectividad eléctrica de la instalación (ec. 12.24)

$$\eta_{el\,simple} = P_{el} / Q'_{precal\,total} = \mathbf{399{,}4}\ \text{kW}_{el} / \mathbf{497{,}5}\ \text{kW}_{cal} = \underline{\mathbf{0{,}80}}$$

Rendimiento absoluto con el calor del generador:

El generador y su equipo electrónico necesita refrigeración de 5,5% relacionado a su energía eléctrica generada. Este calor se utiliza para el calentamiento del gas antes de la expansión:

$$Q'_{generador} = 399{,}4\ \text{kW} * 0{,}055 = 20{,}0\ \text{kW}$$

$$\eta_{el\,absoluto} = 100 * 399{,}4\ \text{kW} / (468{,}4\ \text{kW} - 20{,}0\ \text{kW}) = \underline{\mathbf{0{,}84}}$$

Comentario:

La efectividad se puede mejorar utilizando el calor ganado por enfriar el generador para el precalentamiento d el gas antes de la expansión:
Cuando el equipo eléctrico y electrónico entregaría calor de enfrío hasta el **12** % de su potencia eléctrica, entonces se puede ahorrar casi **48** kW de la energía calórica y el rendimiento eléctrico subiera hasta el **89** % lo que es el número de eficiencia que presentaba la empresa productora en su documentación técnica.

Ejemplo 12.6   **Generación de frío por la expansión**

La empresa (ver ejemplo 12.5) necesita frío para un nuevo almacén, mientras la producción de electricidad se puede reducir hasta 375 kW sin problemas. Tienen la idea de generar este frío por la expansión del gas a precalentamiento reducido dentro de los límites del punto de rocío del gas. El calor residual del local debería recalentar el gas natural, que sale con t 3.1 = -10°C, hasta la temperatura de la expansión original t 3 = 5°C (ver Figura 13.23):

Calculen:
1) Las energía frigorífica, calorífica y eléctrica a través de una expansión por la máquina hasta la temperatura final de $t_{3.1}$ = -10°C.
2) Todas las eficiencias de la planta al generar frío entre t = 5 °C y $t_{3.1}$

Las características físicas de la máquina se pueden como en el ejemplo 12.5, pero la caldera y el generador cambiaron a nuevos tipos.

Volumen de expansión fría:	V'_{exp}	$= 9.000\ m_n^3/h$
Sobrepresión máxima de entrega garantizada	p_{e1}	$= 44$ bar
Sobrepresión por regulación:	p_{e2}	$= 4$ bar
Densidad normalizada	ρ_n	$= 0,755\ kg/m^3$
Constante de gas	R	$= 485$ J/kgK
Capacidad calorífica normalizada	$c_{p,n}$	$= 2,0$ J/kgK
Poder calorífico gas natural	PCI	$= 9,5$ kWh/m^3
Temperatura del gas (entrada estación)	t_1	$= 10$ °C
Temperatura de gas (salida expansión)	t_3	$= 5$ °C
Rendimiento interior de la máquina	η_{isen}	$= 56,7$ %
Rendimiento mecánico	η_{mec}	$= 98$ %
Rendimiento de la caldera	η_{cald}	$= 95$ %
Rendimiento del cambiador de calor	η_{cambi}	$= 98,5$ %
Rendimiento del generador eléctrico	η_{gen}	$= 95$ %
Rendimiento del acoplamiento	η_{acop}	$= 98,5$ %
Calor desde el generador		$= 6,0\%$

Del ejemplo 12.5:

exponente isentrópico	κ	$= \underline{1,32;}$
temperatura mínima posible del gas frío	$t_{3.1}$	$= \mathbf{-10°C}$

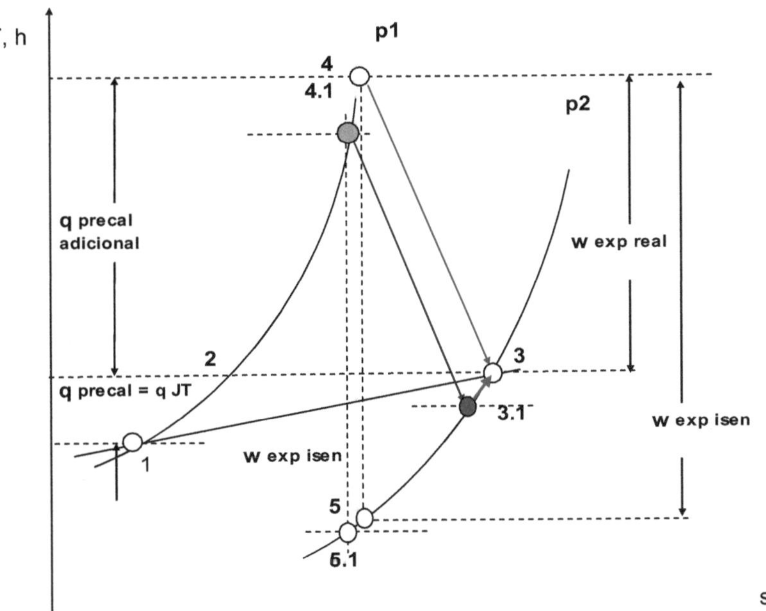

Figura 13.23: Esquema simple de la expansión con precalentamiento
reducido y variable para ganar Electricidad y Frío

1.1) Masa de gas para la expansión:

$$m' = V'_{ef} * \rho_n = 9.000 \text{ m}^3/\text{h} * 0,755 \text{ kg/m}_n^3 / 3600 \text{ s/h} = \underline{\mathbf{1,89}} \text{ kg/s}$$

1.2) Para la temperatura **antes** de la expansión politrópica se necesita:

$$n = \ln(p_2/p_1) / [\ln(p_2/p_1 - \ln(T_3/T_4)] = \underline{\mathbf{1,1382}} \quad \text{(ec. 12.20)}$$

$$T_{4.1} = T_{3.1}(p_4/p_3)^{1-1/n} = (273-10)\text{ K} * (45 \text{ bar}/5 \text{ bar})^{1-1/1,382} = \underline{\mathbf{343,4}} \text{ K}$$
$$= \underline{\mathbf{70,4}} \,°C$$

1.3) Potencia mecánica de la máquina de expansión: La manera más conveniente para determinar el trabajo real es calcular el trabajo isentrópico en combinación con el rendimiento interior y el factor del gas real **Z**:

$$Z_{4.1} = 1 - 0,12 * (p_1/95 \text{ bar}) * (1 - t_{4.1}/200\,°C)^{0,5} \quad \text{(ec. 12.30)}$$

$$= 1 - 0,12 * (45 \text{ bar}/95 \text{ bar}) * (1 - (70,4/200\,°C))^{0,5} = \underline{\mathbf{0,954}}$$

$$w_{t\,4.1-3.1} = T_{4.1} * Z_{4.1} * R * [1 - (p_2/p_1)^{1-1/\kappa}] * (\eta_{isen})^m \quad \text{(ec. 12.25)}$$

$$= 343,4 \text{ K} * 0,954 * 0,485 \text{ kJ/kgK} \frac{1,32}{1,33-1} [1 - (5/45)^{0,243}] * 0,567^{1,3} =$$
$$= \underline{\mathbf{220,5}} \text{ kJ/kg}$$

Potencia mecánica reducida (ec. 12.32)

$$P_{mec} = w_{t\,23\,real} * m' * \eta_{mec} = \mathbf{220,5} \text{ kW} * \mathbf{1,89} * \mathbf{0,98,5} = \underline{\mathbf{408,5}} \text{ kW}$$

1.4) La potencia eléctrica reducida (ec. 12.33)

$$P_{eléctrica\,red} = P_{mec} * \eta_{gen} * \eta_{acop} = \mathbf{408,5} \text{ kW} * 0,98 * 0,95 = \underline{\mathbf{380,3}} \text{ kW}$$

1.5) La potencia térmica para el precalentamiento:

$$\exp 1 = 2,25 * \left(\frac{273}{273+30,2}\right)^{0,5} = 2,10 \quad \text{(con: } t_{m1.41} = 30,2\,°C\text{)}$$

$$\text{(ecuaciones: 8.12 -13 y 3.35)}$$

$$C_{pm\,1-4.1} = 2,0 * \left(\frac{273+30,2}{273}\right)^{0,5} + (45 * 2,0)^{2,10} * 10^{-5} = \mathbf{2,249} \text{ kJ/kgK}$$

$$\Delta T_{JT} = \mu_{JT} * (p1 - p2) = 0,54 \text{ K/bar} * (45 - 5) = 22 \text{ K} = 21,6\,°C$$

$$\mathbf{Q'}_{precal} = m'\, c_{pm\,12} * (t_4 - t_1 + \Delta T_{JT}) / \eta_{precal} \quad \text{(ec. 12.31)}$$

$$= \mathbf{1,89} \text{ kg/s} * \mathbf{2,249} \text{ kJ/kgK} * (70,4 - 10 + 21,6)\,°C / (0,95 * 0,985) = \underline{\mathbf{372,5}} \text{ kW}$$

2) Rendimiento eléctrico, con enfriamiento por el <u>nuevo generador</u> de **3%**:

$Q_{\text{enfrío generador}} = 380{,}3 \ \text{kW} \ * \ 0{,}03 = \mathbf{11{,}4} \ \text{kW}$

$\eta_{\text{el}} = P_{\text{el}} / (Q'_{\text{precal}} - Q'_{\text{gen}}) = \mathbf{380{,}3} \ \text{kW}_{\text{el}} / (\mathbf{372{,}5} - 11{,}4) \ \text{kW} = \underline{\mathbf{1{,}05}}$

3)   Q frío por la expansión debajo de los **5°C**:

$\mathbf{Q'_{\text{frío}}}(<= 5°C) = m' * c_{\text{pm 3-3.1}} * \Delta t * \eta_{\text{cambiador frío}} (85\%) =$

$= \mathbf{1{,}98} \ \text{kg/s} * \mathbf{2{,}0} * \text{kJ/kg} * \mathbf{15} \ °C * \mathbf{0{,}85} = \mathbf{48{,}2} \ \text{kW} \ *)$

*) Para la capacidad calorífica cpm 3-0.1 con las temperaturas alrededor de
t = 0°C se puede utilizar c_{pn}.

4)   ¿Es posible, climatizar el siguiente local con el frío que hemos generado?

Datos: $t_1 = \mathbf{15} \ °C$, $t_2 = \mathbf{10} \ °C$, $V'_{\text{aire necesario}} = \mathbf{28.000} \ \text{m}^3/\text{h}$

              $cp = \mathbf{1{,}0} \ \text{kJ/kgK}$ $\rho_{\text{aire}} = \mathbf{1{,}225} \ \text{kg/m}^3$

$m'_{\text{aire}} = 48{,}2 \ \text{kW} / (1{,}0 \ \text{kJ/kgK} * (15 - 10) \ \text{K} = 9{,}64 \ \text{kg}_{\text{aire}}/\text{s}$

$\mathbf{V'_{\text{aire}}} = 9{,}64 \ \text{kg/s} * 3600 \ \text{s/h} / 1{,}225 \ \text{kg/m}^3 = \underline{\mathbf{28327}} \ \text{m}^3/\text{h}$

Se ve que el frío generado puede climatizar el local a las condiciones pedidas sin problemas, y las transcursos de las temperaturas muestran la distancia necesaria en todos tipos de intercambiadores.

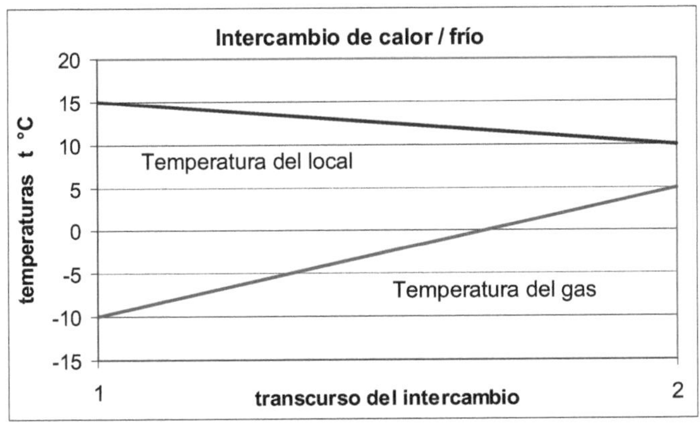

La presión del gas entregada por la suministradora, la temperatura inicial reducida de la expansión en combinación con la expansión hasta los -10°C y la utilización del frío nos presenta una sorpresa de eficiencia:

$\eta_{\text{total}} = (P_{\text{el}} + Q'_{\text{frío}}) / (Q'_{\text{precal}} - Q'_{\text{generador}})$

$= 100 * (\mathbf{380{,}3} \ \text{kW} + \mathbf{48{,}2} \ \text{kW}) / (\mathbf{372{,}5} \ \text{kW} - \mathbf{11{,}4} \ \text{kW}) = \underline{\mathbf{118}} \ \%$

¿Como es posible?

13.1 Bibliografía:

[1] Cerbe G.: Grundlagen der Gastechnik, Tecnología de Gas, Conocimientos básicos, Editorial Hanser, Munich 1998

[2] Cerbe G.: Grundlagen der Gastechnik, Tecnología de Gas, Conocimientos básicos, Editorial Hanser, Munich 2008

[3] Max Streicher GmbH & CoKG, Deggendorf, Alemania

[4] Ruhrgas – EON AG, Alemania

[5] Termodinámica Técnica, Cerbe G., Wilhelms G., Editorial Hanser, Munich 2005

[6] Jones, J.B. / Dugan, R.E.: Engineering Thermodynamics New Jersey, USA 1996

[7] Ángel Luis Miranda Barreras: La Combustion, ediciones CEAC, Barcelona 1996

[8] Fotos: Bosch Thermotechnik GmbH - Junkers Bosch Alemania 2009

[9] Schwank GmbH, Köln, Alemania 2008

[10] Pietsch, H: Abastecimiento Energético I – V, Universidad de Ciencias Aplicadas, Múnich 2023

[11] DVGW TRGI 2008 – Normas Alemanas, Instalación de Gas Natural

[12] DVFG – TRF 2012 – Normas Alemanas, Instalación de Gas Licuado ISBN 84-604-3118-5

[13] Pedro Giner, Linares: Curso de Instalaciones de Gas, 2ª edición 1995

[14] MAN Turbotec, Köln Alemania

[15] Ecomax – Quemador recuperador, Honeywell – Kromschröder, Revista: Calor Internacional 2/2010

[16] Spilling, fotografía por ingeniero de proyectos, Angela Kröger

[17] Diagrama Propano: Calculado con CoolProp @2015 por Peter van Bröchh y Matthias Strimpf

13.2 Rendimientos

Rendimientos de calderas y cocinas (referencia: PCS)

calderas de calefacción :	gas	petróleo
sin condensación con condensación	< 0,85 < 95	< 0,85 < 0,88
quemador de cocina	0,60 - 0,65	

Rendimientos medios mecánicos (referencia PCI)

turbina a gas	< 3 MW 0,28 - 0,35	> 3 MW 0,35 - 0,39
turbinas a vapor	0,42 - 0,45	
ciclo combinado gas y vapor:	sin combustión adicional 0,50 -0, 55	con combustión adicional 0, 48 – 0,49
generadores	con relación al tamaño	0,95 - 0,98

Rendimientos medios de motores a gas (+ / - 0,2) (referencia PCI)

motores a gas referencia PCI	Otto (4-tiempos) catalizador mezcla pobre		Diesel 2- tiemp. 4- tiemp. rayo de ignición		
	0,35	0,38	0,48	0,44	0,40

Rendimientos medios de plantas de cogeneración (electricidad + calor)

Motores y turbinas	0,75 - 0,90	diferentes relaciones de calor / electricidad
turbinas al Ciclo Cheng	0,40 - 0,85	depende de vapor de proceso / electricidad y de combustiones adicionales

Rendimientos medios de compresores y de expansores (ref. $W_{isentropía}$)

Tipo de máquina	turbo compresores	compresor de pistones	pistones rotativos / / helicoidales
Rendimiento ef.	0,75 - 0,85	0,80 - 0,90	0,60 - 0,80

13.3 Tablas, diagramas y fórmulas más usadas

Tabla 2.11: Propiedades físicas de gases combustibles, valores [2]
*) valores energéticos exactos
**) valores energéticos según composición del gas combustible

Tipo de Gas	Símbolo	Densidad normal. ρ kg/m³	Poder calorífico PCS PCI kWh/m³	Densidad relativa d	Indice de Wobbe Wo$_s$ Wo$_i$ kWh/m³	Capacidad calórica c$_p$ kJ/kg K	Constante del gas R J/kg K
*) hidrógeno	H$_2$	0,08989	**3,54** 2,995	0,0695	**13,427** 11,359	14,2	4124,47
monóxido carbónico	CO	1,2505	**3,509** 3,509	0,9672	**3,568** 3,568	1,040	296,84
metano	CH$_4$	0,7175	**11,064** 9,971	0,555	**14,853** 13,385	2,156	518,26
acetileno	C$_2$H$_2$	1,1722	**16,27** 15,72	0,907	**17,088** 16,509	1,513	319,32
propano	C$_3$H$_8$	2,010	**28,095** 25,866	1,554	**22,534** 20,746	1,549	188,55
butano	C$_4$H$_{10}$	2,709	**37,252** 34,405	2,095	**25,736** 23,768	1,599	143,05
**) gas natural (S)	GN	≈ 0,75	**11,0-12,0** 10,0-11,0	≈ 0,6	**≈ 14,5** ≈ 13,2	≈ 2,05	≈ 475
gas natural (I)	GN	≈ 0,80	**9,8-10,5** 8,8-9,3	≈ 0,64	**≈ 12,2** ≈ 11,0	≈ 1,86	≈ 450
gas de ciudad	GC	≈ 0,60	**≈ 5,0** ≈ 4,5	≈ 0,46	**≈ 7,45** ≈ 6,70	≈ 2,37	≈ 620
gas de coque		≈ 0,51	**≈ 5,47** ≈ 4,96	≈ 0,40	**≈ 8,65** ≈ 7,68	≈ 2,68	≈ 720
gas comercial (95% C$_4$H$_{10}$ 5% C$_3$H$_8$)	GLP	2,05	**28,58** 26,32	2,05	**22,74** 20,94	1,55	186,23

Tabla 3.4: presión parcial del vapor de agua saturado [1]

t °C	p_s bar	t °C	p_s bar	t °C	p_s bar	t °C	p_s bar
0	0,006112	10	0,012282	20	0,023392	30	0,042467
1	0,006571	11	0,013129	21	0,024881	32	0,047592
2	0,007060	12	0,014028	22	0,026452	34	0,053247
3	0,007581	13	0,014981	23	0,028109	36	0,059475
4	0,008135	14	0,015989	24	0,029856	38	0,066324
5	0,008726	15	0,017057	25	0,031697	40	0,073844
6	0,009354	16	0,018188	26	0,033637	42	0,082090
7	0,010021	17	0,019383	27	0,035679	44	0,091118
8	0,010730	18	0,020647	28	0,037828	46	0,100988
9	0,011483	19	0,021982	29	0,040089	48	0,111764

Tabla 3.6: Capacidad calórica media c_{pm} y otros valores de interés [5], [6]

Gas Temperatura °C	H_2O vapor kJ/kg K	Aire seco kJ/kg K	N_2 kJ/kg K	CO kJ/kg K	CO_2 kJ/kg K	O_2 kJ/kg K	H_2 kJ/kg K
0 -	1,858	1,004	1,039	1,040	0,8165	0,9148	14,20
- 100	1,871	1,007	1,039	1,041	0,8673	0,9227	14,36
- 200	1,892	1,012	1,042	1,046	0,9118	0,9351	14,42
- 300	1,917	1,019	1,048	1,053	0,9505	0,9496	14,45
- 400	1,945	1,029	1,055	1,063	0,9846	0,9646	14,48
- 600	2,007	1,050	1,075	1,086	1,0417	0,9922	14,54
- 800	2,073	1,071	1,096	1,109	1,0875	1,0154	14,64
- 1000	2,14	1,091	1,116	1,130	1,1248	1,0347	14,78
- 1200	2,207	1,109	1,134	1,149	1,1555	1,0508	14,94
- 1400	2,271	1,124	1,150	1,165	1,1811	1,0648	15,12
- 1600	2,332	1,138	1,164	1,179	1,2027	1,0772	15,30
- 1800	2,388	1,150	1,177	1,192	1,2211	1,0885	15,48
- 2000	2,441	1,161	1,188	1,203	1,2370	1,0990	15,66
- 2200	2,490	1,171	1,198	1,212	1,2510	1,1089	15,84
- 2500	2,557	1,185	1,210	1,225	1,2690	1,1229	16,09
- 3000	2,654	1,203	1,228	1,242	1,2932	1,1443	16,48
R J/kg K	461,52	287,2	296,78	296,84	188,92	259,83	4124,1
$V_{n,m}$ m³/kmol	22,41	22,4	22,403	22,4	22,261	22,392	22,428
M kg/kmol	18,0152	28,963	28,0134	28,0104	44,0098	31,9988	2,0158
ρ_n kg / nm³	0,8038	1,293	1,2504	1,2505	1,9770	1,429	0,08988

Formula para utilizar la capacidad calorífica media en mezclas:

$$c_{p,m}\Big|_{t_1}^{t_2} = \frac{c_{p,m}\Big|_0^{t_2} \cdot t_2 - c_{p,m}\Big|_0^{t_1} \cdot t_1}{t_2 - t_1} \qquad (2.35)$$

Ecuaciones a la capacidad calorífica media desde 0°C hasta la temperatura de interés en el rango de 100°C hasta 1000°C para diferentes gases:

$N_2 \qquad c_{pm} = 4*10^{-8}*t^2 + 4*10^{-5}*t + 1{,}035 \qquad (3.38)$

$CO \qquad c_{pm} = 4*10^{-8}*t^2 + 5*10^{-5}*t + 1{,}041 \qquad (3.39)$

$H_2O \qquad c_{pm} = 1*10^{-7}*t^2 + 2{,}5*10^{-4}*t + 1{,}85 \qquad (3.40)$

$CO2 \qquad c_{pm} = 3{,}6*10^{-4}*t + 0{,}825 \qquad (3.41)$

$O2 \qquad c_{pm} = 1{,}2*10^{-4}*t + 0{,}91 \qquad (3.42)$

$H2 \qquad c_{pm} = 4{,}5*10^{-4}*t + 14{,}3 \qquad (3.43)$

Aire $\qquad c_{pm} = 1{,}0*10^{-4}*t + 0{,}991 \qquad (3.44)$

Estaciones de medición y regulación, calentamiento de gas natural

$$c_{pm} = f(t,p) = c_{p\,n}\left(\frac{273 + t_m}{273}\right)^{0,52} + \left\{(p_{m\,abs}*2,0)\right\}^{\exp 1} *10^{-5}\ \text{kJ/kgK} \qquad (8.12)$$

$$\exp 1 = 2{,}25\left(\frac{273}{273 + t_m}\right)^{0,55} \qquad (8.13)$$

$$\mu_{JT} = \frac{R}{750}\left(\frac{273}{273 + t_m}\right)^{2,5} - \left(\frac{p_{m,abs}}{200}\right)^{\exp 2}\ \text{K/bar} \qquad (8.14)$$

$$\text{con:}\quad \exp 2 = 1{,}5\left(\frac{273 + t_m}{273}\right)^{3,2} \qquad (8.15)$$

Las fórmulas 8.12 hasta 8.15 pueden utilizarse en lugar de los diagramas figuras 8.4 y 8.5 entre 20°C hasta 100°C y para presiones absolutas entre 0 y 120 bar entendiéndose como ejemplos para un gas natural de alto PCI.

Tabla 4.1: Propiedades relativas a la inflamación [6]

Gases		Límites de Inflamabilidad %		Temperatura de Inflamación, °C		Temperatura de Combustión, °C	
Fórmula	**Nombre**	Inferior	superior	en aire	en O_2	en aire	en O_2
H_2	Hidrógeno	4,0	75,0	570	560	2060	2750
CH_4	Metano	5,0	15,0	580	535	1940	2760
C_2H_6	Etano	3,2	12,45	490	-	1940	2780
C_3H_8	Propano	2,4	9,5	480	470	1950	2800
$i\text{-}C_4H_{10}$	Isobutano	1,8	8,4	420	280	1960	2790
$n\text{-}C_4H_{10}$	n-Butano	1,9	8,4	420	260	2020	2840
C_5H_{12}	n-Pentano	1,4	7,8	310	250	-	-
C_6H_{14}	n-Hexano	1,25	6,9	260	210	-	-
C_7H_{16}	n-Heptano	1,0	6,0	230	210	-	-
C_2H_4	Etileno	3,05	28,6	490	455	2020	2890
C_3H_6	Propileno	2,0	11,1	460	-	2070	2860
C_4H_6	Butadieno	2,0	11,5	385	-	2040	2830
C_2H_2	Acetileno	2,5	81,0	305	295	2230	3050
C_6H_6	Benceno	1,4	6,75	600	565	-	-
CO	Monóxido de Carbono	12,5	74,2	610	590	2100	2640
NH_3	Amoníaco	15,5	27,0	-	-	-	
SH_2	Sulfuro de hidrógeno	4,3	45,5	-	-	-	

Tabla 4.2: valores específicos de combustibles según [1]; [5]
*)   Valores medios, dependientes de la composición
**) Cálculo de combustión con: 95 % C_3H_8 5 % C_4H_{10}

Combustible	$Aire_{min}$	$V_{min,sec}$	$CO_{2\text{-max}}$
	m^3_{aire} / m^3_{comb}	$m^3_{hum,s}/m^3_{comb}$	Vol %
Gas Natural rico *)	9,70	8,90	12,0
Gas Natural pobre *)	8,40	7,78	11,7
Propano puro	23,8	21,80	13,8
Butano puro	30,94	28,44	14,1
Gas licuado (GLP) **)	24,17	22,14	13,77
Gas de Ciudad *)	3,90	3,60	13,1
Metano	9,5	8,52	11,7
Hidrógeno	2,4	1,88	0,0

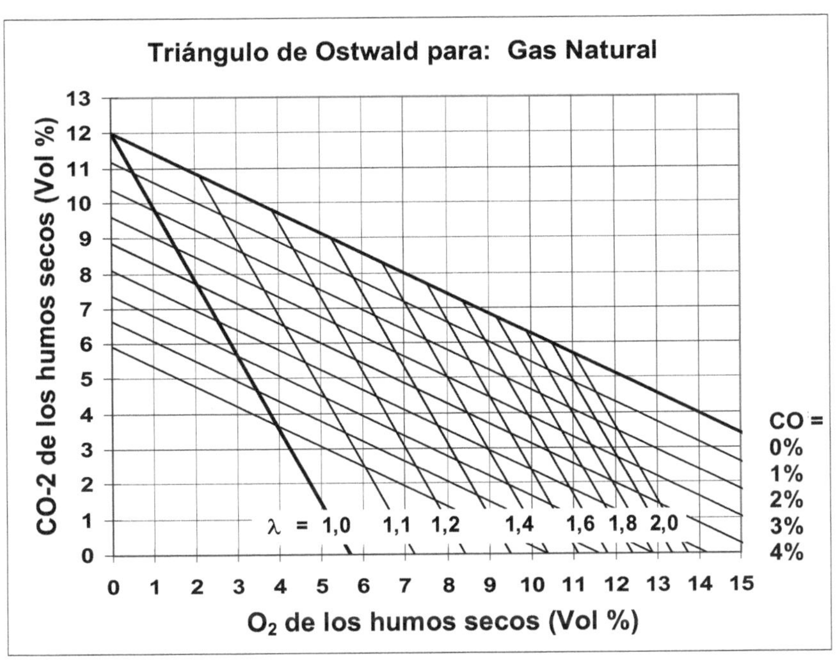

Triángulo de Ostwald para: Gas Natural
CO-2 de los humos secos (Vol %)
O₂ de los humos secos (Vol %)
λ = 1,0   1,1 1,2   1,4   1,6 1,8 2,0
CO =
0%
1%
2%
3%
4%

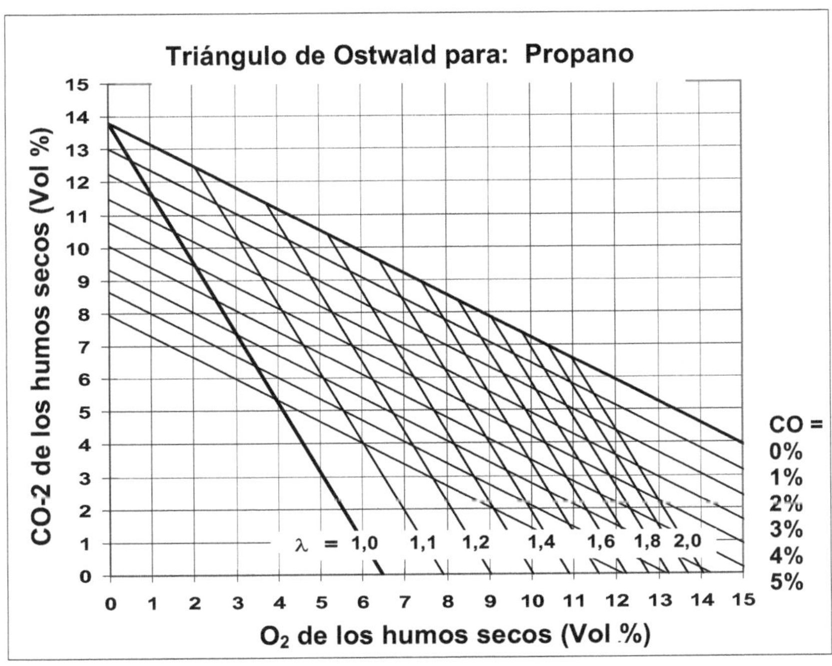

Triángulo de Ostwald para: Propano
CO-2 de los humos secos (Vol %)
O₂ de los humos secos (Vol %)
λ = 1,0   1,1   1,2   1,4   1,6 1,8 2,0
CO =
0%
1%
2%
3%
4%
5%

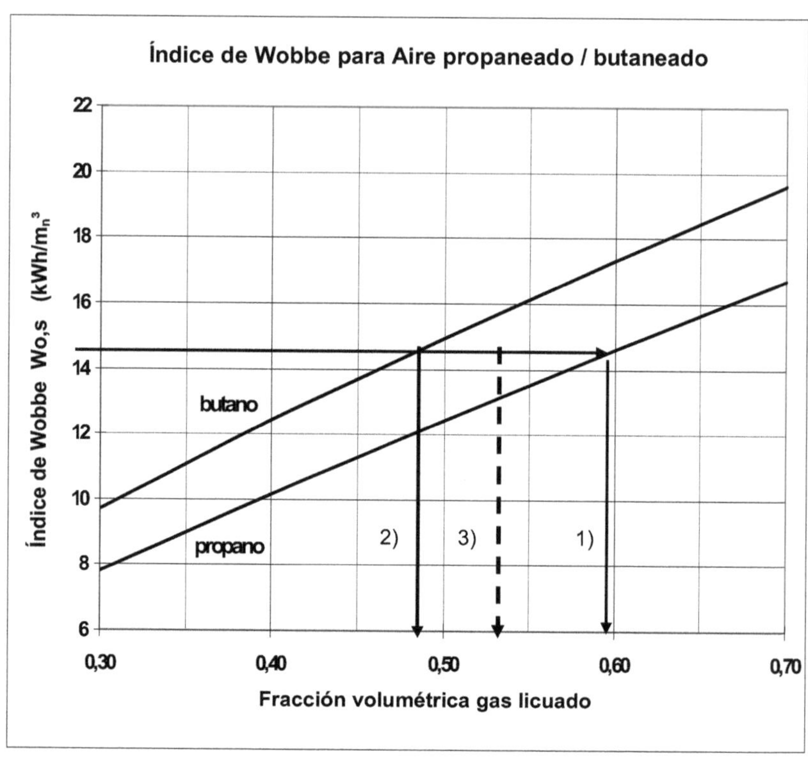

Fracciones de gases licuados con aire para llegar al Índice Wobbe útil
1) 100% butano 2) 100% propano 3) mezcla de propano – butano

Tabla 2.3 a: Fórmulas de conversión de gases reales (K ≠ 1) y ideales (K = 1)
donde "*V*" significa la velocidad del gas en un tubo

$$V = V_n \; \frac{p_n \, T}{p \, T_n} \, K \qquad\qquad V_n = V \; \frac{p \, T_n}{p_n \, T} \, \frac{1}{K} \qquad (3.19/3.20)$$

$$\rho_n = \rho \; \frac{p_n \, T}{p \, T_n} \, K \qquad\qquad \rho = \rho_n \; \frac{p \, T_n}{p_n \, T} \, \frac{1}{K} \qquad (3.21/3.22)$$

Tabla 2.3 b: Fórmulas de conversión

$PC_n = PC \dfrac{p_n\ T}{p\ T_n}\ K$	$PC = PC_n \dfrac{p\ T_n}{p_n\ T}\ \dfrac{1}{K}$	(3.23/3.24)
$V_r = V_i\ K$	$V_i = V_r / K$	(3.25/3.26)
$\rho_r = \rho_i / K$	$\rho_i = \rho_r * K$	(3.27/3.28)

Consumo de aparatos

flujo volumétrico:
$$V'_{gas} = \frac{Q'_{carga\ cal}}{PCI_{gas}} = \frac{Q'_{útil}}{PCI_{gas}\ \eta_{PCI}} \qquad (10.1)$$

flujo másico:
$$m'_{gas\ lic} = \frac{Q'_{carga\ cal}}{PCI_{lic}} = \frac{Q'_{útil}}{PCI_{lic}\ \eta_{PCI}} \qquad (10.2)$$

Simultaneidad

cocina de gas:	S_{cocina}	$=$	$0,8\ n_{cocinas}^{-0,4}$
calentador / cálifont:	$S_{calentador}$	$=$	$1,0\ n_{calentadores}^{-0,6}$
catalítico:	$S_{catalítico}$	$=$	$1,0\ n_{catalitos}^{-0,3}$
caldera / acumulador:	$S_{caldera}$	$=$	$1,0\ n_{calderas}^{-0,20}$

Gas Natural:

Cálculo del volumen simplificado:

$$V'_{tot} = V'_1 + V'_2 + 0,5 * (V'_3 + V'_4 \ .... \ )\ m^3/h \qquad (10.3)$$

$$Q'_{tot} = \Sigma\, Q'_{>50\ kW} + 0,40 * \Sigma\, Q'_{<50} \qquad kW \qquad (10.4)$$

uniones de artefactos singulares	**S** $=$ **1,0**
Tramos comunes y montantes generales Consejo: se puede adaptar la formula a las características del proyecto	$Q'_{PCI} < 50\ kW$: **S** $=$ **0,9** $Q'_{PCI} => 50\ kW$: **S** $=$ **2,4** $* (\Sigma\ \mathbf{Q'})^{-0,25}$

Tabla 10.3: pérdidas de cargas medias por efecto del desnivel

Combustible:	mbar / m	mm c.a. / m	Pa
Gas natural:	- 0,04	- 0,4	- 4,0
Gas de ciudad:	- 0,06	- 0,6	- 6,0
Aire propaneado:	+ 0,02	+ 0,2	+ 2,0
Gas licuado:	+ 0,07	+ 0,7	+ 7,0

Tabla 10.7: Longitudes equivalentes de accesorios (**Gas Natural**):

$d_{exterior}$	< 28	35	42	54	64	76,1 / 88,9
DN	< 25	32	40	50	60	80
$L_{T\text{-}Bifurcación}$	0,7	1,0	1,5	2,0	2,5	3,0 (m)
$L_{Codo\ 90}$	0,3	0,5	0,7	1,0	1,2	1,5 (m)

T- Bifurcación: $L_{T\text{-}Bifurcación}$ $=$ $0,045 * D_{exterior} - 0,4$ mín: 0,7   (10.8 a)

Codo (90°): L_{Codo} $=$ $0,025 * D_{exterior} - 0,3$ mín: 0,3   (10.8 b)

Codo curvado (90°) $=$ $0,010 * D_{exterior} - 0,1$ mín: 0,1   (10.8 c)

Grupo contador (G)

$$\Delta p_{Contador} = 30 + 100 * \left(\frac{Q'_{ef}}{1,5 * Nr\ \mathbf{G} * PCI} \right)^2 \quad Pa \qquad (10.9\ a)$$

$$= 30 + 100 * \left(\frac{V'_{ef}}{1,5 * Nr\ \mathbf{G}} \right)^2 \quad Pa \qquad (10.9\ b)$$

Gas – Stop (GS):

$$\Delta p_{GS} = 50 * \left[Q'_{ef} / (Nr\ \mathbf{GS} * PCI) \right]^2 \quad Pa \qquad (10.10\ a)$$

$$\Delta p_{GS} = 50 * \left[V'_{ef} / (Nr\ \mathbf{GS}) \right]^2 \quad Pa \qquad (10.10\ b)$$

Combinación de llaves y diámetros normados:

Llaves DN	15	20	25	32	40	50	65	80
Tubos $D_{exterior}$ $\leq$ mm	18	22	28	35	42	54	64	>76

Coeficientes de resistencias medias de llaves

Coeficientes de resistencia ζ	sin CT	con CT
Válvula esférica **recta**	2,0	3,5
Válvula esférica **angular**	4.5	9.5

Tabla 10.6 Resistencias específicas (Pa/m) para ramales individuales de **cobre/acero fino** para el Gas Natural calculado con: PCI = 8.5 kWh/m³ ρ = 0,78 kg/m³ rugosidad k = 0,002 mm

pérdidas específicas	diámetro exterior / mm /									
	15	18	22	28	35	42	54	64	76,1	88,9
Pa / m	Potencia de admisión Q' ad kW									
0,4	1,6	3,0	5,0	10,0	21	36	72	118	194	300
0,7	2,3	4,0	7,0	14,0	28	48	98	146	260	410
1,0	3,0	5,0	10,0	18,0	35	58	122	200	328	500
1,3	3,5	6,0	11,5	21,0	42	68	140	230	380	590
1,6	4,0	7,0	13,0	24,0	47	78	158	260	426	660
2,0	4,5	8,0	15,0	28,0	54	90	182	296	484	750
2,5	5,2	9,0	17,0	32,0	61	102	206	336	550	850
3,0	5,7	10,0	19,0	35,0	68	114	228	374	610	950
3,5	6,0	11,0	21,0	38,0	74	126	248	406	555	1026
4,0	6,8	12,0	22,0	41,0	80	135	270	440	720	1110
4,5	7,3	13,0	23,5	44,0	86	145	288	470	770	1185
5,0	7,8	13,5	25,0	47,0	91	155	304	500	820	1260
5,5	8,3	14,0	26,5	50,0	96	163	322	526	860	1310
6,0	8,7	14,5	28,0	52,5	101	171	338	552	900	1390
6,5	9,2	16,0	29,5	55,0	106	180	352	576	940	1450
7,0	9,6	16,5	30,5	57,0	110	188	368	600	980	1510
7,5	10,0	17,0	32,0	59,5	115	195	384	623	1017	1570
8,0	10,4	18,0	33,5	62,0	120	202	397	646	1054	1630
8,5	10,7	19,0	34,5	64,0	124	209	410	668	1090	1680
9,0	11,0	19,5	35,5	66,0	128	216	424	690	1126	1740
9,5	11,5	20,0	37,5	68,5	132	223	438	711	1162	1800
10,0	12,0	21,0	39,0	70,5	136	230	450	732	1200	1860
11,0	12,5	22,0	40,0	74,0	143	242	475	771	1260	1900
12,0	13,0	23,0	42,0	78,0	150	254	498	810	1320	2040
13,0	13,5	24,0	43,5	81,5	157	266	520	846	1380	2080
14,0	14,0	25,0	45,0	85,0	164	277	542	882	1440	2220 *)
15,0	15,0	26,0	47,0	88,0	170	288	564	916	1490	2300
16,0	15,5	27,0	50,0	92,0	176	299	586	950	1540	2380
17,0	16,0	28,0	51,0	96,0	182	310	604	982	1595	2460
18,0	16,5	29,0	52,5	98,0	188	320	624	1014	1650	2540
19,0	17,0	30,0	55,0	101,0	194	330	644	1042	1698	2580
20,0	17,5	31,0	56,5	104,0	200	340	662	1070	1746	2690

*) imite de selección sin aplicación controlada

Resistencias medias de válvulas GS:

GS 2,5:	$\Delta p = 0{,}08 * Q'_{ef}{}^{2,1}$ Pa	(10.11)
GS 4:	$\Delta p = 0{,}03 * Q'_{ef}{}^{2,1}$ Pa	(10.12)
GS 6	$\Delta p = 0{,}02 * Q'_{ef}{}^{2,1}$ Pa	(10.13)
GS 10:	$\Delta p = 0{,}005 * Q'_{ef}{}^{2,1}$ Pa	(10.14)
GS 16:	$\Delta p = 0{,}0016 * Q'_{ef}{}^{2,1}$ Pa	(10.15)

Selección del contador y del Gas-Stop:

de la tabla 9.8 Clasificación y uso de contadores (G) y de Gas-Stop (GS)

Potencia (kW):	10 - <18	18 - <28	28 - <42	42 - < 70	70 – 110
Contador Tipo	G 2.5	G 2.5	G 4	G 6	G10
Gas Stop Tipo	GS 2.5	GS 4	GS 6	GS 10	GS 16

Gas licuado GLP:

Tabla 10.9: Longitudes equivalentes y resistencias en redes de GLP

Tipo de accesorio	símbolo	longitud éxtra d_{ext} <= 28 <= 35 mm
Codo 90°	Co	0,7 m 1,0 m
Curva 90°	Cu	0,3 m 0,5 m
T- bifurcación	T	0,7 m 1,0 m
Reducción	R	1,0 m
Válvula de bola recta / angular	VB	10 / 20 m
Cierre térmico recta / angular **)	CT	10 / 30 m
Filtro	F	5,0 m

$$\text{Contador:} \quad \Delta p = 30 + 100 * \left(\frac{Q'_{ef}}{1{,}5 * Nr\,G * PCI} \right)^2 \quad (Pa)$$

PCI en kWh/kg

$$\text{Gasstop (GS)} \quad \Delta p = 50 * \left(Q'_{ef} / (Nr_{GS} * PCI) \right) \quad (Pa)$$

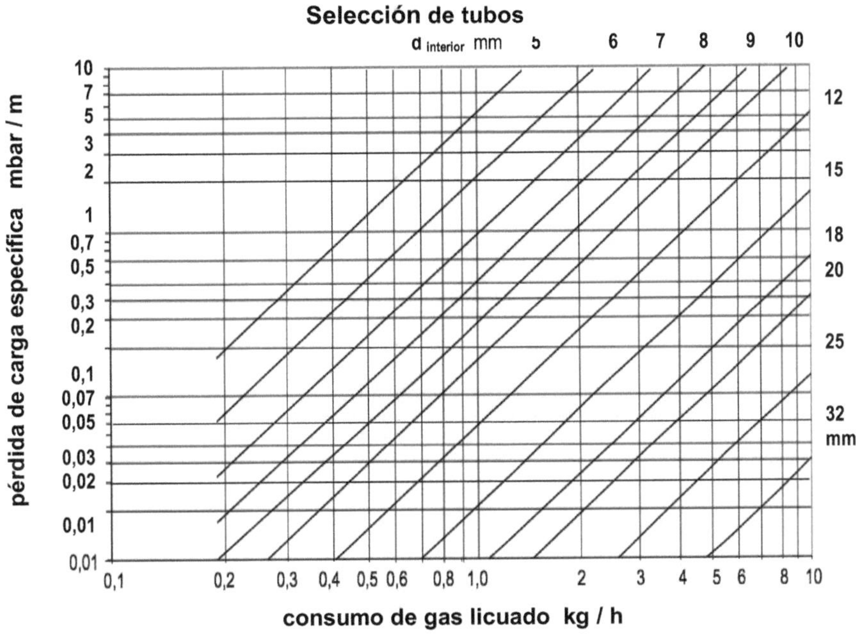

Figura 10.17: Pérdidas específicas en tubos de cobre (mbar/m) de instalaciones a **50** mbar para gas licuado (alto porcentaje de propano (pérdida de carga: **5,0** mbar) /5/

13.4 Dimensiones / Magnitudes

Dimensión / Magnitud		Símbolo formula	Unidad	Nombre de la Unidad
Velocidad	= longitud / tiempo	$w = L / t$	(m/s)	
Fuerza	= masa x aceleración	$F = m \cdot a$	kg m/s²	N (Newton)
Peso	= masa x acc. grav.	$G = m \cdot g$	kg m/s²	g = 9,81 m/s²
Área / sección	= longitud x longitud	$A = L^2$	m²	m²
Volumen	= longitud³	$V = L^3$	m³	m³
Presión	= Fuerza / Área	$p = F / A$	N / m²	Pa (Pascal)
Densidad	= masa / volumen	$\rho = m / V$	kg/m³	

13.5 Magnitudes secundarias energéticas:

Energía :		Símbolo Formula	Nombre de la Unidad
mecánica	= fuerza x longitud	$W = F \cdot L$	N m = J
potencial	= Peso x altura	$E_{pot} = m\,g \cdot h$	N m = J
cinética	= ½ masa x velocid ^{2}	$E_{cin} = \frac{1}{2}\,m \cdot v^2$	N m = J
Calor	= masa x c x Δ Temp.	$Q = m \cdot c \cdot \Delta T$	J (Joule)
siendo " **c** "	capacidad específica de calor calor específico capacidad calórica (específica)		J / kgK

Potencia:		Símbolo Formula	Nombre de la Unidad
Potencia	= Energía / tiempo	$P = W / t$ $P = E_{cin} / t$ $P = E_{pot} / t$	N m/s = W
Potencia calorífica	= Calor / tiempo	$Q' = Q / t$	W (Watt)

13.6 Leyes básicas de la física

Energía calorífica: $\quad Q = m\,c\,\Delta T$

Energía mecánica: $\quad W = F \cdot \Delta L$

Energía potencial: $\quad E_{pot} = m \cdot g \cdot \Delta h$

Energía cinética: $\quad E_{cin} = \frac{1}{2}\,m \cdot V^2 = \frac{1}{2}\,m \cdot (V_2^2 - V_1^2)$

Potencia mecánica $\quad P = W / t = F \cdot \Delta L / t = F \cdot w$

Potencia calorífica: $\quad Q' = Q / t = m' \cdot c \cdot \Delta T / t$

Acceleración: $\quad a = \Delta V / t$

Fuerza / Gravedad: $\quad F = m \cdot a; \quad G = m \cdot g$

Velocidad: $\quad V = \Delta L / t$

Masa: $\quad m = V \cdot \rho$

13.7 Lista de los ejemplos numéricos

Printed by Books on Demand GmbH, Norderstedt / Germany